普通高等教育电气工程自动化系列规划教材

电力传动控制系统

上册：基础篇

主编　汤天浩
参编　谢　卫
主审　陈伯时

机 械 工 业 出 版 社

本书是普通高等教育电气工程、自动化系列规划教材。为适应当前教育改革和学科发展的需要，在“电力传动控制系统”课程传统教材的基础上，根据当前电力传动控制技术的最新发展，对该课程教材进行了重组、扩展和深化。全书分为3篇，按上下两册出版，上册为基础篇，下册为提高篇及应用篇。

基础篇共有6章，重点介绍电力传动控制系统的基本结构、原理与方法。第1章介绍了电力传动系统的基本组成和共性问题，包括系统基本结构与组成，电动机、传感器和控制器的基本概念及原理。第2章概要地介绍了电力传动系统常用的各种变换器的拓扑结构及其变流方法。第3章以稳态等效电路为基础，建立了各种电动机的数学模型，并构建了电力传动系统各环节的数学模型。第4章专门分析和讨论了直流电力传动系统的控制，包括系统控制原理、结构和运行特性等内容。第5章为基于稳态模型的交流传动控制系统，包括异步电动机和同步电动机的控制原理、系统结构和运行特性等内容。第6章介绍了电力传动控制系统的设计方法。

本书适用于普通高等学校电气工程及其自动化专业本科教材。基础篇的内容精炼，概念清晰，论述浅显，特别适用于少学时学校的课程教学，也可用于控制、机械和电子工程等非电气工程专业，并可作为职工大学、夜大学以及大专院校有关专业的教材，也可供有关工程技术人员阅读和参考。

图书在版编目（CIP）数据

电力传动控制系统. 上册：基础篇/汤天浩主编. —北京：机械工业出版社，2015.12

普通高等教育电气工程自动化系列规划教材

ISBN 978-7-111-51519-7

Ⅰ.①电… Ⅱ.①汤… Ⅲ.①电力传动—控制系统—高等学校—教材 Ⅳ.①TM921.5

中国版本图书馆CIP数据核字（2015）第209963号

机械工业出版社（北京市百万庄大街22号 邮政编码100037）
策划编辑：于苏华 责任编辑：于苏华 路乙达
版式设计：霍永明 责任校对：张玉琴
封面设计：张 静 责任印制：乔 宇
北京中兴印刷有限公司印刷
2016年4月第1版第1次印刷
184mm×260mm · 10.25印张 · 238千字
标准书号：ISBN 978-7-111-51519-7
定价：23.00元

前　言

我编写的普通高等教育自动化专业规划教材《电力传动控制系统》于2010年出版以来，由于体现了以电力传动系统的基本规律和共性问题为主线，利用电机原理、控制理论和电力电子技术等理论与工具，深入探讨系统结构、数学模型和控制策略，分析系统特性，给出系统设计方法和仿真试验结果的编写理念，在一些高校的使用中获得一定的好评，但也暴露出一些缺点和不足。

随着近年来电力电子与电力传动技术的飞速发展和广泛应用，尤其在电气节能技术、可再生能源与电气化交通等技术需求下，原有的教材已不能适应时代的要求。为此，出版了这本《电力传动控制系统》教材，力图与时俱进，使教学能跟上技术发展的需要。

在编写过程中，考虑到目前各高校都在精简课程和学时，而原有的教材内容尚显繁杂艰深，教学和学习难度较大，从选材、内容安排到阐述方法等方面都作了一些新的尝试。全书分为3篇按两册出版，上册基础篇重点讲解电力传动控制系统的基本结构、基础知识和控制原理。下册的提高篇将以统一电机模型为基础，重点介绍交流传动系统的高性能控制方法；应用篇着重介绍近年来电力传动系统主要的应用领域与典型案例，使全书内容得到扩展和充实，而难点可以分散。

本书为基础篇，共有6章，其特点是：

第1章介绍了电力传动控制系统的基本组成和共性问题，包括系统基本结构与组成，电动机、传感器和控制器的基本概念及原理，作为全书的引导。

第2章概要回顾和介绍了电力传动控制系统常用的电力电子变换器，重点分析了各种变换电路拓扑和变流控制方法，既可让学过“电力电子技术”课程的同学复习和巩固原先的知识，也可使没有电力电子知识基础的人学习和掌握电力传动所需的电能变换技术。

第3章以稳态等效电路为基础，集中建立了交、直流电动机的稳态数学模型，并构建了电力传动系统各环节的数学模型。避免了初学者学习和掌握交流电机动态建模与坐标变换的困难。

在前3章的基础上，第4章专门分析和讨论了直流电力拖动系统的控制，包括系统控制原理、结构和运行特性等内容。

第5章探讨了基于稳态模型的交流拖动控制系统，包括异步电动机和同步电动机的基本控制原理、系统结构和运行特性等内容。为避免初学者在学习矢量控制系统方面的困难，仅简要介绍矢量控制的基本思想和方法，不做动态模型和坐标变换的推导，并适当介绍这些系统的应用场合和实例，以加深同学对学习内容的理解。

第 6 章介绍了电力传动控制系统的设计方法，从经典设计方法存在的问题出发，论述了具有实用价值的工程设计方法；针对数字控制系统广泛应用的需求，探讨了采用数字频域法进行系统设计，试图得到与工程设计法相似的设计方法；进而利用 MATLAB 仿真工具，通过计算机模拟实现系统设计和仿真，并以系统举例，给出一些典型系统的设计和仿真实验结果。

基础篇比较浅显易学，可供本科生和专科生学习，特别适合作为少学时的教材。主要内容的教学时数为 36 ~ 54 学时，各学校可根据各自教学大纲的需要选择内容和安排教学。本书试图突破传统的教学模式，按照电力传动控制系统的框架结构、数学建模、系统分析和设计的思路组织课程内容和进行教学。由于与传统教材有较大差异，建议任课老师可根据教学要求、课程时数和学生程度有所选择。比如：对于少学时课程，可以选择第 1 ~ 5 章的主要内容组织教学和学习，第 6 章电力传动控制系统设计建议用于课程设计。在教学中，如果同学已事先学过“电力电子技术”“检测技术”“计算计控制”等课程，第 1、2 章中有关内容可以跳过或只作简单的回顾，有些电力电子技术的深入内容也可略去不讲；在第 3 章中，主要以直流电动机调压控制为主，可为学习电力传动控制系统的基本结构、控制方法以及系统分析和设计思路奠定基础，有些较深入的内容仅供选用；第 5 章也是以交流异步电动机变压变频控制为主，其他调速方法或系统可根据需要选择。

本书由上海海事大学汤天浩教授主编，参加编写的有上海海事大学谢卫教授。谢卫教授以他在电机理论方面的深厚造诣，编写了第 3 章中的电动机建模，并负责电子课件的制作。汤天浩教授编写了第 1 ~ 2 章和第 4 ~ 6 章，并负责全书的统稿。

本书的编写还得到上海海事大学的大力支持，韩金刚博士和研究生沈扬、陈雯洁等在 MATLAB 的 Simulink 仿真平台，设计和建立了部分系统的仿真模型并进行了仿真实验，在此谨向他们的辛勤工作表示感谢。

本书由上海大学陈伯时教授担任主审。作为作者的博士生导师和学术领路人，陈教授自始至终关心和指导着本书全过程的编写，从编写大纲的拟定到内容的选取以及表述的方式，都提出了许多宝贵意见。特别是有关调节器设计的工程设计法，就是陈教授多年悉心研究和总结的成果，本书几乎全盘照搬。在审稿过程中，陈教授仔细审阅了书稿，并在许多内容上作了逐字逐句的修改，本人对此表示衷心的感谢。

由于本人水平有限，本书仍会存在许多缺点和不足，恳请广大读者批评指正。

汤天浩

于上海

常用符号表

元件和装置用的文字符号（按国家标准 GB7159—1987）

符号	名称
A	放大器、调节器，电枢绕组，A 相绕组
ACR	电流调节器
A/D	模数转换器
AE	电动势运算器
AER	电动势调节器
AFR	励磁电流调节器
AR	反号器
ASR	转速调节器
AΨR	磁链调节器
B	非电量-电量变换器，B 相绕组
BQ	位置传感器，转子位置检测器
C	电容器，C 相绕组
CPU	中央处理器
D	数字集成电路和器件，整流二极管
D/A	数模转换器
DLC	逻辑控制环节
F	励磁绕组
FA	具有瞬时动作的限流保护
FBC	电流反馈环节
FBS	测速反馈环节
FC	频率控制器
FG	函数发生器
G	发电机
GD	驱动电路
GT	触发装置
GTF	正组触发装置
GTR	反组触发装置
I/O	输入输出接口
HBC	滞环控制器
K	继电器，接触器
L	电感，电抗器
LED	发光二级管
M	电动机（总称）
MA	异步电动机
MD	直流电动机
MS	同步电动机
P/D	脉冲数字转换器
PG	脉冲发生器
PR	极性转换器
RP	电位器
S	开关器件
SA	控制开关，选择开关
SE	转速编码器
ST	饱和限制环节
T	变压器
TA	电流互感器，霍尔电流传感器
TG	测速发电机
TVC	双向晶闸管交流调压器
TVD	直流电压隔离变换器
U	变换器，调制器
UCR	可控整流器
UCH	直流斩波器
UI	逆变器
UPW	PWM 波生成环节
UR	整流器
V	晶闸管整流装置
VBT	晶体管
VCO	压控振荡器
VD	二极管，续流二极管
VF	正组晶闸管整流装置
VR	反组晶闸管整流装置
VST	稳压管
VT	晶体管，晶闸管，功率开关器件

常用缩写符号

AC	交流电（Alternating Current）
ANN	人工神经网络（Artificial Neural Networks）
APF	有源电力滤波器（Active Power Filters）
BJT	双极性晶体管（Bipolar Junction Transistor）
CHBPWM	电流滞环跟踪 PWM（Current Hysteresis Band PWM）
CSI	电流源（型）逆变器（Current Source Inverter）
CVCF	恒压恒频（Constant Voltage Constant Frequency）
DC	直流电（Direct Current）
DF	位移因数（Displacement Factor）
DSP	数字信号处理器（Digital Signal Processor）
DTC	直接转矩控制系统（Direct Torque Control）
GTO	门极可关断晶闸管（Gate Turn-off Thyristor）
EMI	电磁干扰（Electromagnetic Interference）
FFT	快速傅里叶变换（Fast Fourier Transform）
IGBT	绝缘栅双极晶体管（Insulated Gate Bipolar Transistor）
IGCT	绝缘栅双极晶闸管（Insulated Gate Commutated Thyristor）
PD	比例微分（Proportion, Differentiation）
PF	功率因数（Power Factor）
PFC	功率因数校正（Power Factor Correction）
PID	比例积分微分（Proportion, Integration, Differentiation）
PLL	锁相环（Phase Lock Loops）
P-MOSFET	场效应晶闸管（Power Mos Field Effect Transistor）
PWM	脉宽调制（Pulse Width Modulation）
SHEPWM	消除指定次数谐波的 PWM（Selected Harmonics Elimination PWM）
SOA	安全工作区（Safe Operation Area）
SPWM	正弦波脉宽调制（Sinusoidal PWM）
SVPWM	电压空间矢量脉宽调制（Space Vector PWM）
THD	总谐波畸变率（Total Harmonic Distortion）
VC	矢量控制（Vector Control）
VR	矢量旋转变换器（Vector Rotator）
VSI	电压源（型）逆变器（Voltage Source Inverter）
VVVF	变压变频（Variable Voltage Variable Frequency）

常见下角标

A	A 相绕组
a	电枢绕组（armature）；a 相绕组
add	附加（additional）
max	最大值（maximum）
min	最小值（minimum）
N	额定值，标称值（nominal）

av 平均值（average）

B B相绕组

b b相绕组；偏压（bias）；基准（basic）

bl 堵转；封锁（block）

C C相绕组

c c相绕组；环流（circulating）；控制（control）

cl 闭环（closed loop）

com 比较（compare）；复合（combination）

cr 临界（critical）

d 直流（direct current）；d轴（direct axis）

D 微分（differential）

e 电（electricity）；电源（electric source）

em 电磁的（electric-magnetic）

f 磁场（field）；正向（forward）；反馈（feedback）

g 气隙（gap）；栅极（gate）

I 积分（integral）

in 输入（input）

L 负载（load）

l 线值（line）；漏磁（leakage）

lim 极限，限制（limit）

m 磁的（magnetic）；主要部分（main）

m 机械的（mechanical）

off 断开（off）

on 闭合（on）

op 开环（open loop）

out 输出（out）

p 磁极（poles）；峰值（peak）

P 比例（proportion）；有功功率

q q轴（quadrature axis）

Q 无功功率

r 转子（rotator）；上升（rise）；反向（reverse）

ref 参考（reference）

rec 整流器（rectifier）

s 定子（stator）；串联（series）

sam 采样（sampling）；脉动（pulse）

sl 转差（slip）

ss 稳态（steady state）

st 起动（starting）

sy 同步（synchronous）

t 触发（trigger）；三角波（triangular wave）

T 转矩（torque）

W 线圈（winding）

∞ 稳态值，无穷大处（infinity）

主要参数和物理量符号

A 散热系数

a 线加速度；特征方程系数

B 磁通密度

C 电容

C_e 他励直流电动机在额定磁通的电动势系数

C_T 他励直流电动机在额定磁通的转矩系数

D 调速范围；摩擦转矩阻尼系数

E，e 感应电动势（大写为平均值或有效值，小写为瞬时值，下同），误差

E_a，e_a 直流电机电枢感应电动势、反电动势

E_{add}，e_{add} 附加电动势

e_d 检测误差

E_f 同步电机转子励磁感应电动势

e_s 系统误差

E_2，e_2 变压器二次绕组感应电动势

E_r，$\dot{E}_r$ 交流电机转子感应电动势

E'_r，$\dot{E}'_r$ 交流电机转子折算感应电动势

E_{r0}，$\dot{E}_{r0}$ 交流电机转子静止电动势

E_s，$\dot{E}_s$ 交流电机定子感应电动势

$E_{s\sigma}$，$\dot{E}_{s\sigma}$ 交流电机定子漏磁电动势

F 磁动势、扰动量

f 频率

f_e 电源频率

f_M 调制信号频率

f_r 交流电机转子频率

f_{sl} 交流电机转差频率

f_s 交流电机定子频率

f_{sw} 开关频率

f_T 载波信号频率

G 重力；电机旋转感应系数；传递函数

$G(s)$ 开环传递函数

符号	含义
$G_{cl}(s)$	闭环传递函数
g	重力加速度
GD^2	飞轮惯量
GM	增益裕度
h	开环对数频率特性中频宽，滞环宽度
H	风机的风压；水泵的扬程
I，i	电流（大写为平均值或有效值，小写为瞬时值，下同）
I_a，i_a	电枢电流
I_d，i_d	整流电流、直流平均电流
I_f，i_f	励磁电流
I_g，i_g	发电机电流
I_G，i_G	电网电流
$\dot{I}_m$，i_m	交流电机励磁电流
I_2，i_2	变压器二次侧电流
I_L，i_L	负载电流
I_N，i_N	额定电流
I_r，i_r	交流电机转子电流
I'_r，i'_r	交流电机转子折算电流
I_s，i_s	交流电机定子电流
I_{st}，i_{st}	电机起动电流
J	转动惯量
j	传动机构减速比
K	系数、常数、比值
K_e	直流电动机电动势结构常数
K_D、k_D	微分系数
K_I、k_I	积分系数
K_P、k_P	比例放大系数
K_i	电流检测环节比值，电流反馈系数
K_m	电机结构常数
K_n	转速检测环节比值，转速反馈系数
K_s	电力电子变换器放大系数
K_T	直流电动机转矩结构常数，起动转矩倍数
k	谐波次数，振荡次数
k_i	电流比，起动电流倍数
k_N	绕组系数
L	电感
L_l	漏感
L_m	互感
L_s	同步电感
M	闭环系统频率特性幅值，PWM 调制比
M_r	闭环系统频率特性峰值
m	质量，相数，脉冲数，检测值
N	绕组匝数
n	转速
n_0	理想空载转速、同步转速
n_p	极对数
P	功率
P_{em}	电磁功率
P_L	负载功率
P_m	机械功率
P_N	额定功率
P_G	电网功率
P_{sl}	转差功率
$p=\frac{d}{dt}$	微分算子
Q	无功功率，热量，流量
R	电阻，电枢回路总电阻
R_a，R_{ac}	直流电机电枢电阻，电枢回路串接电阻
R_b	镇流电阻，泻流电阻
R_f	励磁电阻；反馈电阻
R_o	运算放大器输入电阻
R_r，R'_r	转子绕组电阻及折算
R_e	整流装置内阻
R_s	定子绕组电阻
r	参考变量，控制指令
S	视在功率，面积，开关状态
s	转差率，Laplace 变量
T	转矩、时间常数，开关周期
T_c	电力电子开关周期、定时或计数时间
T_d	检测环节的时间常数
T_e	电磁转矩
T_{em}	最大电磁转矩
T_{fl}	滤波时间常数
T_l	电枢回路电磁时间常数
T_L	负载转矩
T_m	机电时间常数
T_N	额定转矩
T_r	转子电磁时间常数
T_{st}	起动转矩
T_s	电力电子变换器平均失控时间，电力电子变换器滞后时间常数

T_{sam}	采样周期
T_{sw}	电力电子器件开关时间
T_T	载波信号周期
t	时间
t_m	最大动态降落时间
t_{on}	开通时间
t_{off}	关断时间
t_p	峰值时间
t_r	上升时间
t_s	调节时间
t_v	恢复时间
U，u，$\boldsymbol{u}$	电压，电源电压（大写为平均值或有效值，小写为瞬时值，粗体为矢量，下同）
U_2，u_2	变压器二次电压
U_s，u_s	电源电压、交流电机定子电压
$\boldsymbol{u}_s$	空间电压矢量
u_T	三角载波电压
U_x^*，U_x	变量 x 的给定和反馈电压（x 可用变量符号替代）
v	速度，线速度；转换变量
w	W 变换的变量
W	能量
x	位移，距离
X	电抗
X_s	同步电抗
y，Y	系统输出变量
z	z 变换的变量
Z	电阻抗
α	可控整流器的控制角
β	可控整流器的逆变角，机械特性的斜率
γ	相角裕度，PWM 电压系数
δ	放大系数，静差率，同步电机功率角
Δn	转速降落
Δp	功率损耗
ΔU	电压差
$\Delta\theta_m$	相角差
ξ	阻尼比
η	效率
θ	电角位移，相位角，可控整流器的导通角
θ_m	机械角位移
λ	电机允许过载倍数
ρ	占空比，电位器的分压系数
σ	漏磁系数，转差功率损耗系数
$\sigma\%$	超调量
τ	时间常数，积分时间常数，微分时间常数
Φ	磁通
Φ_m	每极气隙磁通量
Φ_N	额定磁通
Φ_r	转子磁通
Φ_{rs}	合成磁通
Φ_s	定子磁通
φ	相位角，阻抗角
Ψ，ψ	磁链
Ψ_m	交互磁链
ω	角转速，角频率
ω_b	闭环频率特性带宽
ω_c	开环频率特性截止频率
ω_e	电角频率
ω_m	机械角转速
ω_n	二阶系统的自然振荡频率
ω_r	转子角转速，角频率
ω_s	定子角转速（频率），同步角转速（频率）
ω_{sl}	转差角转速，角频率

目录

绪　论

电力传动的历史可追溯到1834年俄罗斯人雅可比（Якоби）研制成功世界第一台实用的直流电动机。随后，1886年意大利人G. 费拉里斯（Ferraris）研制出世界第一台两相感应电动机，1888年塞尔维亚人N. 特斯拉（Tesla）与美国西屋公司合作制造了第一台三相感应电动机，从此开始了用电动机进行电力传动的时代。最初的电力传动是采用传导传动（又称联动电力拖动）的方式，它是由一台电动机，并由数个传动装置将运动传输到数个工作机构。代替传导拖动的是单机电力传动方式，即一个工作机械由一台电动机驱动。后来，由于生产的需要，工作机械也越来越复杂，出现了多电机电力传动，如自动化机床、加工中心等。

1956年，晶闸管在Bell实验室诞生，开始了第二次电子革命，从此“电子”进入到强电领域，电力电子器件成为弱电控制强电的纽带。其重要意义在于：电力电子学把机器时代、电气时代和电子时代开创的技术融合在一起。20世纪60年代，电力电子器件进入电力传动领域，可以方便地通过电能变换装置来控制电机的运行方式。其后，自动化技术和计算机技术也不断应用于电机控制，使电力传动系统发生了根本性改变。

目前，电力传动系统的工业应用范围不断扩大，已遍及能源、电力、机械、采矿、冶金、轻纺、化工、电子信息、交通运输和家用电器等领域。由于电动机具有性能优良、高效可靠、控制方便等优点，因此，电力传动系统已广泛应用到现代社会生产和生活的方方面面，可以说假如没有电力传动，需要运动的装置和系统就难以运行。目前，电机与传动的现状可以概括为：

（1）电力传动现已取代了其他传动形式，成为主要的运动控制系统形式。这是因为电动机与其他原动机相比有许多优点，比如：电能的获得和转换比较经济；传输和分配比较便利；操作和控制容易，特别是易于实现自动与远程控制。因此，目前绝大多数的生产机械都采用电力传动。

（2）当代科学和技术的新成果广泛地应用于电力传动系统之中，比如：电力电子学的发展，使半导体变流装置广泛地用作电力传动的电源；微电子学的发展，使电子控制器件和微处理机成为电力传动的主要控制手段；自动控制理论广泛应用于电力传动自动控制系统中，大大提高了系统的性能等。

由此可见，电力电子技术、自动化技术和计算机技术的发展是推动现代电力传动系统不断进步的动力。

特别值得注意的是：当前，“能源短缺”“节能减排”“气候变化”等词汇已成为普通公众耳熟能详的流行语，从各国政要、专家学者到大众传媒都在谈论这一话题。究其原因，这是因为人类赖以生存的地球生态环境遭到严重破坏，近百年来经济和社会发展的传统模式面临能源短缺的困境。众所周知，自工业革命以来，煤炭、石油等化石能源是人类利用的主要能源。大量能源的消耗一方面给人们的生活带来便利，同时也造成了严重的问题：

（1）不可再生——传统的化石类能源称为一次性能源，在人类大量开采利用下已经是日近枯竭。

（2）环境污染——传统的能源利用方式给今天人类的生活环境造成了大量的污染。

（3）温室效应——煤炭等化石燃料排放的温室气体对气候变化造成巨大影响。

解决全人类面临的共同问题的主要措施就是“开源节流”。开源是要寻找和开发可再生能源和清洁能源，以替代现有的传统能源。目前，太阳能、风能、海洋能和氢能等可再生能源成为新能源开发的热点，而电力电子与电力传动正是新能源开发利用的关键技术之一。节流就是通过节能来减少传统能源的消耗，也同时减少温室气体排放，以保护环境。而节省电能是节能的主要途径。其中，风机、泵类设备的节能控制，提高电力传动系统的效率和功率因数等措施已成为当前节能应用的重要途径。交通电气化也是当前另一个电力传动系统应用的新领域，电气化火车使中国进入高铁时代，电动汽车正在逐步进入千家万户，电力推进在船舶与海洋工程方面的应用是开发海洋的重要工具。

总之，人类正在进入以可再生能源、分布式发电和智能电网为标志的第4次工业革命的新纪元。在这伟大的变革中，电力传动控制系统的发展进入了一个新阶段，研发以节能降耗为目标的电力传动系统，以及发展应用于可再生能源的电力传动控制新方法和新技术。

电力传动控制系统的自身研究和发展也在不断深入，随着现代电力电子技术、自动化技术和计算机技术的发展，各种新的系统方案和控制策略层出不穷，电力传动系统的发展新趋势为：

（1）新材料和新元件的结合，正在全面改变传统电机的面貌。由于稀土永磁材料的迅速发展和电力电子器件性能的不断改善，涌现了大量的新型实用电机，如无刷直流电动机、开关磁阻电动机、无刷双馈电动机等。这些电机调速性能优良，更加扩展电力传动技术的应用范围。此外，风力发电、磁悬浮电力传动、超导电机的出现为电力传动的发展开辟了新领域。

（2）高性能的微处理器如DSP的出现，为采用新的控制理论和控制策略提供了良好的技术基础，使电力传动系统的自动化程度大为提高。神经元网络控制和模糊控制等智能控制技术以及现代控制理论在电力传动系统中的应用已成为新的研究热点。

（3）继续采用新技术不断提高电力传动系统的性能和完善系统功能，比如：参数辨识、状态监测、故障诊断和容错控制等。通过系统集成和技术融合，组成综合自动化系统，以进一步提高生产效率。

本书将追随电力传动控制系统的发展历程，选择具有代表性的典型系统，重点简述系统结构、控制原理和方法，分析系统性能和特点。并注重应用需求和时代发展，力求与时俱进，介绍一些新的理论和方法以及应用领域，体现创新思想。

第1章　电力传动控制系统的基本结构与组成

本章是全书的基础，首先以电动机、电源变换装置、传感器和控制器构成电力传动控制系统的一般结构，然后从系统组成的角度，讨论传动控制系统的共同问题：电源变换、状态检测、辨识和估计，以及控制方法等。使读者对后续课程的学习以及传动控制需要解决的基本问题有一个全局的了解。

1.1　电力传动控制系统的基本结构和共同问题

1.1.1　电力传动控制系统的组成与分类

电力传动是以电动机作为原动机拖动生产机械运动的一种传动方式，由于电力传输和变换的便利，使电力传动成为现代生产机械的主要动力装置。电力传动自动控制系统的基本结构如图 1-1 所示，一般由电源、变流器、电动机、控制器、传感器和生产机械（负载）组成。

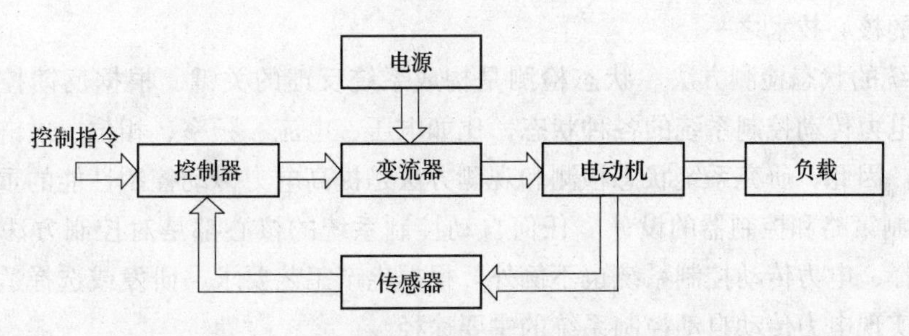

图 1-1　电力传动自动控制系统的基本结构

电力传动控制系统的基本工作原理是，根据输入的控制指令（比如速度或位置指令），与传感器采集的系统检测信号（速度、位置、电流和电压等），经过一定的处理给出相应的反馈控制信号，控制器按一定的控制算法或策略输出相应的控制信号，控制变流器改变输入到电动机的电源电压、频率等，使电动机改变转速或位置，再由电动机驱动生产机械按照相应的控制要求运动，故又称为运动控制系统。

根据生产机械的工艺要求，电力传动控制系统可以分为调速控制系统和位置控制系统两大类。

1. 调速控制系统

这类电力传动控制系统的控制指令为速度给定信号，控制器一般为速度调节器、电流调节器等，系统要求电动机按速度指令在一定的转速下工作。根据所选电动机的不同，调速系统又可分为：

（1）直流调速系统　采用直流电动机作为系统驱动器，相应的电能变换器则需选用直流变换器，比如可控整流器、直流斩波器等。

（2）交流调速系统　采用交流电动机作为系统驱动器，相应的电能变换器则需选用交流变换器，比如交流调压器、各种变频器等。

2. 位置控制系统

这类电力传动控制系统的控制指令为位置给定信号，控制器由位置控制器、速度控制器等组成，系统要求电动机驱动负载按位置指令准确到达指定的位置或保持所需的姿态。

1.1.2　电力传动控制系统的共同问题

虽然电力传动控制系统种类繁多，但根据图1-1所示的系统基本结构，可以提炼出研发或应用电力传动控制系统所需解决的共同问题：

（1）电动机的选择　要使电力传动系统经济可靠地运行，正确选择驱动生产机械运动的电动机至关重要。应根据生产工艺和设备对驱动的要求，选择合适的电动机的种类及额定参数、绝缘等级等，然后通过分析电动机的发热和冷却、工作制、过载能力等进行电动机容量的校验。

（2）变流技术研究　由于电动机的控制是通过改变其供电电源来实现的，比如：直流电动机的正反转控制需要改变其电枢电压或励磁电压的方向，而调速需要改变电枢电压或励磁电流的大小；交流电动机的调速需要改变其电源的电压和频率。因此，变流技术是实现电力传动系统的核心技术之一。

（3）系统的状态检测方法　状态检测是构成系统反馈的关键，根据反馈控制原理，需要实时检测电力传动控制系统的各种状态，比如电压、电流、频率、相位、磁链、转矩、转速或位置等。因此，研究系统状态检测和观测方法是提高电力传动控制性能的重要课题。

（4）控制策略和控制器的设计　任何自动控制系统的核心都是对控制方法的研究和控制策略的选择，电力传动控制系统也不例外。根据生产工艺要求，研发或选择适当的控制方法或策略是实现电力传动自动控制系统的主要途径。

1.2　电动机的主要类型与调速方法

自1831年法拉第发现电磁感应定律的100多年来，人们先后发明了各种类型的电动机，广泛应用于生产和生活的方方面面。目前，按电动机供电电源的不同，大致可以分为直流电动机和交流电动机两大类，其中交流电动机又可根据其工作方式分为同步电动机和异步电动机[1]。

1.2.1　直流电动机及其调速方法

直流电动机的基本结构如图1-2所示，在定子励磁线圈通入直流电流，产生主极磁通，再由电刷向转子的电枢绕组提供直流电，利用电磁感应原理将在转子上产生电磁转矩，将电能转换成机械能输出。

在直流电动机中，由定子励磁线圈通电所产生的主磁场称为励磁磁场。按励磁绕组供电方式的不同，可把直流电动机分成他励直流电动机、并励直流电动机、串励直流电动机和复励直流电动机四种。采用不同的励磁方式，直流电动机的运行特性有很大差异。他励直流电动机具有机械特性硬、磁场与电枢可分别控制等优点，因此，直流调速系统通常采用他励直流电动机。本书也主要讨论由他励直流电动机组成的直流电力传动自动控制系统。

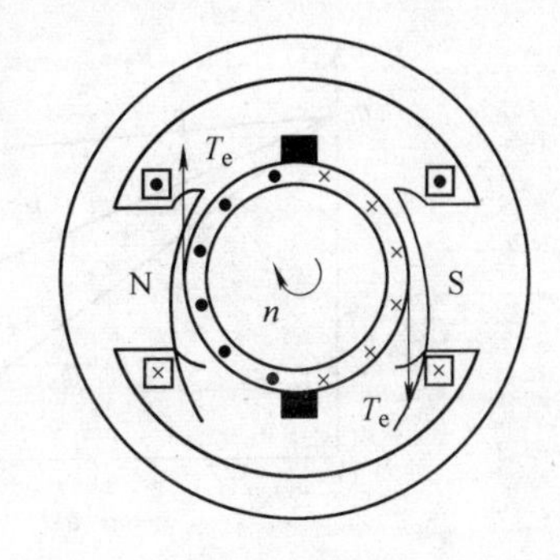

图1-2　直流电动机的基本结构

直流电动机转速和其他参量之间的稳态关系可用式（1-1）表达。

$$n = \frac{U_a - R_a I_a}{C_e \Phi} \tag{1-1}$$

式中　n——转速（r/min）；

U_a——电枢电压（V）；

I_a——电枢电流（A）；

R_a——电枢回路总电阻（Ω）；

Φ——励磁磁通（Wb）；

C_e——由电动机结构决定的电动势常数。

考虑到他励直流电动机电枢电流与电磁转矩 T_e 的关系 $T_e = C_T \Phi I_a$，可以将其机械特性写成如下形式：

$$n = n_0 - \beta T_e \tag{1-2}$$

式中　n_0——理想空载转速，$n_0 = U_a / C_e \Phi$；

β——机械特性的斜率，$\beta = R / C_e C_T \Phi^2$；

C_T——电动机转矩系数，$C_T = 30 C_e / \pi$。

由式（1-1）有三种调节直流电动机转速的方法：

（1）改变电枢回路电阻 R　该方法保持额定磁通和额定电枢电压 $U_a = U_{aN}$，通过改变电枢回路的串接电阻 R_{as} 调速。这时，电动机的理想空载转速 n_0 不变，而机械特性的斜率 β 增大，转速下降，其人为机械特性如图1-3a所示。

（2）减弱励磁磁通 Φ　为避免磁路饱和，一般在额定转速以上采用弱磁调速。此时，保持 $U_a = U_{aN}$ 和电枢电阻不变，通过减小励磁电流 I_f 使主磁通 Φ 减弱，由此使 n_0 升高，而斜率 β 增大，使特性曲线倾斜度增加，电动机的转速较原来有所提高，如图1-3b所示。

（3）调节电枢供电电压 U_a　当电动机励磁电流为额定值，使磁通为额定值 Φ_N 并保持不变，电枢回路不外接电阻，这时，改变电动机的电枢电压 U_a，可得到与固有机械特性平行的人为机械特性。通过不断改变 U_a，可得到一组平行曲线，如图1-3c所示，这组特性曲线的斜率均相同，仅理想空载转速大小不同。

比较三种调速方法可知，改变电阻只能有级调速；减弱磁通虽然能够平滑调速，但调速范围不大，往往只是配合调压方案，实现一定范围内的弱磁升速；调节电枢供电电压的方式

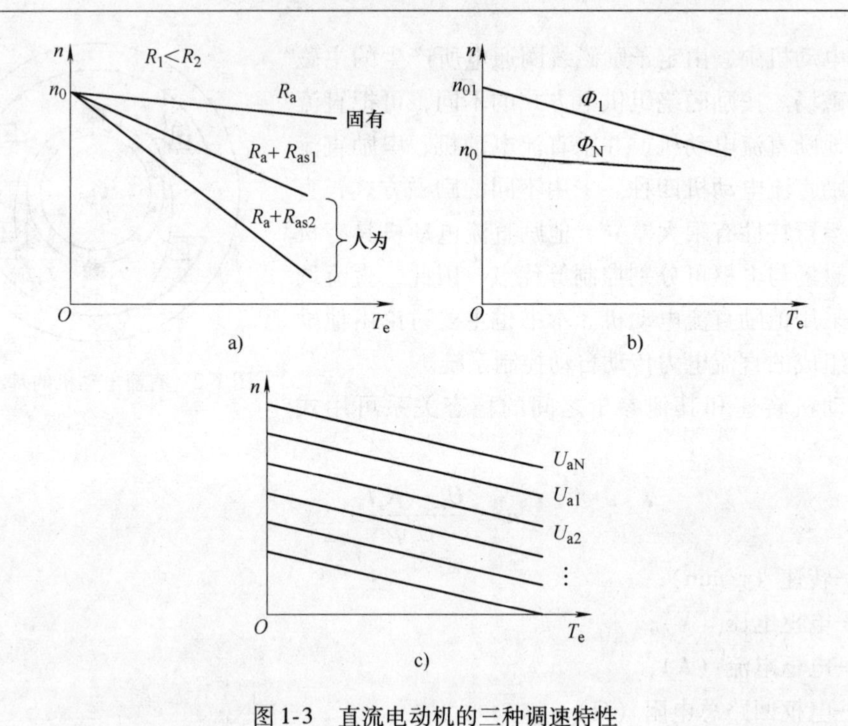

图 1-3　直流电动机的三种调速特性

a）改变电枢电阻的人为机械特性　b）改变磁通的人为机械特性　c）调压调速的机械特性

既能连续平滑调速，又有较大的调速范围，且机械特性也很硬。因此，自动控制的直流调速系统往往以变压调速为主，仅在基速（额定转速）以上作小范围的弱磁升速。

直流电动机具有调速范围平滑宽广，起、制动转矩大，过载能力强，易于控制等优点，常用于对调速性能有较高要求的场合。

但是，直流电动机也有如下缺点：①电刷和换向器必须经常检查维修；②换向火花使它的应用环境受到限制；③换向能力限制了直流电动机的容量和速度（极限容量与转速之积约为 10^6kW · r/min）。这些缺点使得交流调速系统已经取代直流调速系统，成为目前主要的电力传动方式。

1.2.2　交流电动机及其调速方法

交流电动机有异步电动机（即感应电动机）和同步电动机两大类，每种电动机又都有不同类型的调速方法。

1. 异步电动机及其调速原理

交流三相异步电动机的基本结构如图 1-4 所示，三相正弦交流电源在定子三相绕组中形成圆形旋转磁场，通过电动机的气隙在转子中产生电磁转矩 T_e。旋转磁场的转速为

$$n_0 = \frac{60f_s}{n_p} \tag{1-3}$$

式中　f_s——定子侧电源频率；

n_p——定子绕组的极对数。

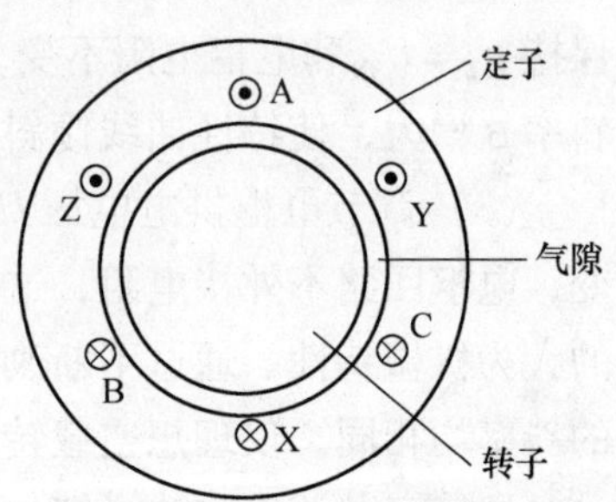

图 1-4　交流异步电动机的基本结构

由于异步电动机只有在转子的转速 n 与同步转速 n_0 不相等时，转子与气隙旋转磁场之间才有相对运动，才能在转子绕组中产生感应电动势和电流，并产生电磁转矩。可见，异步电动机运行时总是有 $n \neq n_0$，“异步”的名称由此而来。通常把同步转速 n_0 和转子转速 n 之差称为转差，用转差率 s 表示为

$$s = \frac{n_0 - n}{n_0} \tag{1-4}$$

异步电动机按其转子构造又可分为笼型转子异步电动机和绕线转子异步电动机，可以根据实际应用要求选择电动机。异步电动机的转速方程为

$$n = \frac{60 f_s}{n_p}(1 - s) \tag{1-5}$$

由转速方程式（1-5）可知，若改变供电频率 f_s 或改变电动机极对数 n_p 则可调速，这就是变频调速和变极对数调速的由来；此外，也可通过改变定子电压、绕线转子电动机转子串电阻等方式来实现异步电动机的转速调节[2]。

为更科学地进行分类，按照交流异步电动机的原理，从定子传入转子的电磁功率 P_{em} 可分成两部分：一部分 $P_m = (1-s)P_{em}$ 是拖动负载的有效功率，称作机械功率；另一部分 $P_{sl} = sP_{em}$ 是传输给转子电路的转差功率，与转差率成正比。从能量转换的角度看，转差功率是否增大，是消耗掉还是得到回收，是评价调速系统效率高低的标志。从这点出发，又可以把异步电动机的调速系统分成三类[2]：

（1）转差功率消耗型　调速时全部转差功率都转换成热能消耗掉，它是以增加转差功率的消耗来换取转速的降低（恒转矩负载时），这类调速方法的效率最低，越向下调效率越低。

（2）转差功率馈送型　调速时转差功率的一部分消耗掉，大部分则通过变流装置回馈电网或转化成机械能予以利用，转速越低时回收的功率越多，其效率比前者高。

（3）转差功率不变型　这类调速方法无论转速高低，转速降都保持不变，而且很小，因而转差功率的消耗基本不变且很小，其效率最高。

目前通常采用笼型转子异步电动机实现低于同步速的调速，调速方法可选择定子变压调速、定子变压变频调速等方案；当需要高于同步速运行或其他特殊应用场合时，则需采用绕线转子异步电动机，通过定子和转子实行双馈调速。

异步电动机的结构简单、体积小、重量轻、转动惯量小、动态响应快、维护方便且可以在恶劣条件下工作，因此，异步电动机是目前使用最多、应用范围最广的一种交流电动机，成为电力传动的主要形式。

2. 同步电动机及其调速原理

同步电动机的定子与三相异步电动机的定子基本相同，所不同的是其转子为磁极，需要由直流电源提供励磁电流或采用永磁材料。同步电动机按转子结构可分为凸极式和隐极式两种，凸极式同步电动机的基本结构如图 1-5 所示，隐极式同步电动机的转子与同步电动机相似，其励磁绕组在转子上均匀分布。

三相同步电动机的工作原理是：当定子对称绕组通以三相对称电流时，定子绕组就会产

生圆形旋转磁场，其旋转速度为同步转速 n_0。如果转子励磁绕组也通以直流励磁电流，就在转子中产生相应的磁极，其极对数与定子旋转磁场的极对数相同，且保持磁场恒定不变。在两个磁场的共同作用下，转子被定子旋转磁场牵引着以同步转速一起旋转，其转子旋转速度就是与旋转磁场同步的转速，即

$$n = n_0 \tag{1-6}$$

即转子转速以同步转速运行，同步电动机由此而得名。同步电动机又可分为：

1）直流励磁同步电动机；

2）永磁同步电动机；

3）磁阻同步电动机；

4）直线同步电动机。

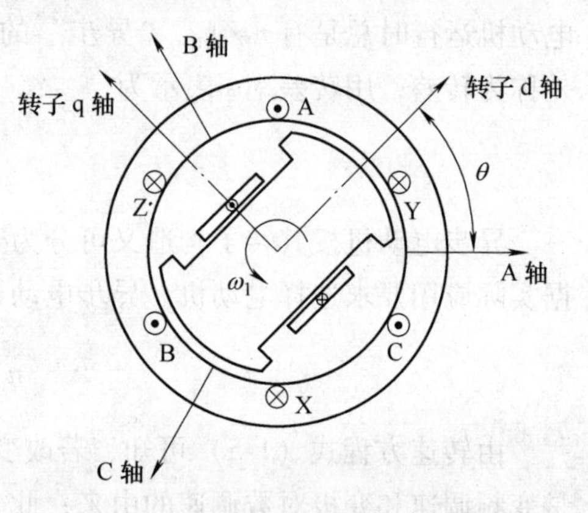

图 1-5 凸极式同步电动机的基本结构

由于同步电动机转速与电源频率保持严格同步，即只要电源频率保持恒定，同步电动机的转速就绝对不变，不会随负载转矩而变化。因此，同步电动机的机械特性具有恒转速特性。除此以外，同步电动机还有一个突出的优点，就是可以控制励磁来调节它的功率因数，可使功率因数高到 1.0，甚至超前。

但是，由于同步电动机存在起动费事、重载时有振荡乃至失步的危险，因此，同步电机过去主要作为发电机使用，电力系统中的电能几乎都是由发电厂的同步发电机产生的。一般工业设备很少采用同步电动机拖动，而在工厂里，有时采用同步电动机拖动不需要调速的大容量设备（例如水泵、空气压缩机），以改善全厂的功率因数，或用于某些特大型生产机械的电力传动。

随着电力电子变压变频技术的发展和广泛应用，采用同步电动机的变压变频调速系统具有与异步电动机一样优良的控制性能。特别是与异步电动机相比，同步电动机具有功率因数可调、变频器容量小、调速比宽、控制精度高、抗负载扰动能力强和动态转矩响应快等优点，已在许多场合逐步取代调速用的异步电动机，成为交流调速新的发展方向[3]。

由于同步电动机没有转差，也就没有转差功率，所以同步电动机调速系统只能是转差功率不变型（恒等于0）的，而同步电动机转子极对数又是固定的，因此只能采用变压变频调速，没有像异步电动机那样的多种调速方法。在同步电动机的变压变频调速方法中，从频率控制的方式来看，可分为：他控变频调速，自控变频调速。后者利用转子磁极位置的检测信号来控制变压变频装置换相，类似于直流电动机中电刷和换向器的作用，因此有时又称作无换向器电动机调速，或无刷直流电动机调速。

1.3 电力传动系统的信号检测

电力传动控制系统的闭环控制离不开信号检测和处理，通常需要检测的参数有：电压、电流、频率、相位、磁场（磁链）、转速、转矩和位置等。

信号检测的方法有直接检测和间接检测，直接检测就是采用各种传感器直接获取检测信

号；间接检测是对于难以通过直接检测获得的信号，用其他可测信号通过数学模型和函数关系推算出所需信号。由于间接检测的基本原理是通过系统部分状态变量观测或估计系统状态，因此又称为状态观测器和估计器检测方法。

本节主要介绍最常用参数的检测和信号处理方法。

1.3.1　直接检测方法

1. 转速检测传感器

常用的转速检测传感器有测速发电机、转速编码器等。测速发电机输出的是转速的模拟量信号，转速编码器则为数字测速装置。

（1）测速发电机　测速发电机的作用是把输入的转速信号转换成输出的电压信号，对测速发电机的基本要求是：①输出电压与转速之间有严格的正比关系，以达到高精度的要求；②在一定的转速时所产生的电动势及电压应尽可能的大，以达到高灵敏度的要求。测速发电机可分为直流测速发电机和交流测速发电机两类：

1）直流测速发电机。其基本结构和工作原理与普通直流发电机相同，采用直流测速发电机检测转速的电路如图 1-6 所示。

当主磁通 Φ 一定时，直流发电机电枢绕组的感应电动势为 $E_a = C_e \Phi n$，若取样电阻为 R_2，则其输出电压为

$$U_n = I_a R_2 = \frac{E_a}{R} R_2 = \frac{C_e \Phi R_2}{R} n$$

式中　R——线路总电阻；

R_2——取样电阻。

令 $K_n = \dfrac{C_e \Phi R_2}{R}$，即有

$$U_n = K_n n \tag{1-7}$$

可见直流测速发电机的输出电压 U_n 与转速 n 成正比。

2）交流测速发电机。交流测速发电机的定子上嵌有两相绕组，一相是励磁绕组 N_1，另一相是输出绕组 N_2，它们在空间互差 90°电角度，如图 1-7 所示。

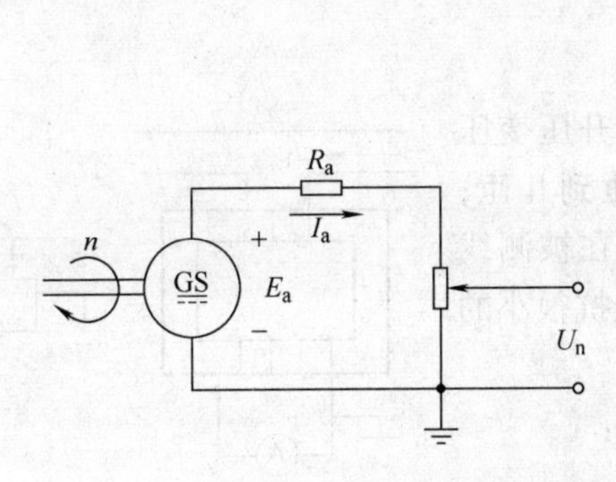

图 1-6　直流测速发电机检测转速的电路

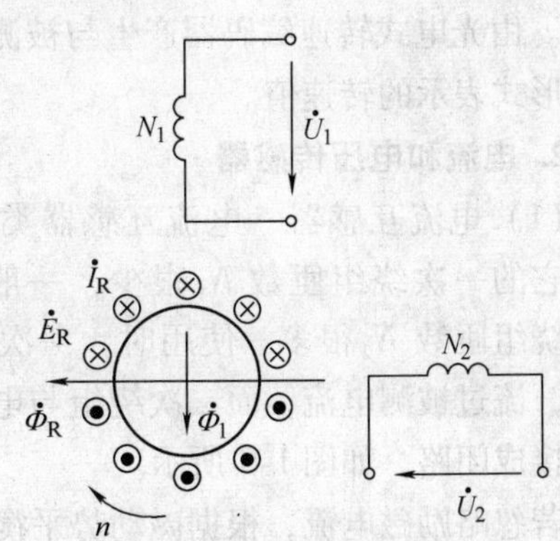

图 1-7　交流测速发电机的绕组结构

如果在励磁绕组上施加一频率为 f_1 的交流电压 $\dot{U}_1$，励磁绕组中便有交流电流流过，并产生脉振磁场 $\dot{\Phi}_1$。当转子以转速 n 旋转时，转子导体在脉振磁场 $\dot{\Phi}_1$ 中就要产生运动电动势 $\dot{E}_R$ 及转子电流 $\dot{I}_R$，而转子电流 $\dot{I}_R$ 又将产生转子磁通 $\dot{\Phi}_R$，显然 $\dot{\Phi}_R$ 正比于 $\dot{\Phi}_1$，并且两者均随时间在交变。从图 1-7 可以看出，$\dot{\Phi}_R$ 是沿输出绕组轴线方向的，它将匝链输出绕组 N_2，并产生感应电动势和输出电压 $\dot{U}_2$。在 Φ_1 一定时，转速 n 越高，$\dot{E}_R$、$\dot{I}_R$ 就越大，所产生的 $\dot{\Phi}_R$ 也越大，输出电压 $\dot{U}_2$ 便越高，可见交流测速发电机的输出电压 $\dot{U}_2$ 与转速 n 成正比。

（2）转速编码器　测速发电机常用于模拟控制系统中，而且测速精度有限。在数字测速中，常用光电式转速编码器作为转速或转角的检测元件。光电式转速编码器测速原理如图 1-8 所示，在一个金属圆盘上开许多小槽，有槽的地方可以透光，其他地方不透光，光源 LED 与光电探测器放置在圆盘两边，当圆盘旋转时，利用透明区和不透明区被光线穿越或阻挡两种情况，光电探测器输出高、低两个电平的脉冲。

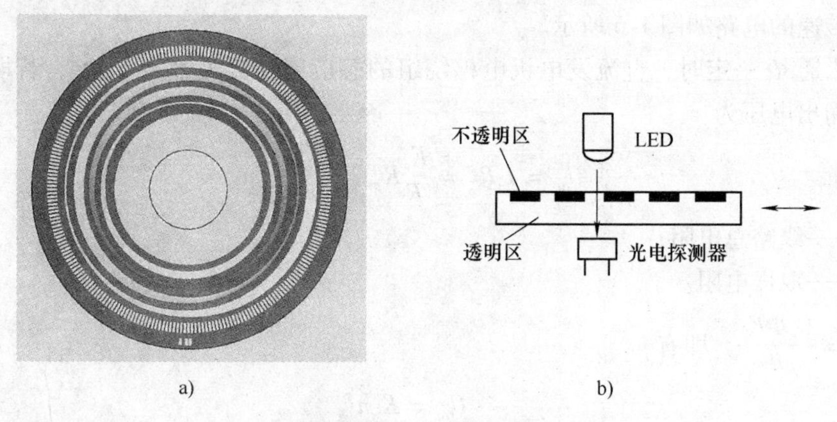

图 1-8　光电式转速编码器原理

a）刻度转盘　b）光电感应原理

光电式转速编码器也可利用光源对反射区与非反射区不同作用，以及干涉条纹来实现[4]。由光电式转速编码器产生与被测转速成正比的脉冲，测速装置将输入脉冲转换为以数字形式表示的转速值。

2. 电流和电压传感器

（1）电流互感器　电流互感器类似于一个升压变压器，它的一次绕组匝数 N_1 很少，一般只有一匝到几匝；二次绕组匝数 N_2 很多。使用时，一次绕组串联在被测线路中，流过被测电流，而二次绕组与电流表等阻抗很小的仪表接成闭路，如图 1-9 所示。

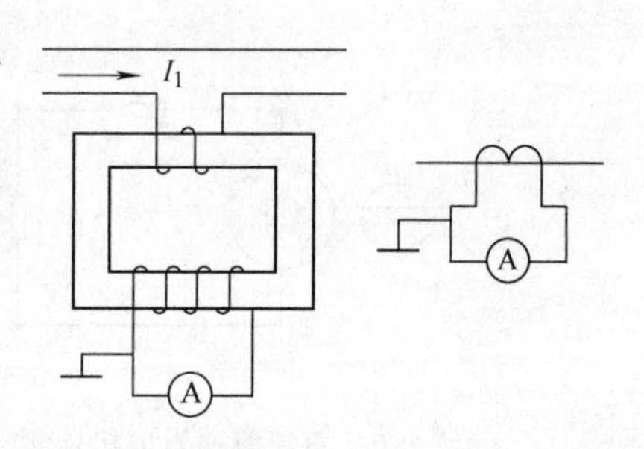

图 1-9　电流互感器的原理及电路符号

若忽略励磁电流，根据磁动势平衡关系可得：

$$\frac{I_1}{I_2} = \frac{N_2}{N_1} = \frac{1}{k}$$

即
$$I_2 = \frac{I_1}{k} \tag{1-8}$$

由上式可知，利用一、二次绕组的不同匝数，电流互感器可将线路上的大电流转成小电流来测量。电流互感器通常用来检测交流电流，图1-10给出了采用电流互感器检测三相交流电流的电路原理，由电流互感器检测到与三相交流电流成正比的交流电压 $\dot{U}_i$，通过三相桥式二极管整流输出直流电压信号 U_i，另外还可输出零电流信号 U_{i0}。

（2）电压互感器　电压互感器实质上是一个降压变压器，其工作原理和结构与双绕组变压器基本相同。图1-11是电压互感器的原理图，它的一次绕组匝数 N_1 很多，直接并联到被测的高压线路上；二次绕组匝数 N_2 较少，接高阻抗的测量仪表（如电压表或其他仪表的电压线圈）。由于电压互感器的二次绕组所接仪表的阻抗很高，二次电流很小，近似等于零，所以电压互感器正常运行时相当于降压变压器的空载运行状态。根据变压器的变压原理，有

$$\frac{U_1}{U_2} = \frac{N_1}{N_2} = k$$

即
$$U_2 = \frac{U_1}{k} \tag{1-9}$$

上式表明，利用一、二次绕组的不同匝数，电压互感器可将被测量的高电压转换成低电压的测量信号。电压互感器常用来检测交流电压，直流电压可采用电阻分压器法或电容分压器法等检测方法。

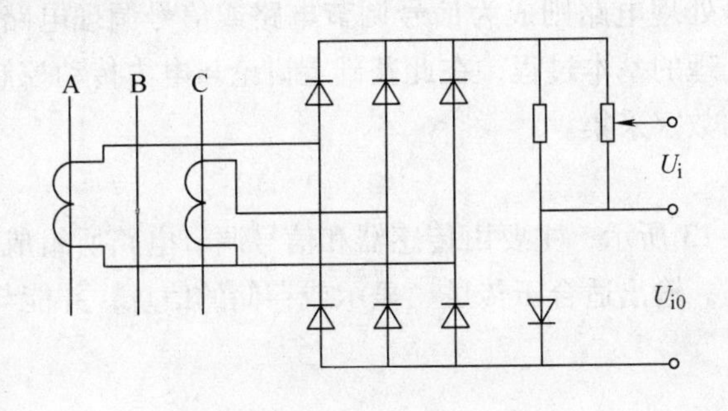

图1-10　交流电流检测电路

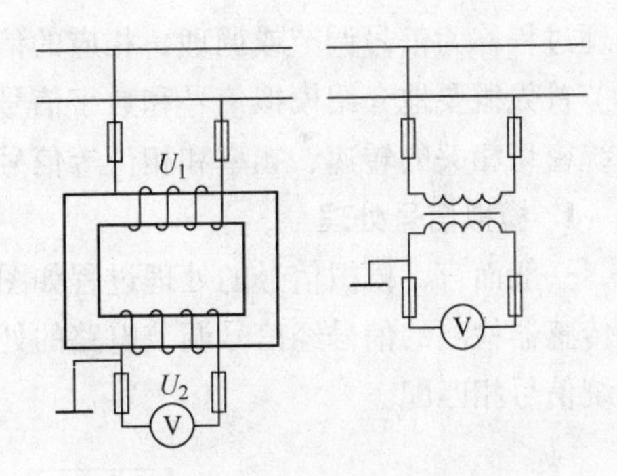

图1-11　电压互感器测量原理

（3）霍尔传感器　1879年，霍尔（Edwin H. Hall）发现：当载流体或半导体处于与电流流向相垂直的磁场中时，在其两端将产生电位差，这一现象称为霍尔效应。利用霍尔效应制成的霍尔器件可作为检测磁场、电流、位移等传感器[5]。

霍尔电流检测原理如图1-12所示。

图中：HL为霍尔器件，通过施加直流电压后产生原电流 I_c，由被测电流产生磁场，按霍尔效应输出相应的电位差 U_H，即有

$$U_H = K_H B I_c \tag{1-10}$$

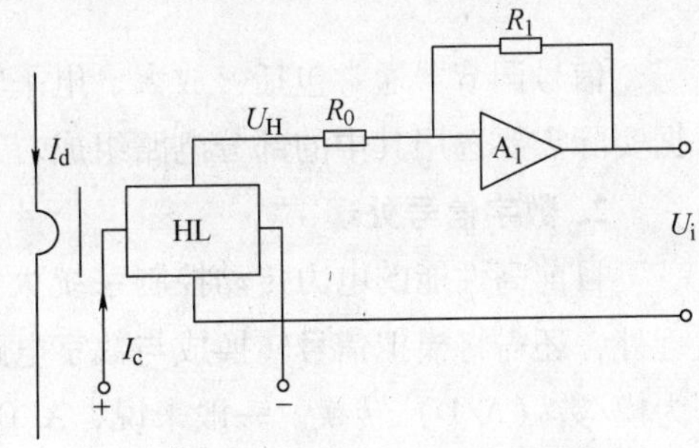

图1-12　霍尔电流检测原理

式中 K_H——霍尔常数；

B——与被测电流成正比的磁通密度；

I_c——控制电流。

由霍尔器件输出的电压 U_H 再经过放大器 A_1 放大后，输出电流检测信号 U_i。

3. 磁链（磁场）传感器

磁感应强度和磁场强度的测量分为永久磁铁和通电线圈两种形式：

1）用永久磁铁作为磁感应传感器一般都由质子核磁共振仪来校准磁感应强度的量值，其误差为±（0.01%～0.001%）。

2）利用通电线圈，比如螺旋管线圈和亥姆霍兹线圈，所产生的空间磁场可以感测磁场强度和磁感应强度。

传统的磁场测量方法有冲击法和磁通计法等[5]。

霍尔传感器也可用来检测磁场强度，其原理如上节所述，是利用霍尔器件输出的电压与被测磁感应强度成正比，通过检测霍尔传感器的输出电压实现磁场测量。采用霍尔传感器检测磁场的优点在于：它可以测量静态和动态磁场，简单方便。而采用冲击法或磁通量计法测量恒定磁场时，则需要人为地改变磁场，比较麻烦。因此，霍尔效应法是目前工程上最常用的磁场测量方法。

1.3.2 信号处理

通常，由传感器检测的信号还需对其进行处理，以使检测信息与系统相匹配。这个信号处理过程称为信号调节或调理，相应的信号处理电路则成为信号调节电路或信号调理电路。本节首先概要地介绍模拟信号和数字信号处理的基本过程，在此基础上讨论与电力传动控制系统密切相关的转速、频率和相位等信号的数字采集。

1. 模拟信号处理

一般而言，模拟信号的处理过程如图 1-13 所示，主要由传感器和信号调节电路所组成，由传感器检测的信号经信号调节电路的处理，输出适合于传送、显示或存储的信息，并能与系统信号相匹配。

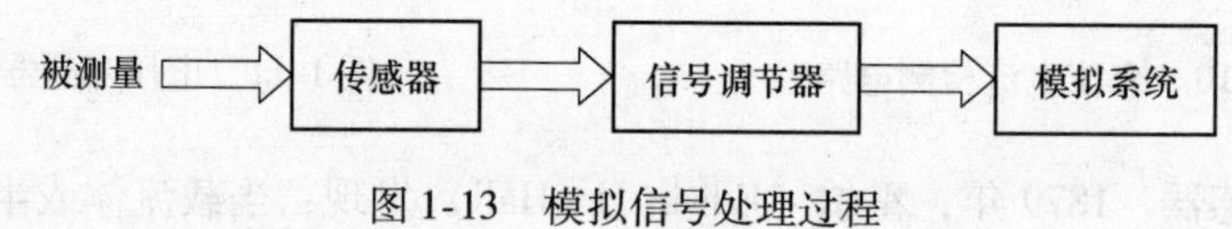

图 1-13 模拟信号处理过程

信号调节器通常包括：放大、电平转换、滤波、阻抗匹配、调制和解调等电路，可以根据实际需要选用其中的部分电路组成。

2. 数字信号处理

目前高性能的电力传动控制系统大都采用微机或 DSP 控制，则除了上述的模拟信号调理外，还需将模拟信号转换成与数字电路相匹配或计算机能够处理的数字信号，这一过程称为模/数（A/D）转换。一般来说，A/D 转换主要有离散化和数字化两个步骤。

（1）离散化 为了把模拟的连续信号输入计算机，必须首先在具有一定周期的采样时刻对它们进行实时采样，形成一连串的脉冲信号，即离散的模拟信号，这就是离散化。信号采样过程如图 1-14a、b 所示。

（2）数字化 采样后得到的离散信号本质上还是模拟信号，还需经过数字量化，即用一组数码（如二进制码）来逼近离散模拟信号的幅值，将它转换成数字信号，这就是数字化。数字化过程如图 1-14c 所示。

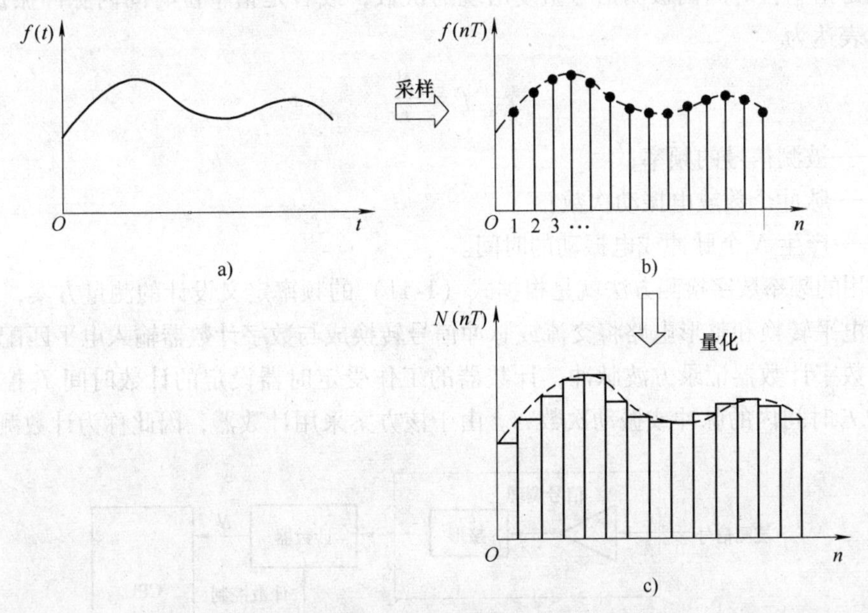

图 1-14 信号采样过程

a）原信号 b）离散信号 c）量化过程

另外，在数字控制系统中，还需要将计算机输出的数字信号转换为模拟信号，去驱动执行器完成控制任务，这一过程称为数/模（D/A）转换。由 D/A 转换器输出的阶梯信号需要通过保持器并将其转换为连续的模拟量。

在多路数据采集电路中，有时为了使 A/D 转换期间输入的模拟信号保持不变，也需要在输入通道中增加采样保持器[6]。

离散化和数字化的结果导致了时间上和量值上的不连续性，从而引起下述的负面效应：

1）A/D 转换的量化误差：模拟信号可以有无穷多的数值，而数码总是有限的，用数码来逼近模拟信号是近似的，会产生量化误差，影响控制精度和平滑性。

2）D/A 转换的滞后效应：经过计算机运算和处理后输出的数字信号必须由数/模转换器和保持器将它转换为连续的模拟量，再经放大后驱动被控对象。但是，保持器会提高控制系统传递函数分母的阶次，使系统的稳定裕量减小，甚至会破坏系统的稳定性。

随着微电子技术的进步，微处理器的运算速度不断提高，其位数也不断增加，上述两个问题的影响已经越来越小。但微机数字控制系统的主要特点及其负面影响应在系统分析中引起重视，并在系统设计中予以解决。

1.3.3　频率和相位的数字检测

频率和相位是交流信号的主要参数，也是数字控制系统的重要参数，比如锁频控制和锁相环（PLL）技术，以及数字测速等。因此，频率和相位的检测很有用处。

1. 频率检测

频率是指单位时间内被测信号重复出现的次数，或者是指单位时间内脉冲振荡的次数，可用数学表达为

$$f = \frac{N}{t} \tag{1-11}$$

式中　f——被测信号的频率；

N——脉冲个数或电振动次数；

t——产生 N 个脉冲或电振动的时间。

最常用的频率数字检测方法就是根据式（1-11）的频率定义设计的测量方案，如图 1-15 所示，由电平转换和整形电路将交流或脉冲信号转换成与数字计数器输入电平匹配的方波信号，采用数字计数器记录方波脉冲，计数器的工作受定时器设定的计数时间 T_c 控制，由此可记录在 T_c 时间内的脉冲或振动次数 N。由于该方案采用计数器，因此称为计数测量法。

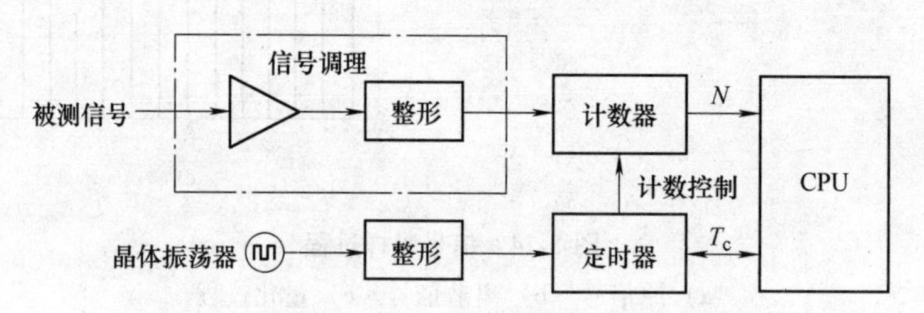

图 1-15　频率的计数检测方法

根据式（1-11），计数测量法的频率计算公式为

$$f = \frac{N}{T_c} \tag{1-12}$$

2. 相位检测

设有两个交流信号 $u_1 = \cos(\omega_1 t + \theta_1)$ 和 $u_2 = \cos(\omega_2 t + \theta_2)$，根据三角公式可得

$$\cos(\omega t + \theta_1)\cos(\omega t + \theta_2) = \frac{1}{2}[\cos(\omega_1 t + \omega_2 t + \theta_1 + \theta_2) + \cos(\omega_1 t - \omega_2 t + \theta_1 - \theta_2)]$$

假定两个信号的频率相等，即 $\omega_1 = \omega_2 = \omega$，则上式变为

$$u_1 u_2 = \frac{1}{2}[\cos(2\omega t + \theta_1 + \theta_2) + \cos(\theta_1 - \theta_2)]$$

上式表明，两个同频率的交流信号相乘得到一个两倍频的交流信号与一个它们之间相位差的信号。如果用一个滤波器去除两倍频交流信号，则可得相位差的函数关系

$$f(\theta) = \cos(\theta_1 - \theta_2) \tag{1-13}$$

根据上述思路，可设计一个由乘法器和滤波器组成的相位检测电路[6]，其电路原理如图 1-16 所示。

但由上述电路所得到的仅是相位的模拟量测量值，对于数字系统，需要通过压控振荡器（VCO）或电压/频率（V/F）变换器将模拟信号转换成脉冲信号，再由计数器记录该脉冲列，并计算出相位[6]。图1-17给出了一个采用相位-频率转换器检测相位的方法，被测信号由调理电路整形成方波信号，两个不同相位的方波信号经鉴相器输出相位相差的时间 T_θ，计数器被控制在 T_θ 时间内记录高频脉冲 f_0 的个数 N_θ，如果已知被测信号的周期 T，则相位的计算公式为

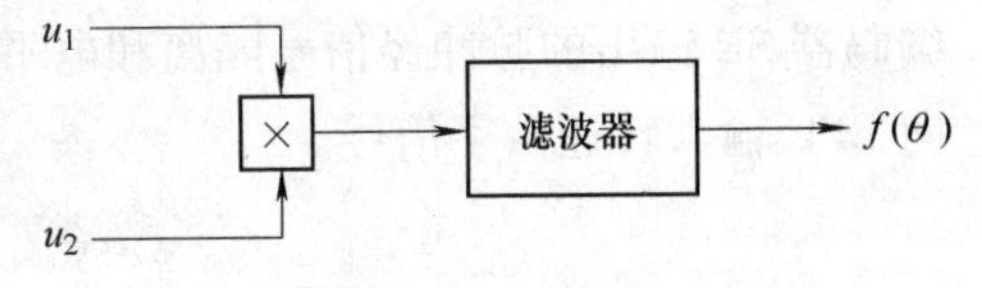

图1-16　相位检测电路原理

$$\theta = \frac{T_\theta}{T} \times 360^\circ = \frac{360^\circ N_\theta}{f_0 T} \tag{1-14}$$

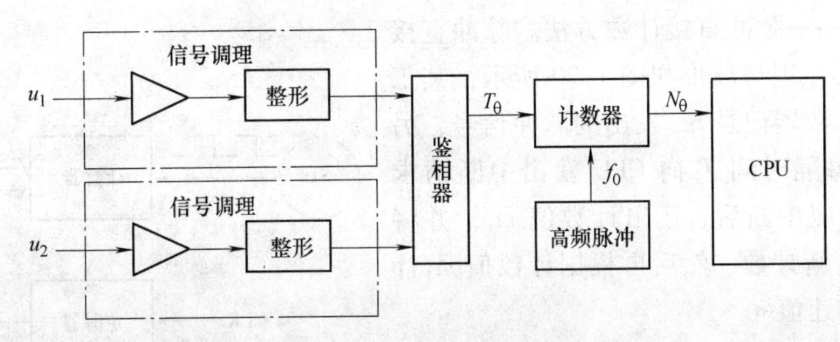

图1-17　采用相位-频率转换器检测相位的方法

如果被测信号的周期 T 未知，还需用另一个计数器记录 T 时间内高频脉冲 f_0 的个数 N_T，这时相位的计算公式为

$$\theta = \frac{N_\theta}{N_T} \times 360^\circ \tag{1-15}$$

3. 转速的数字化处理

转速的数字化处理有两种类型：一类是测速发电机检测的模拟信号的模/数转换；另一类是各种转速编码器脉冲信号的数字化处理。

（1）测速发电机的数字处理　如果微机控制的电力传动系统采用测速发电机作为转速传感器，其检测到的转速信号为模拟电压信号，需要转换为数字信号才能被计算机采集。其转换过程如图1-18所示，由测速发电机输出与转速成正比的直流电压经电压隔离和电平转换，再由A/D转换后成为数字信号，计算机的CPU通过I/O接口读入该数字信号作为转速反馈。

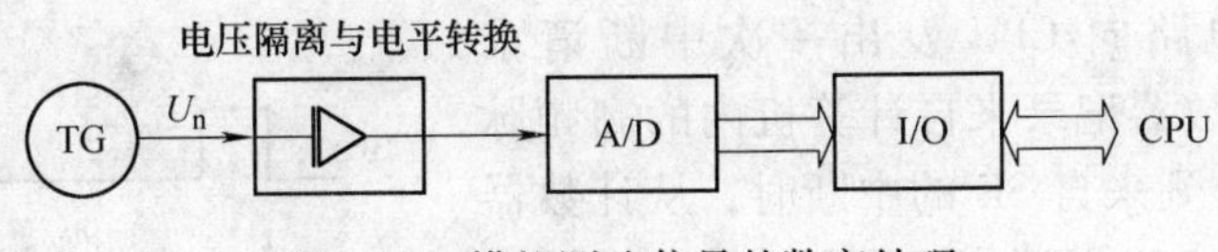

图1-18　模拟测速信号的数字处理

（2）转速编码器的数字转换　转速编码器输出与转速成正比的脉冲信号，需要将脉冲信号转换为数字量。如图1-19所示为频率/数字（P/D）转换原理，其转换过程为：由转速

编码器 SE 输出的脉冲经信号隔离和电平转换后，通过由计数器和逻辑电路组成 P/D 转换器向 CPU 输入转速数字信号。

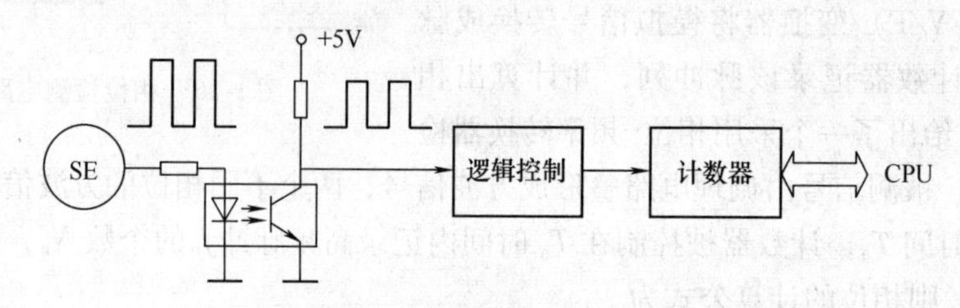

图 1-19　频率/数字（P/D）转换原理

脉冲/数字（P/D）转换方法：

1）M 法——脉冲直接计数方法。脉冲直接计数法的电路原理与波形如图 1-20 所示，其工作原理是由计数器记录 SE 发出的脉冲信号，另有一定时器每隔时间 T_c 向 CPU 发出中断请求 INT_t，CPU 响应中断后，读出计数值 m_1，并将计数器清零重新计数，然后再根据计数值 m_1 计算出对应的转速值 n。

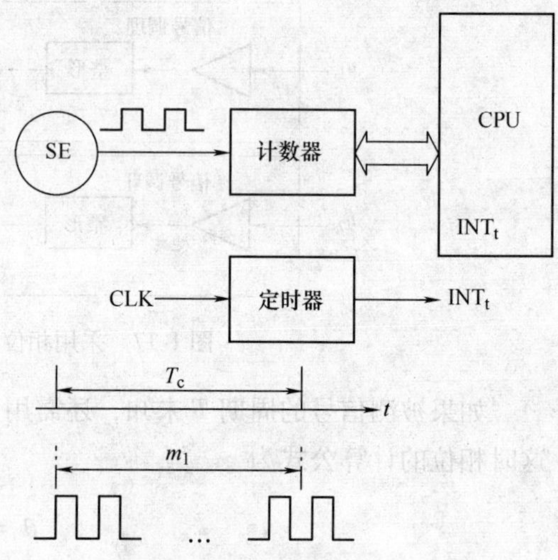

图 1-20　脉冲直接计数方法的电路原理与波形

M 法的转速计算公式为

$$n = \frac{60m_1}{ZT_c} \tag{1-16}$$

式中　m_1——计数器所记录的脉冲数；

T_c——计数时间；

Z——光电编码器转盘的开槽数目，即转盘每转一圈输出的脉冲数。

在式（1-16）中，Z 和 T_c 均为常值，因此转速 n 正比于脉冲个数。高速时 Z 大，量化误差较小，随着转速的降低误差增大，转速过低时将小于 1，测速装置便不能正常工作。所以，M 法测速适用于高速段的转速检测。

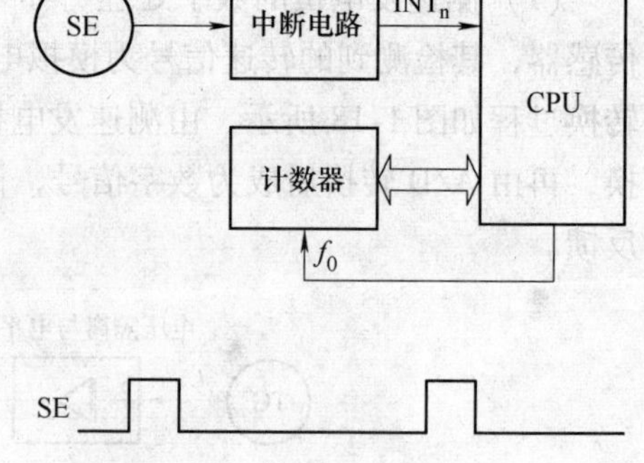

2）T 法——脉冲时间计数方法。P/D 转换的另一种方法是采用脉冲时间计数方法，其电路原理与波形如图 1-21 所示，该方法的原理为：SE 每输出一个脉冲，中断电路向 CPU 发出一次中断请求 INT_n，CPU 启动计数器记录来自计算机内的高频脉冲 f_0，当 CPU 接收到来自 SE 的中断时，从计数器中读出计数值 m_2，并立即清零，重新计数。计算机再按下面的公式计算转速

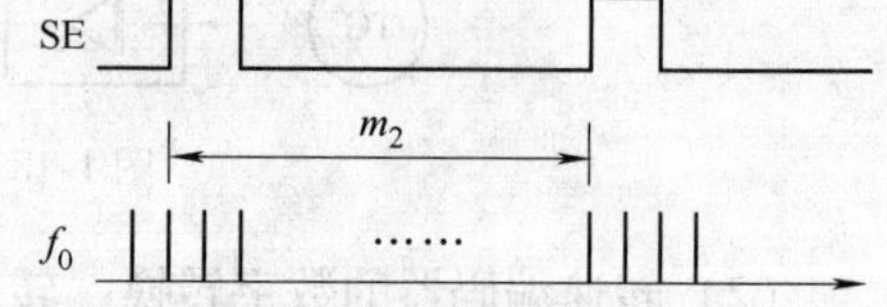

图 1-21　脉冲时间计数方法电路原理与波形

$$n = \frac{60f_0}{Zm_2} \tag{1-17}$$

采用T法测速，低速时编码器相邻脉冲间隔时间长，测得的高频时钟脉冲个数 m_2 多，所以误差率小，测速精度高，故T法测速适用于低速段的转速检测。

因此，可以将两种测速方法相结合，取长补短。既检测 T_c 时间内由SE输出的脉冲个数 m_1，又检测同一时间间隔的高频时钟脉冲个数 m_2，用来计算转速，故称作M/T法测速。有关M/T测速方法的具体电路和计算公式请参阅文献［7］。

1.4 电力传动控制系统的控制与分析

电力传动系统的控制是实现系统自动化和提高系统性能的主要手段，其基本思路就是引入信号反馈，对系统的主要参数，比如转速、电流、磁场等实施闭环控制，以提高系统性能。由于电力传动系统是一个较为复杂的多变量非线性系统，采用何种方法对其进行控制始终是该领域的研究热点，由此产生了各种控制方法和形式多样的解决方案[8]。

1.4.1 电力传动控制的要求和指标

电力传动控制系统的主要目的往往是调速，即使是位置控制也首先需要有稳定的转速，因此大部分的电力传动系统又称为调速系统。对于调速系统转速控制的要求有：

1）调速——在一定的最高转速和最低转速范围内，平滑地调节转速。

2）稳速——以一定的精度在所需转速上稳定运行，在各种干扰下不允许有过大的转速波动，以确保产品质量。

3）加、减速——频繁起、制动的设备要求加、减速尽量快，以提高生产率；不宜经受剧烈速度变化的机械则要求起、制动尽量平稳。

为了进行定量的分析，可以针对前两项要求定义两个调速指标：调速范围和静差率。这两个指标合称为调速系统的稳态性能指标。而起动和制动为系统的动态过程，常用动态响应时间等动态性能指标来衡量。

1. 调速范围

调速范围是指电动机在额定负载下可能达到的最高转速 n_{max} 和最低转速 n_{min} 之比，通常用 D 来表示，即

$$D = \frac{n_{max}}{n_{min}} \tag{1-18}$$

调速范围 D 反映了生产机械对调速的要求，不同的生产机械对电动机的调速范围有不同的要求，对于一些经常轻载运行的生产机械，可以用实际负载时的最高转速和最低转速之比来计算调速范围 D。

要扩大调速范围，必须尽可能提高 n_{max} 与降低 n_{min}，而最高转速 n_{max} 受电动机的换向及机械强度限制，最低转速 n_{min} 受生产机械对低速静差率的限制。

2. 静差率

静差率是指在同一条机械特性上，从理想空载到额定负载时的转速降与理想空载转速之比。用百分比表示为

$$\delta\% = \frac{\Delta n_N}{n_0} \times 100\% = \frac{n_0 - n_N}{n_0} \times 100\% \tag{1-19}$$

静差率 δ 反映了传动系统的相对稳定性。

例题 1-1　某龙门刨床工作台传动采用直流电动机，其额定数据如下：60kW，220V，305A，1000r/min，电动机的电动势系数 $K_e = 0.2\text{V} \cdot \text{min/r}$。如果要求调速范围 $D = 10$，电动机驱动额定负载运行的最低转速是多少？其静差率为多少？

解：　由式（1-18）电动机驱动额定负载运行的最低转速为

$$n_{min} = \frac{n_{max}}{D} = \frac{1000}{10}\text{r/min} = 100\text{r/min}$$

由电动机的额定速降

$$\Delta n_N = \frac{RI_{dN}}{K_e} = \frac{0.18 \times 305}{0.2}\text{r/min} = 275\text{r/min}$$

则电动机在额定转速时的静差率为

$$\delta_N = \frac{\Delta n_N}{n_N + \Delta n_N} = \frac{275}{1000 + 275} = 0.216 = 21.6\%$$

不同的生产机械，其允许的静差率是不同的。而且，静差率 δ 值与机械特性的硬度及理想空载转速 n_0 有关。当理想空载转速 n_0 一定时，机械特性越硬，额定速降 Δn_N 越小，则静差率越小。而且，调速范围 D 与静差率 δ 两项性能指标是互相制约的。一般变压调速系统在不同转速下的机械特性是互相平行的，如果以电动机的额定转速 n_N 作为最高转速，若额定负载下的转速降落为 Δn_N，则按照上面分析的结果，该系统的静差率应该是最低速时的静差率，即

$$\delta = \frac{\Delta n_N}{n_{0min}} = \frac{\Delta n_N}{n_{min} + \Delta n_N}$$

于是，最低转速为

$$n_{min} = \frac{\Delta n_N}{\delta} - \Delta n_N = \frac{(1 - \delta)\Delta n_N}{\delta}$$

而调速范围为

$$D = \frac{n_{max}}{n_{min}} = \frac{n_N}{n_{min}}$$

将上面的 n_{min} 式代入，得

$$D = \frac{n_N \delta}{\Delta n_N (1 - \delta)} \tag{1-20}$$

上式表示调速系统的调速范围、静差率和额定速降之间的关系。可见，对于一个调速系统的调速范围，是指在最低速时还能满足所需静差率的转速可调范围。

例题 1-2　如果电动机的参数与例题 1-1 相同，电动机在最低转速时的静差率为多少？

解：由式（1-20），解出静差率 δ 为

$$\delta = \frac{\Delta n_N D}{n_N + \Delta n_N D} = \frac{275 \times 10}{1000 + 275 \times 10} = 73.3\%$$

由此可见，随着转速的降低，静差率也变差。

3. 平滑性

在一定的调速范围内，调速的级数越多，则认为调速越平滑。平滑性用平滑系数来衡量，它是相邻两级转速之比

$$\rho = \frac{n_i}{n_{i-1}} \tag{1-21}$$

ρ 接近于1，表示两级速差很小。当 ρ 越接近于1时，则系统调速的平滑性越好，俗称为无级调速，即转速可以连续调节，比如直流电动机采用调压调速的方法可实现系统的无级调速。

4. 经济性

电力传动系统的经济性主要包括：调速设备的初期投资、调速时电能的损耗及运行时的维修费用等。作为设备的投资者或运营方，希望购置的设备能完成所需的工作，同时其消耗的电能最少，以通过节省电能来收回投资或降低运行费用。这就要求设备的设计者和生产商能减低成本，提高效率和可靠性，推出价廉质高的产品；使用者能通过经济性分析，正确选购适当的装置，在运营中降耗增效，尽快收回投资资金。

经济性分析需要用到一些财务方面的知识和计算[9]。

设电力传动装置的初始投资费用为 C_{I}，其电功率为 P，效率为 η，则使用时的电能损耗为 $\Delta P = P_{\mathrm{in}} - P_{\mathrm{out}}$，即

$$\Delta P = \left(\frac{1}{\eta} - 1\right) \tag{1-22}$$

式中　ΔP——电能损耗（kW）。

假如该装置每月使用时间为 t 小时，电费为 C_{E}（元/kW·h），则每月的电费为

$$C_{\mathrm{EM}} = \Delta P t C_{\mathrm{E}} \tag{1-23}$$

如果选用省电的传动装置，设其每月节省电能为 E_{S}（kW·h），则其每月能节省电费为

$$C_{\mathrm{ES}} = E_{\mathrm{S}} C_{\mathrm{E}} \tag{1-24}$$

由此，所购设备通过节省电费回收初期投资的时间为

$$t_{\mathrm{R}} = \frac{C_{\mathrm{I}}}{C_{\mathrm{ES}}} \tag{1-25}$$

例题1-3　某设备原使用100kW的电动机，效率（η_{old}）为90%，每月运行500h，每月电费为1元/kW·h。现需要更换新的电动机，如果选购效率（η_{new}）为92%的电动机，价格为2.4万元，请计算该项目的投资回收期。

解：由式（1-22），采用高效电动机可节省电能为

$$\begin{aligned} E_{\mathrm{S}} &= (\Delta P_{\mathrm{old}} - \Delta P_{\mathrm{new}})t = 100 \times 500\left(\frac{1}{\eta_{\mathrm{old}}} - \frac{1}{\eta_{\mathrm{new}}}\right)\mathrm{kW \cdot h} \\ &= 100 \times 500\left(\frac{1}{0.9} - \frac{1}{0.92}\right)\mathrm{kW \cdot h} \approx 1200\mathrm{kW \cdot h} \end{aligned}$$

由式（1-24）可得每月可节省电费1200元，由式（1-25）可计算出购买该装置的回收期为24000元/1200元=20个月。

如果设备是通过银行贷款购买，则还需考虑银行利率和还款期，即通过节省的电费支付银行的本金与利息，其投资回收时间的计算更为复杂[9]。

特别应指出：在能源短缺问题凸显的今天，节能减排更为重要。因而，在设计、研发和应用电力传动装置时，应充分关注设备的节能。目前，主要的节能措施有：

1）提高系统的效率；

2）改善功率因数；

3）选用适当的功率，避免大马拉小车；

4）采用储能装置，吸收再生制动的电能。

1.4.2　PID 控制器

为了满足上述系统指标，通常需要采用闭环反馈控制，而控制器成为实现系统自动调节的关键，其中最为经典的控制方法仍是采用 PID 控制器，常用的 PID 控制器有模拟式 PID 调节器和数字式 PID 调节器。

1. 模拟式 PID 调节器

在模拟调速系统中，PID 调节器是最常用的控制策略，图 1-22 给出了基本的 PID 控制算法框图，由给定值与反馈值的偏差 $e(t)=r(t)-m(t)$ 作为调节器的输入，通过偏差的比例（P）、积分（I）和微分（D）的线性组合，构成控制量 $u(t)$ 输出，对被控对象进行控制。其控制规律可表示为

$$u(t) = k_{\mathrm{P}}e(t) + k_{\mathrm{I}}\int e(t)\mathrm{d}t + k_{\mathrm{D}}\frac{\mathrm{d}e(t)}{\mathrm{d}t} \quad (1\text{-}26)$$

式中　k_{P}——模拟式 PID 调节器的比例系数；

k_{I}——模拟式 PID 调节器的积分系数；

k_{D}——模拟式 PID 调节器的微分系数。

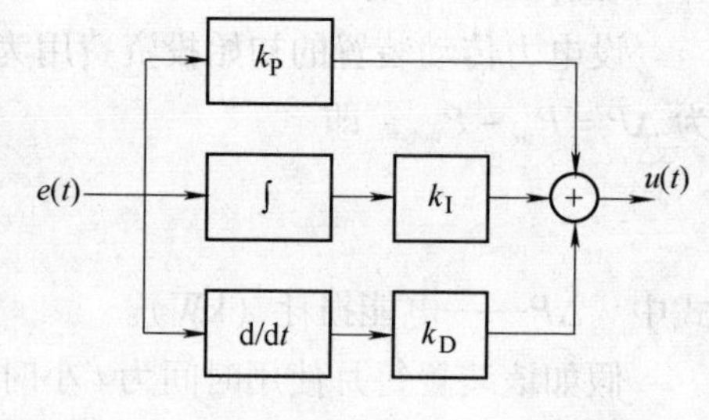

图 1-22　模拟 PID 控制算法框图

现在模拟式 PID 调节器大多采用模拟运算放大器构成，其控制电路如图 1-23 所示，图中 R_0 为运算放大器的输入电阻，R_{f}、C_{f} 分别表示反馈电阻和电容，C_{d} 为微分电容，R_{p} 为运算放大器的平衡电阻。该电路的工作原理是，输入信号 r 与负反馈信号 m 通过输入电阻后求和产生误差 e，误差信号经过 R_{f}、C_{f} 和 C_{d} 的比例、积分和微分作用，合成 PID 控制信号 u。根据运算放大器的电路分析[19]，可得

1）比例系数 $k_{\mathrm{P}}=-\dfrac{R_{\mathrm{f}}}{R_0}$，其中负号表示负反馈。

2）积分时间常数 $T_{\mathrm{I}}=R_{\mathrm{f}}C_{\mathrm{f}}$，且有 $k_{\mathrm{I}}=\dfrac{k_{\mathrm{P}}}{T_{\mathrm{I}}}$。

3）微分时间常数 $T_{\mathrm{d}}=R_0C_{\mathrm{d}}$，且有 $k_{\mathrm{D}}=\dfrac{k_{\mathrm{P}}}{T_{\mathrm{d}}}$。

一般来说，PID 调节器各校正环节的作用如下：

1）比例环节对偏差进行放大，产生与偏差成正比的控制信号，施加于被控对象，以减少偏差。

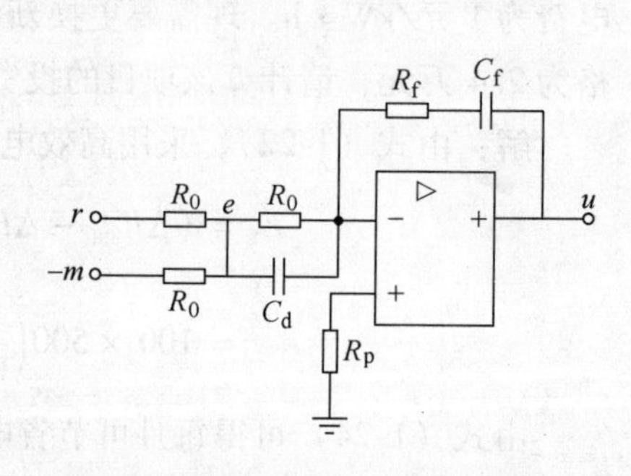

图 1-23　模拟 PID 调节器控制电路

2）积分环节通过对偏差历史的累积，产生控制信号以消除偏差，可实现系统的无差调节。k_I越大，积分作用越大，有利于减小误差，但减慢系统响应。

3）微分环节能反映偏差的变化率，具有加速系统响应的作用。

实际应用时，可根据系统需求选择全部或部分校正环节组成具有不同功能的调节器，比如：P 调节器、I 调节器、PI 调节器、PD 调节器等。图 1-24 和图 1-25 给出了电力传动系统常用的 P 调节器和 PI 调节器的电路；并根据系统的性能要求设计调节器的参数，以达到系统指标。

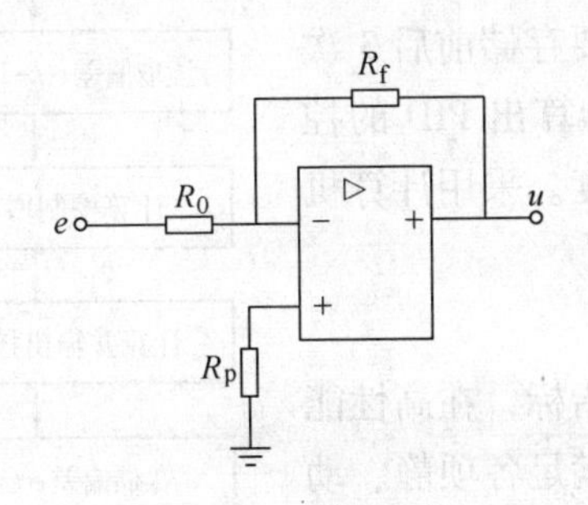

图 1-24　P 调节器

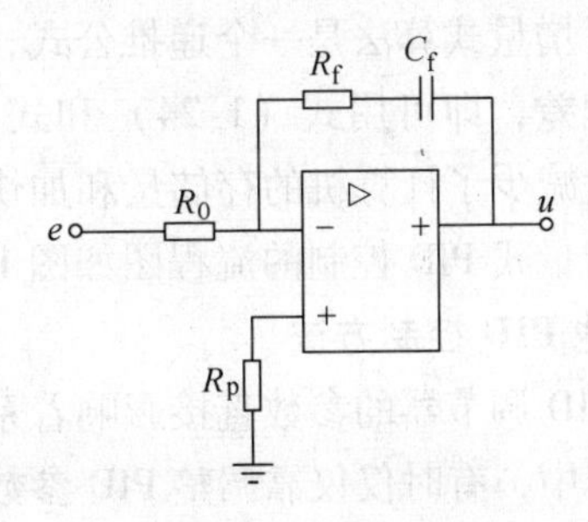

图 1-25　PI 调节器

如何根据系统要求，设计和选择调节器结构，确定调节器参数是决定电力传动系统性能的重要问题，在第 6 章将详细讨论。

2. 数字式 PID 调节器

在计算机控制的电力传动系统中，则采用数字式 PID 调节器，它由计算机的控制算法来实现，其控制算法又分为位置式 PID 算法和增量式 PID 算法。

（1）位置式 PID 算法　将式（1-26）所表示的模拟 PID 控制算法离散化成差分方程，其第 k 拍输出为

$$u(k) = K_P e(k) + K_I \sum_{i=0}^{k} e(i) + K_D[e(k) - e(k-1)] \tag{1-27}$$

式中　K_P——数字式 PID 算法的比例系数，$K_P = k_P$；

K_I——数字式 PID 算法的积分系数，$K_I = k_I T_{sam}$；

K_D——数字式 PID 算法的微分系数，$K_D = k_D / T_{sam}$；

T_{sam}——采样周期。

位置式 PID 算法的特点是：比例部分只与当前的偏差有关，微分部分为当前偏差与前一次偏差之差，而积分部分则是系统过去所有偏差的累积。

该算法的优点是物理概念清晰，每个环节作用分明，参数调整简单明了；缺点是需要存储的数据较多，计算机要进行累加运算，工作量大。

（2）增量式 PID 算法　由式（1-23）可递推出第 $k-1$ 时刻的控制输出

$$u(k-1) = K_P e(k-1) + K_I \sum_{i=0}^{k-1} e(i) + K_D[e(k-1) - e(k-2)]$$

将两式相减，可得控制值的增量 $\Delta u(k)$ 为

$$\Delta u(k) = u(k) - u(k-1)$$

$$= K_{\mathrm{P}}[e(k) - e(k-1)] + K_{\mathrm{I}}e(k) + K_{\mathrm{D}}[e(k) - 2e(k-1) + e(k-2)]$$

令偏差的增量为 $\Delta e(k) = e(k) - e(k-1)$，则上式写成

$$\Delta u(k) = K_{\mathrm{P}}\Delta e(k) + K_{\mathrm{I}}e(k) + K_{\mathrm{D}}[\Delta e(k) - \Delta e(k-1)] \tag{1-28}$$

由此可得增量式 PID 算法的公式为

$$u(k) = u(k-1) + \Delta u(k) \tag{1-29}$$

可见，增量式算法是一个递推公式，计算机只要存储前后 3 次测量值的偏差，即可用式（1-24）和式（1-25）计算出 PID 的控制量，大大减少了计算机的存储量和加快了计算速度。采用计算机软件实现增量式 PID 控制的流程图如图 1-26 所示。

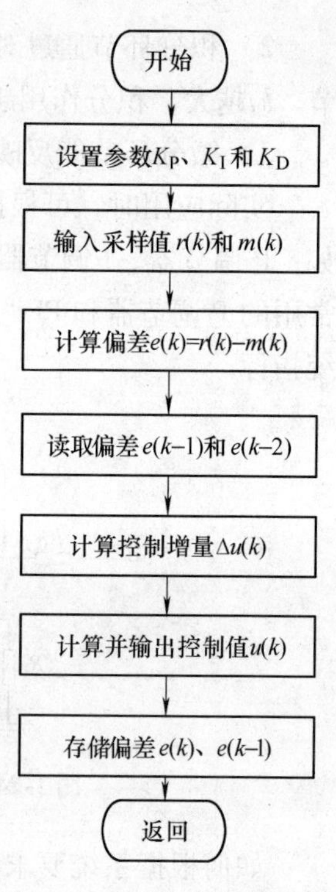

图 1-26　PID 控制的流程图

3. 其他 PID 控制方法

由于 PID 调节器的参数直接影响着系统的性能指标，在高性能的调速系统中，有时仅仅靠调整 PID 参数难以同时满足各项静、动态性能指标。采用模拟 PID 调节器时，由于受到物理条件的限制，只好在不同指标中求其折中。而微机数字控制系统具有很强的逻辑判断和数值运算能力，充分应用这些能力，可以衍生出多种改进的 PID 算法，提高系统的控制性能。例如：积分分离算法、分段 PI 算法、积分量化误差的消除等[10]。

1.4.3 先进控制方法

由上述对数字 PID 算法的改进可以得到启发，利用计算机丰富的逻辑判断和数值运算功能，数字控制器不仅能够实现模拟控制器的数字化，而且可以突破模拟控制器只能完成线性控制规律的局限，完成各类非线性控制、自适应控制乃至智能控制等，大大拓宽了控制规律的实现范畴。

目前，用于电力传动系统的主要新型控制策略有[11]：

1. 非线性反馈控制

针对交流电动机具有的多变量、非线性和强耦合特点，引入微分几何理论，利用非线性坐标变换和反馈控制，以实现系统的全局线性化和动态解耦[12]。

2. 自适应控制

自适应控制的基本思想是[13]：根据系统的受到干扰发生的变化，在线修改控制器参数，以保持系统的性能。自适应控制需要解决的基本问题包括：

1）系统辨识，用来识别系统模型和估计参数变化。

2）设计决策，能根据系统变化选择控制策略。

3）参数修正，根据系统性能在线修正控制器参数。

3. 滑模变结构控制

滑模变结构控制是一种非线性控制策略，其基本原理是根据系统的不同模态，改变控制

器结构和控制策略[14]。滑模变结构控制的方法是：预先设计好“滑动模态”，系统运行时，根据性能指标函数的偏差及导数，控制系统沿着滑动模态的轨迹运动，从而改变系统控制结构。

4. 逆系统控制

逆系统控制的基本思想是使系统输出与输入保持一致[15]。这样，如果知道系统被控对象的精确模型，设计控制器的结构与传递函数与模型传递函数相反，以此使控制器与被控对象的传递函数相互抵消，达到输入与输出一致的目标。

5. 内模控制

内模控制是从过程控制中发展起来的一种控制策略[16]，其基本原理是：通过引入的内部模型，将系统不确定因素从被控对象模型中分离出来，采用零极点对消的补偿方法，来提高控制系统的鲁棒性。

6. 智能控制

上述各种控制方法都需要依赖系统模型，智能控制的特点是：控制算法可以不完全依赖于被控对象模型，因而具有较强的鲁棒性和对环境的适应性。目前主要的智能控制方法有[17]：

1）学习控制与专家控制。

2）模糊控制。

3）神经网络控制。

有关电力传动系统先进控制的相关内容将在本书的下册论述。

1.4.4 系统分析和仿真

如果要知道控制系统的性能，就需要进行系统分析。在自动控制理论中，经典的系统分析方法有时域分析法、频域分析法和z域分析法[18]等。但是，由于电力传动控制系统都是由电动机、电力电子变流器、系统检测与控制器等部件组成，这些装置多种多样，其不同的组合可以构成模型各异、性能不同的控制系统，要用经典控制理论进行分析往往比较复杂。一般低阶系统设计时可以采用本书第6章介绍的简化方法，如果是多输入多输出的高阶非线性系统，要通过解析方法来求解就十分困难，在有些情况下甚至是不可能的。

近年来，系统仿真作为一种有效的分析和设计方法得到了广泛的应用。系统仿真就是用特定的软件反映或再现实际的系统，以便研究其中的客观规律性，而计算机以其强大的计算功能为系统仿真提供了有效的工具和手段。计算机仿真一般是以数学模型与实际物理系统之间的相似性为基础，以计算机为工具，对系统的控制规律和特性进行仿真研究[19]。其主要优点在于它完全建立在计算机软件基础之上，可以根据研究对象的不同特性随时对模型和程序进行变动，而不用直接更换系统的硬件，因此简单易行，分析全面。

目前，比较流行的控制系统仿真软件是MATLAB，为系统仿真模型的构建、系统分析和设计以及仿真实验提供了一个开发平台[20]。MATLAB是矩阵实验室“Matrix Laboratory”的缩写，由美国MathWorks公司推出，其开发的最初目的是帮助高校的教师和学生更好地授课和学习。从MATLAB诞生开始，由于其高度的集成性和应用的方便性，在高校中受到极大的欢迎。目前，MATLAB 已经成为一种功能强大的计算机辅助设计和仿真语言，具有强大的计算、仿真、绘图等功能，尤其是它提供的 Simulink 仿真工具带有图形化、模块化的界面，能非常快地实现设计预想，极大地节约设计时间，因而受到广大科研人员的青睐。而且它也是一个开放的环境，在这个环境下，人们开发了许多具有特殊用途的软件工具箱。现已开发的工具箱有 30 多个，如控制系统、信号处理、电力系统等。

基于 MATLAB 的系统仿真方法主要有两种：

1）在已知控制系统数学模型的基础上，采用 m 文件编写仿真程序。这种方法类似传统的 FORTRAN 语言或 C 语言编程，灵活性强，但编程量较大。

2）在 Simulink 环境下，利用现有模块直接搭建系统仿真模型。这种方法直观明了，简单快速，容易掌握。

本教材各章的系统仿真都是在 MATLAB 的 Simulink 环境下，利用 Power System 工具箱进行电力传动控制系统的设计、分析和仿真试验。

本章小结

本章作为全书的基础，首先给出了电力传动控制系统的一般结构，提出了电力传动系统需要解决的共同问题，然后简要介绍了电动机及电力传动的基本原理，以及系统检测和控制器的结构和方法等，为后续章节的深入讨论奠定基础。

思考题与习题

1-1 根据电力传动控制系统的基本结构，简述电力传动控制的基本组成和存在的问题。

1-2 直流电动机有几种调速方法，其机械特性有何差别？

1-3 从异步电动机的转差功率 P_s 的角度，可把交流调速系统分成哪几类？并简述其特点。

1-4 有哪些转速检测方法？如何获得数字转速信号？

1-5 调速范围和静差率的定义是什么？调速范围与静态速降和最小静差率之间有什么关系？为什么说“脱离了调速范围，要满足给定的静差率也就容易得多了”？

1-6 试简述 PID 控制器中，比例、积分和微分环节各自的作用，并分析其特性。

1-7 某闭环调速系统的调速范围是 150～1500r/min，要求系统的静差率 $\delta \leqslant 2\%$，那么系统允许的静态速降是多少？

1-8 某直流电动机，其参数为：$P_N = 10\text{kW}$，$U_N = 220\text{V}$，$I_N = 55\text{A}$，$n_N = 1000\text{r/min}$，$R_a = 0.1\,\Omega$。若只考虑电枢电阻引起的转速降，试求：

（1）要求静差率 $\delta = 10\%$，系统的调速范围 D；

（2）如果要求 $D = 2$，则其静差率 δ 允许为多少？

（3）如果要求 $D = 10$，$\delta = 5\%$，则允许的转速降落 Δn_N 为多少？

第 2 章　电力传动系统的电源变换

生产机械常常需要调速运行，现代电力传动都是通过调节电动机的供电电源来改变转速，目前均采用电力电子变流装置来调速。因而基于电力电子的电源变换技术成为电力传动系统的关键技术和核心装置。本章概要地介绍电力传动常用的电源变换电路拓扑与控制方法。

2.1　电力电子变流器的结构与分类

变流器是一种电能变换装置，它应能根据供电电源的类型（直流电源或交流电源）以及电机控制所需的电源要求提供各种电能的变换。

早期的电能变换装置大都采用旋转变流机组，即设置专门的发电机（Generator）向所需变速的电动机（Motor）提供所需电源，故称为 G-M 系统，又称为 Ward-Leonard 系统[1]。由于该系统需要旋转变流机组，因此设备多，体积大，费用高，效率低，运行有噪声，维护不方便。

1956 年，晶闸管在 Bell 实验室诞生，开始了第二次电子革命，从此“电子”进入到强电领域，电力电子器件成为弱电控制强电的纽带。其重要意义在于：电力电子学把机器时代、电气时代和电子时代开创的技术融合在一起[21]。

20 世纪 60 年代，电力电子器件进入电力传动领域，逐步取代了旋转变流机组和汞弧整流器等变流装置，可以方便地通过电能变换装置来控制电机的运行方式，使变流技术产生了根本性的变革。以晶闸管变流装置与直流电动机组成的直流调速系统成为电力传动控制系统的主要形式，这一时期被称为晶闸管时代。

20 世纪 80 年代，出现了可关断的电力电子器件，使交流变流装置变得简单可靠；大规模集成电路和微型计算机的发展，使得控制系统易于实现。这两方面的突破，促进了交流调速系统迅速发展，并开始逐步取代直流调速系统。

目前，在电力电子技术方面，通过现代电力电子变流装置，可以在交流与直流之间实现各种形式的电能变换。

与旋转变流机组相比，电力电子变流装置没有旋转机构，几乎没有噪声，因此又称静止式变流器，其不仅在经济性和可靠性上有很大提高，而且在技术性能上也显示出较大的优越性：

1）电力电子器件的功率放大倍数大，其门极驱动可以直接与电子电路接口，易于实现用弱电控制强电。

2）控制简便，可通过计算机或专用芯片产生所需的控制信号，实现各种电源的转换。

3）系统的动态响应快，变流机组是秒级，而电力电子变流器是微秒级，这将会大大提高动态性能。

4）功率开关器件工作在开关状态，导通损耗小，当开关频率适当时，开关损耗也不大，因而变流装置效率高。

由此，目前绝大多数电源变换器都采用电力电子变流技术。根据交、直流电动机调速的不同需求，一般将电力电子变流器分为直流变换器和交流变换器两大类。电力传动系统常用的电源变换装置可分类为：

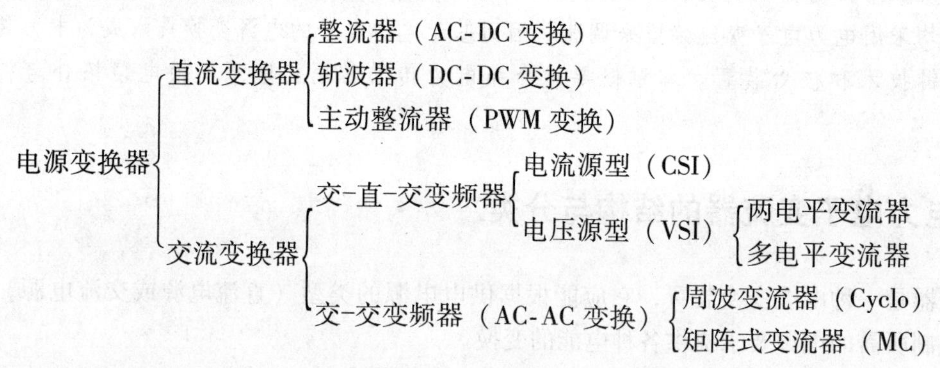

2.2　直流变换器

目前，电力电子直流输出变换器主要有相控整流器、直流斩波器和 PWM 整流器三大类。

2.2.1　相控整流器

整流器（Rectifier，又称 AC-DC Converter）是电力电子变流器中最早应用的一种，它将交流电变为直流电。整流电路按其组成的开关器件分为不可控、半控和全控三种类型；按电路结构可分为桥式和零式拓扑结构；按交流电源的相数又可分为单相电路和多相电路；按变压器二次侧电流的方向可分为单拍和双拍整流器[22]。在传统的直流电力传动系统中，一般采用晶闸管构成单相或三相相控型整流器，其主电路拓扑结构多选择桥式电路。

如果采用晶闸管整流电路，就组成了晶闸管-电动机调速系统（简称 V-M 系统，又称静止的 Ward-Leonard 系统）。图 2-1 给出了 V-M 系统的简单原理图，图中 VT 是晶闸管可控整流器，通过调节触发装置 GT 的控制电压 U_c 来移动触发脉冲的相位，即可改变整流器输出的平均直流电压 U_d，从而实现平滑调速。

在图 2-1 所示的 V-M 系统中，U_d 与触发脉冲相位角 α 的关系因整流电路的形式而异，对于一般的全控整流电路，当电流波形连续时，$U_d = f(\alpha)$ 可用下式表示

$$U_d = U_{d0}\cos\alpha \tag{2-1}$$

式中　α——从自然换相点算起的触发脉冲控制角；

U_{d0}——$\alpha = 0$ 时的整流电压平均值，其数值取决于整流电路的拓扑结构[23]。

V-M 系统的优点是：晶闸管整流装置不仅在经济性和可靠性上有很大提高，而且在技术性能上也显示出较大的优越性。晶闸管可控整流器的功率放大倍数在 10^4 以上，其门

极电流可以直接用电子控制，不再像直流发电机那样需要较大功率的放大器。在控制作用的快速性上，变流机组是秒级，而晶闸管整流器是毫秒级，这将会大大提高系统的动态性能。

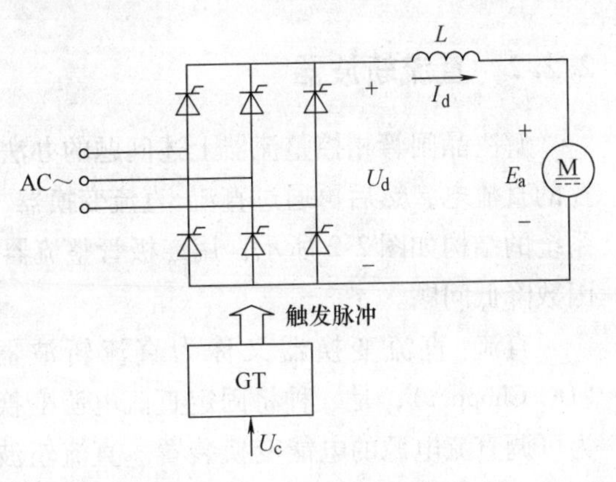

图 2-1　V-M 系统原理图

但是，由于晶闸管整流器是采用相位控制方式，因此还存在如下问题：

1）整流器输出电流波形的脉动。由于整流电路的脉波数 m 是有限的，使其输出的直流电流是脉动的，可能出现电流连续和断续两种情况：当 V-M 系统主电路有足够大的电感量，而且电动机的负载也足够大时，整流电流便具有连续的脉动波形；当电感量较小或负载较轻时，会出现电流波形断续情况[2]。电流波形的断续给用平均值描述的系统带来一种非线性的因素，也引起机械特性的非线性，从而影响系统的运行性能。因此，实际应用中常希望尽量避免发生电流断续。

2）整流器网侧的功率因数 *PF*（Power Factor）的降低。*PF* 等于位移因数 *DF*（Displacement Factor）与电流畸变因数的乘积，在输出电流连续并忽略换流过程影响的条件下，$DF=\cos\alpha$[24]，即随着相控角的增加而减小，造成电网的无功损耗增加和电压波动。

3）整流器输入电流总谐波畸变率 *THD*（Total Harmonic Distortion）对电网和其他用电设备的不利影响。由于谐波电流的存在，使 *THD* 增大，将增加电网的谐波损耗和引起传导和射频干扰。谐波损耗会加重电网负担；电磁干扰（EMI）造成对各种电气和电子设备的干扰。

在 V-M 系统中，脉动电流会增加电动机的发热，同时也产生脉动转矩，对生产机械不利。为了避免或减轻这种影响，需采用抑制电流脉动的措施，主要是：

1）设置平波电抗器。

2）增加整流电路相数。

3）采用多重化技术。

对于由谐波和无功功率造成的“电力公害”，必须采取措施加以解决[25]。传统的办法有：

1）在整流器输入端设置无源滤波器。

2）在网侧增设无功补偿装置。

近年来，随着新型电力电子器件问世和电能质量控制技术的进展，各种新的谐波抑制和无功补偿装置不断涌现。这些新的电能质量控制技术和装置有：

1）开发各种有源电力滤波器（Active Power Filters，APF），比如：串联型 APF、并联型 APF 以及混合型 APF[26]。

2）引入功率因数校正（Power Factor Correction，PFC）电路。

3）有源滤波与功率因数混合校正技术。

2.2.2　直流斩波器

解决晶闸管相控整流器上述问题的办法之一是采用二极管整流器先将交流电转换为不可控的直流电，然后再通过直流-直流变换器（DC/DC Converter）得到可控的直流输出。这种系统的结构如图2-2所示，用二极管整流器代替晶闸管整流器可缓解由移相控制引起的功率因数降低问题。

直流-直流变换器又称为直流斩波器（DC Chopper），是一种将固定直流电源变换为可调直流电源的电能变换装置。直流斩波器有多种类型，其中：降压斩波电路（Buck Chopper）和升压斩波电路（Boost Chopper）是最基本的斩波电路。

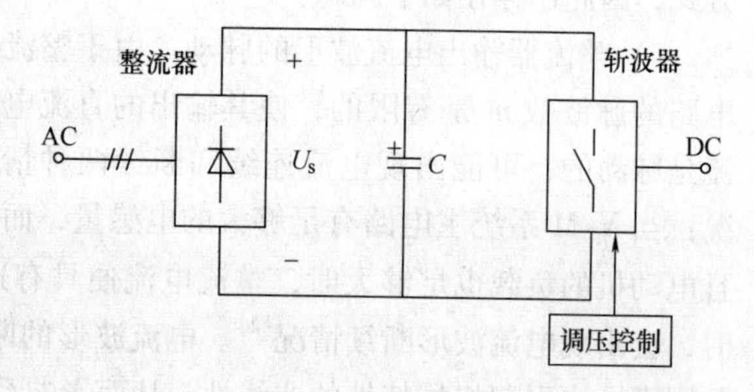

图2-2　采用二极管整流与斩波器的直流变换器结构

由降压斩波电路构成的直流斩波器-电动机系统的原理如图2-3所示，其中用开关符号S表示任何一种电力电子开关器件，VD表示续流二极管。当S导通时，直流电源电压U_s加到电动机上；当S关断时，直流电源与电动机脱开，电动机电枢经VD续流，两端电压接近于零。如此反复，得到电枢端电压波形$u=f(t)$，如图2-4所示，好像是电源电压U_s在t_{on}时间内被接上，又在$T-t_{on}$时间内被斩断，故称“斩波”。

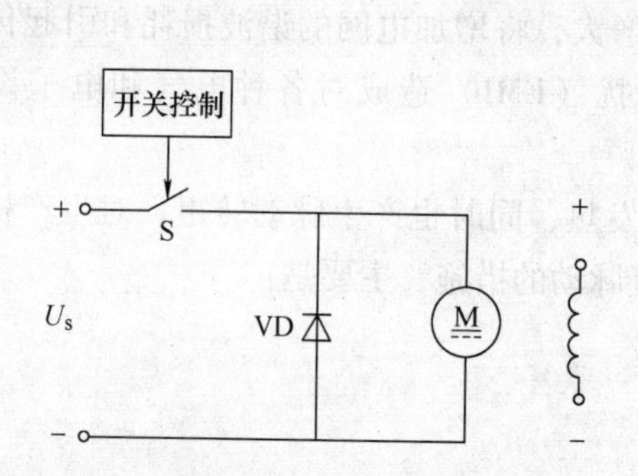

图2-3　直流斩波器-电动机系统原理

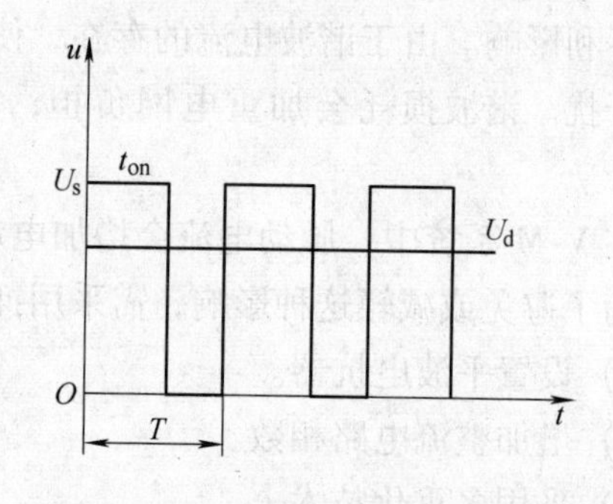

图2-4　电压波形图

由直流斩波器输出的平均电压为

$$U_d = \frac{t_{on}}{T}U_s = \rho U_s \tag{2-2}$$

式中　T——功率开关器件的开关周期；

t_{on}——开通时间；

ρ——占空比，$\rho = t_{on}/T$。

在降压斩波电路中，通过调节S的导通与关断，通过改变脉冲宽度获得连续可调的直流输出平均电压U_d，因此，这种整流电路又称为脉宽调制（Pulse Width Modulation，PWM）整流器。与晶闸管相控整流器相比，PWM整流器的优越性在于：

1）主电路线路简单，需用的功率器件少。

2）开关频率高，电流容易连续，谐波少，电动机损耗及发热都较小。

3）低速性能好，稳速精度高，调速范围宽。

4）系统频带宽，动态响应快，动态抗扰能力强。

5）功率开关器件工作在开关状态，导通损耗小，当开关频率适当时，开关损耗也不大，因而装置效率较高。

6）直流电源采用不控整流时，电网功率因数比相控整流器高。

2.2.3　PWM 整流器

解决晶闸管相控整流器问题的另一种办法是在整流电路中用全控型电力电子开关器件代替晶闸管，采用 PWM 控制输出电压，并同时改善功率因数和抑制电流谐波。为了满足不同的需求，现已开发出多种 PWM 控制的新型整流器[24]。

为简便起见，以一个单相 PWM 整流电路为例说明其工作原理。如图 2-5a 所示，采用单相全控桥整流电路拓扑，由全控型器件和续流二极管构成不对称双向开关。

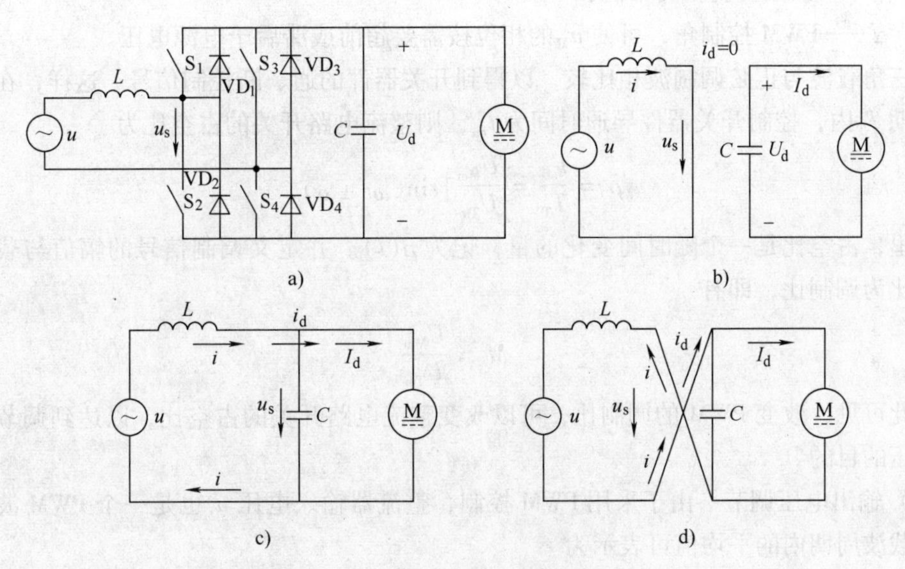

图 2-5　单相全桥 PWM 整流器

a）电路原理图　b）换流模式Ⅰ　c）换流模式Ⅱ　d）换流模式Ⅲ

（1）换流模式　该整流电路有三种工作模式：

1）模式Ⅰ：S_1和S_3闭合，或S_2和S_4闭合，此时，交流电源经电感 L 短路，整流器输入电压 $u_s=0$，整流器输出电流 $i_d=0$，其等效电路如图 2-5b 所示。

2）模式Ⅱ：S_1和S_4闭合，$u_s=U_d$，$i_d<0$，或VD_1和VD_4导通，$u_s=U_d$，$i_d>0$，其等效电路如图 2-5c 所示。

3）模式Ⅲ：S_2和S_3闭合，$u_s=-U_d$，$i_d<0$，或VD_2和VD_3导通，$u_s=-U_d$，$i_d>0$，其等效电路如图 2-5d 所示。

设交流电源电压为

$$u = U_m \sin\omega t \tag{2-3}$$

假定交流输入电流的相位滞后于电源电压，其相位差为 φ，即

$$i = I_m \sin(\omega t - \varphi) \tag{2-4}$$

根据上述开关状态，整流器交流输入电压 u_s 可表示为

$$u_s = \begin{cases} U_d & \text{模式 Ⅱ} \\ 0 & \text{模式 Ⅰ} \\ -U_d & \text{模式 Ⅲ} \end{cases} \tag{2-5}$$

整流器输出电流为

$$i_d = |i| = \begin{cases} 0 & \text{模式 Ⅰ} \\ |I_m \sin(\omega t - \varphi)| & \text{模式 Ⅱ 和模式 Ⅲ} \end{cases} \tag{2-6}$$

（2）PWM 控制　如果采用 SPWM 控制方式，用高频三角波 u_T 作为载波，其幅值 U_{cm} 为恒值，载波频率 f_T 远高于电源频率 f_e。设正弦波调制信号为

$$u_M = U_{Mm} \sin(\omega t \pm \alpha) \tag{2-7}$$

式中　U_{Mm}——正弦调制波的幅值；

　　α——PWM 控制角，可使 u_M 的相位按需要超前或滞后于电源电压。

将三角载波与正弦调制波相比较，以得到开关器件的通、断控制信号。这样，在每一个载波周期 T_T 内，控制开关器件导通时间为 t_{on}，则整流电路开关的占空比为

$$\rho = \frac{t_{on}}{T_T} = \frac{U_{Mm}}{U_{Tm}} |\sin(\omega t \pm \alpha)| \tag{2-8}$$

这里，占空比是一个随时间变化的量，记为 $\rho(t)$。并定义调制信号的幅值与载波信号幅值之比为调制比，即有

$$M = \frac{U_{Mm}}{U_{Tm}} \tag{2-9}$$

由此可见，改变 PWM 的调制比，可以改变整流电路开关的占空比，以达到调节整流器输出电压的目的。

（3）输出电压调节　由于采用 PWM 控制，整流器输入电压 u_s 也是一个 PWM 波形，它在一个载波周期内的平均值可表示为

$$\bar{u}_s = \begin{cases} \rho(t) U_d & 0 \leqslant t \leqslant T/2 \\ -\rho(t) U_d & T/2 \leqslant t \leqslant T \end{cases} \tag{2-10}$$

上式表明，在整流器输出平均直流电压 U_d 恒定时，其输入的平均电压是占空比 $\rho(t)$ 的函数，其中 T 表示交流电源的周期。将式（2-8）和式（2-9）代入式（2-10），可得

$$\bar{u}_s = MU_d \sin(\omega t \pm \alpha) \tag{2-11}$$

设整流器输入电压 u_s 的基波分量 u_{s1} 为

$$u_{s1} = U_{s1m} \sin(\omega t \pm \alpha) \tag{2-12}$$

由于 $f_T \gg f_e$，使得基波分量 u_{s1} 近似于其平均电压，比较上面两式可得

$$U_{s1m} = MU_d \tag{2-13}$$

考虑到 u_s 与电源电压 u 的相位差为 $\cos\alpha$，则两个电压的幅值有如下关系

$$U_{\mathrm{s1m}} = \frac{U_{\mathrm{m}}}{\cos\alpha} \tag{2-14}$$

由上列两式可推导出

$$U_{\mathrm{d}} = \frac{U_{\mathrm{m}}}{M\cos\alpha} \tag{2-15}$$

上式说明，PWM 整流器的输出平均电压 U_{d}与 M 和 $\cos\alpha$ 有关，即可以通过控制 PWM 调制比或控制角来调节整流器的输出电压。这就是 PWM 整流器的调压原理。

（4）功率因数控制　PWM 整流器不仅可以调压，其突出的优点是还可以同时调节网侧功率因数。为分析简便，将单相 PWM 整流器的交流输入回路用如图 2-6a 所示的等效电路表示，如果忽略线路和电源电阻 R，其中各交流电压和电流变量之间的关系用相量图表示，如图 2-6b 所示。

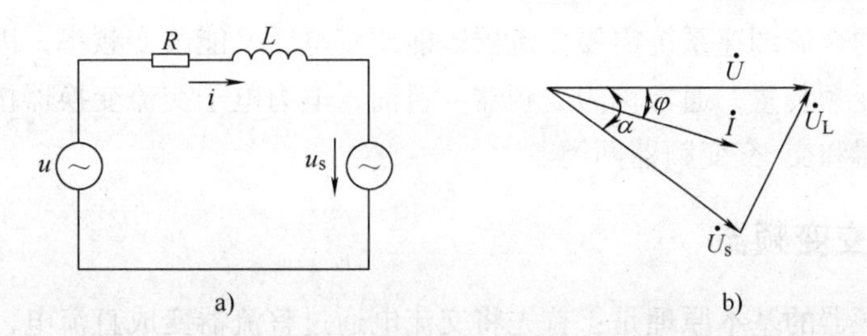

图 2-6　单相 PWM 整流器的交流输入回路等效电路及相量图

a）等效电路　b）相量图

当整流器工作于顺变（整流）状态，如果调节 SPWM 的正弦调制信号 u_{M}的控制角 α，使得其滞后于电源电压 u 的相位为

$$\alpha = \arctan\frac{\omega L}{R} \tag{2-16}$$

使电源电压 u 与整流器输入电压 u_{s}和电感电压 u_{L}的相量关系如图 2-7a 所示，此时，电源电压 u 与交流输入电流 i 的相位相同，整流器输入端的功率因数 $PF=1$。

当整流器工作于逆变状态，如果调节 SPWM 的正弦调制信号 u_{M}的控制角 α，使得其超前于电源电压 u 的相位也是 $\alpha=\arctan(\omega L/R)$，使电源电压 u 与整流器输入电压 u_s和电感电压 u_{L}的相量关系如图 2-7b 所示，此时，电源电压 u 与交流输入电流 i 的相位相反，整流器工作于逆变状态，其输入端的功率因数也是 $PF=1$。

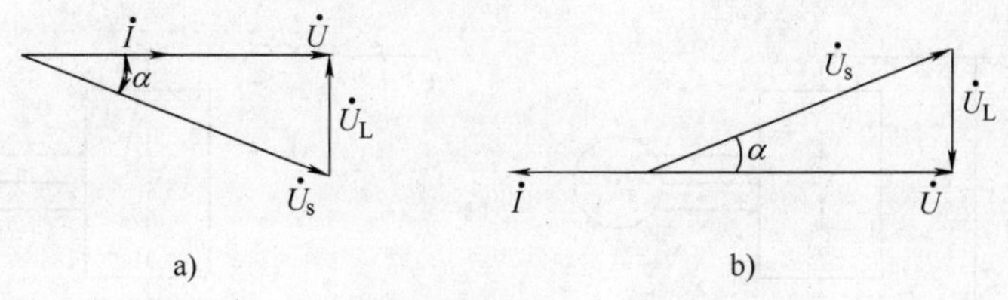

图 2-7　PWM 整流器 $PF=1$ 时的相量图

a）整流状态　b）逆变状态

综上分析，采用 SPWM 控制方法，可以通过调节整流器 PWM 控制的调制波信号 u_{M}的控

制角 α，改变整流器输入电压 u_s 和输入电感的电压降 u_L 的大小和相位，以补偿网侧功率因数，从而实现功率因数为 1 的双向电能变换。

与晶闸管整流器和直流斩波器相比，PWM 整流器的优点在于：

1）通过 SPWM 控制，保持网侧功率因数为 1。

2）输入电流为按正弦脉动的近似正弦波，使电流谐波含量有明显减少。

3）对于电机一类有源负载，可以将负载储能在减速或停车时返回电网，起到节能作用。

4）电能可双向传递，可应用于交流传动和可再生能源发电。

2.3 交流变换器

由于高性能的交流调速系统需要变流器既能改变电压又能改变频率，因此，现代交流变流器是一种变压变频装置，通常称为变频器。目前，电力电子交流变换器按变流途径主要分为交-直-交变频器和交-交变频器两类。

2.3.1 交-直-交变频器

交-直-交变频器的基本原理是：首先将交流电通过整流器变成直流电，然后再通过逆变器变成交流电。由于中间直流环节的存在，故而称为交-直-交变频器，又可称为间接式变压变频器。一般在直流环节采用电容器或电感器来储能，以缓冲无功能量，并起滤波作用使直流电源平稳。根据直流中间环节所采用的储能元件的不同，交-直-交变频器又分为电压源型和电流源型两种变频器。

（1）电压源型变频器　如果直流环节采用大电容作为储能元件，由于电容器的滤波作用，使直流电压波形比较平稳，在理想情况下可看作是一个内阻为零的恒压源，因此称为电压源型逆变器（Voltage Source Inverter，VSI），或简称电压型逆变器。电压型逆变器的结构如图 2-8a 所示。

（2）电流源型变频器　如果直流环节采用大电感作为储能元件，由于电感滤波作用，使直流电流波形比较平直，相当于一个恒流源，因此称为电流源型逆变器（Current Source Inverter，CSI），或简称电流型逆变器。电流型逆变器的拓扑结构如图 2-8b 所示，其输出的交流电流是矩形波或阶梯波。

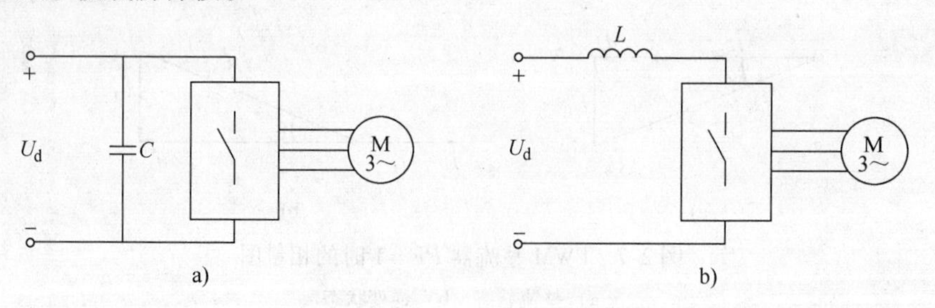

图 2-8　六拍逆变器的两种类型
a）电压源逆变器　b）电流源逆变器

这两类逆变器在主电路上虽然只是直流环节的储能元件不同，在性能上却带来了明显的差异，主要表现如下：

1）无功能量的缓冲。电压型逆变器采用电容器来缓冲无功能量和直流滤波，而电流型逆变器则采用电感器来缓冲无功能量和直流滤波。

2）能量的回馈。采用电流型逆变器，由于功率交换时电流方向不变，容易实现能量的回馈，从而便于四象限运行，适用于需要回馈制动和经常正、反转的生产机械。而对于电压型逆变器，由于其中间直流环节有大电容钳制着电压的极性，不可能迅速反向，而电流受到器件单向导电性的制约也不能反向，所以在原装置上无法实现回馈制动。

3）动态响应。正由于交-直-交电流源型变压变频调速系统的直流电压极性可以迅速改变，所以动态响应比较快，而电压源型则要差一些。

目前，有多种方式实现交-直-交逆变器的电能变换，主要应用于电力传动控制系统的有下面三种方式。

1. 采用相控整流器与六拍逆变器组成的逆变器

这是较为早期的一种交-直-交变频器，其基本结构如图2-9所示。电能变换的基本原理是采用晶闸管整流器首先将交流电变为电压可调的直流电，然后再采用晶闸管逆变器将直流电变为频率可调的交流电输出。

(1) 电压型逆变器 电压型变频器中的逆变器一般接成三相桥式电路，以便输出三相交流变频电压，图2-10a为六个开关管 $S_1 \sim S_6$ 组成的三相逆变器主电路，控制各开关器件轮流导通和关断，可使输出端得到三相交流电压。FC为频率控制器，根据输入的频率控制信号 U_{fr}^*，产生一定频率的脉冲，并分别去触发相应的开关管。

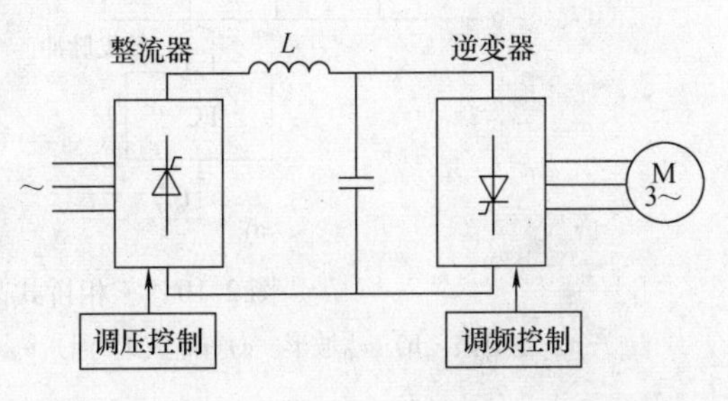

图2-9 晶闸管交-直-交变频器基本结构

在三相桥式电压型逆变器中，通常采用180°导通型换流方式。在一个交流电源周期里，每隔60°触发一个晶闸管，在同一桥臂上、下两管之间互相换流。例如，当 S_1 关断后，使 S_4 导通，而当 S_4 关断后，又使 S_1 导通。这时，每个开关器件在一个周期内导通的区间是180°，其他各相亦均如此。表2-1给出了在一个交流电源周期里，180°导通型换流模式正相序的触发顺序和开关状态。

表2-1 180°导通型换流模式正相序的触发顺序和开关状态

序 号	导通区间	开关状态
1	0~60°	S_5、S_6、S_1
2	60°~120°	S_6、S_1、S_2
3	120°~180°	S_1、S_2、S_3
4	180°~240°	S_2、S_3、S_4
5	240°~300°	S_3、S_4、S_5
6	300°~360°	S_4、S_5、S_6

按此换流模式，并忽略换流时间，得到理想的电压型逆变器输出波形如图 2-10 所示。图 2-10b ~ d 为逆变器三相输出与直流电源中点之间的电压 u_{a0}、u_{b0}、u_{c0} 的波形，是幅值为 $\pm U_d/2$、宽度为 180°的方波，相位依次相差 120°；图 2-10e 是线电压 u_{ab} 的波形，是幅值为 $\pm U_d$、宽度为 120°的方波；图 2-10f 是相电压 u_a 的波形，为阶梯波，另外两相的相电压波形与 u_a 相同，但彼此相位差 120°；相电流 i_a 和直流侧电流 i_d 的波形如图 2-10g、h 所示。

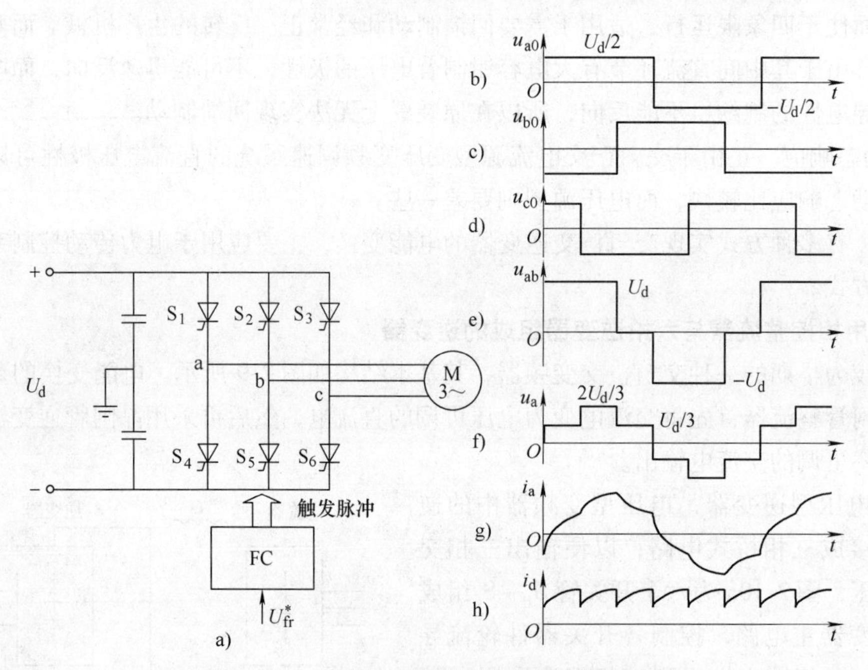

图 2-10　三相桥式晶闸管逆变器主电路与波形

a）主电路　b）u_{a0} 波形　c）u_{b0} 波形　d）u_{c0} 波形　e）u_{ab} 波形　f）u_a 波形　g）i_a 波形　h）i_d 波形

根据 180°导通电压型逆变器的输出波形，可推导出逆变器输出的相电压和线电压方程：

$$u_a = \frac{2}{\pi}U_d\sin\omega_c t + \frac{2}{\pi}U_d\sum_{k=1}^{\infty}\frac{(-1)^{k+1}}{6k\pm1}\sin(6k\pm1)\omega_c t \tag{2-17}$$

$$u_{ab} = \frac{2\sqrt{3}}{\pi}U_d\sin\left(\omega_c t + \frac{\pi}{6}\right) + \frac{2\sqrt{3}}{\pi}U_d\sum_{k=1}^{\infty}\frac{(-1)^{k+1}}{6k\pm1}\sin\left[(6k\pm1)\omega_c t + \frac{\pi}{6}\right] \tag{2-18}$$

可见，三相 180°导通电压型逆变器的输出电压并非理想的正弦波，除了正弦基波分量外（上两式中的第一项），还含有多项的高次谐波。为了改善电压波形，可以采取其他控制策略和措施，比如 PWM 控制、多重化技术等[27]。

在实际应用时，由于在 180°导通型逆变器中，除换流期间外，每一时刻总有三个开关器件同时导通。因此，必须防止同一桥臂的上、下两管同时导通，否则将造成直流电源短路，俗称“直通”。为此，在换流时，必须采取“先断后通”的方法，即先给应关断的器件发出关断信号，待其关断后留有一定的时间裕量，叫做“死区时间”，再给应导通的器件发出开通信号。死区时间的长短视器件的开关速度而定，器件的开关速度越快时，所留的死区时间可以越短。为了安全起见，设置死区时间是非常必要的，但它会造成输出电压波形的畸变。

在逆变器的一个交流输出周期中，每个开关管导通一次，每隔60°总有一个管子导通和关断，使逆变器的输出电压或电流有一次变化。这样在一个电源周期360°电角度中共有六个开关管轮流导通，然后重新开始循环，由此又称为六拍逆变器。

这样，恒压恒频的交流电源经过交-直-交的变换，成为变压变频的交流电源。如果六拍逆变器开关管的触发顺序按$S_1 \to S_2 \to S_3 \to S_4 \to S_5 \to S_6$的正相序循环，则输出三相正相序交流电，驱动交流电动机正向运行；反之，如果按$S_6 \to S_5 \to S_4 \to S_3 \to S_2 \to S_1$的负相序触发开关管，则输出三相负相序交流电，驱动交流电动机反向运行。

（2）电流型逆变器　在电流源型变频器中，整流器采用晶闸管的调压控制，直流回路则由电感器作为储能元件，逆变器也采用三相桥式电路，图2-11a为六个晶闸管VT_1 ~ VT_6组成的三相CSI主电路拓扑。

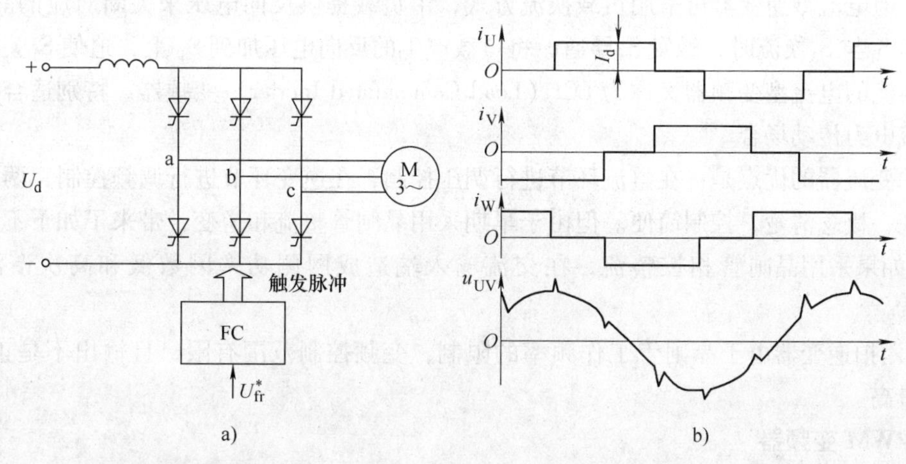

图2-11　三相桥式CSI逆变器主电路与波形

a）主电路　b）波形

图中FC为频率控制器，根据输入的频率控制信号U_{fr}^*，产生一定频率的脉冲，并分别去触发相应的晶闸管。在某一瞬间，控制一个开关器件关断，同时使另一个器件导通，就实现了两个器件之间的换流。

CSI逆变器采用120°导通型换流模式，在一个交流电源周期里，每隔60°触发一个晶闸管，但是在同一排不同桥臂的左、右两管之间进行换流。例如：在上桥臂S_1关断后使S_3导通，S_3关断后使S_5导通；而下桥臂VT_2导通120°后，触发VT_4导通，S_4关断后使S_6导通等等。这时，每个开关器件一次连续导通120°，在同一时刻只有两个器件导通，如果负载电机绕组是Y联结，则只有两相导电，另一相悬空。表2－2给出了120°导通型换流模式正相序的触发顺序和开关状态。

表2-2　120°导通型换流模式正相序的触发顺序和开关状态

序　号	导通区间	开关状态
1	0 ~ 60°	S_6、S_1
2	60° ~ 120°	S_1、S_2
3	120° ~ 180°	S_2、S_3

（续）

序　号	导 通 区 间	开 关 状 态
4	180° ~240°	S_3、S_4
5	240° ~300°	S_4、S_5
6	300° ~360°	S_5、S_6

如果直流回路的大电感能保持电流恒定，CSI 的交流输出的电流波形是矩形波，如图 2-11b所示。

同理，如果按 $S_6 \to S_5 \to S_4 \to S_3 \to S_2 \to S_1$ 的负相序触发开关管，则输出三相负相序交流电，驱动交流电动机反向运行。

虽然晶闸管逆变器因晶闸管的单向导电性，需要设置强迫换流电路，造成电路及控制的复杂性。但电流型逆变器可采用负载换流方式，由负载提供反向电压来关断对应的晶闸管。例如：当 S_1 与 S_3 换流时，触发 S_3 导通，将负载产生的反向电压加到 S_1 上，迫使 S_1 关断。这种负载换流的电流型变频器又称为 LCI（Load Commutated Inerter）变频器，特别适合于大功率的交流电力传动场合[27]。

六拍变流器的优点是：在整流环节进行调压控制，在逆变环节进行调频控制，两种控制分开实现，概念清楚，控制简便。但由于早期采用晶闸管整流和逆变，带来了如下不足：

1）如果采用晶闸管相控整流，在交流输入端造成网侧功率因数低和高次谐波大的问题。

2）六拍逆变器由于晶闸管工作频率的限制，变频控制范围有限，且输出不是正弦波，谐波含量高。

2. PWM 变频器

PWM 变频器的基本结构如图 2-12 所示，采用二极管整流器将恒压恒频的交流电变换为不可控的直流输出，再通过 PWM 逆变器变换为变压变频（Variable Voltage Variable Frequency，VVVF）的交流电输出。

（1）PWM 逆变器的主电路拓扑与调制原理　PWM 逆变器的主电路拓扑如图 2-13a 所示，由六个开关器件 S_1 ~ S_6 及续流二极管组成，开关器件可以根据逆变器的容量选用 IGBT、PMOSFET 或 BJT 等全控型器件。目前，对于中小容量的变频器，大都采用复合型器件——IGBT 作为主电路开关。这种采用三相桥式二极管整流器与三相桥式 IGBT 逆变器构成的 PWM 变频器成为当今最为流行的变频器形式，又有人称其为通用变频器。

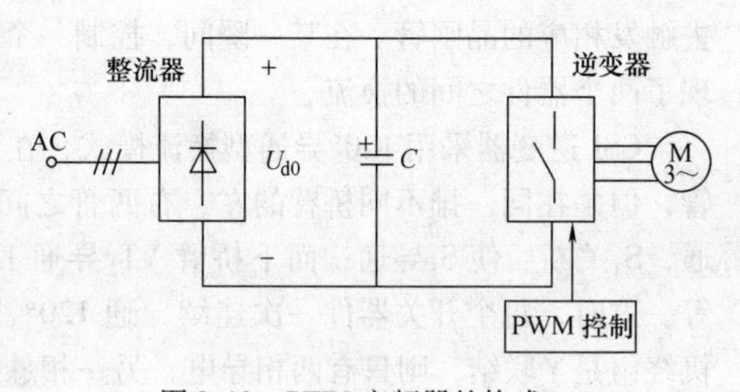

图 2-12　PWM 变频器的构成

交流 PWM 调制的基本原理与直流 PWM 调制相似，只是以正弦波作为逆变器输出的期望波形，以频率比期望波高得多的等腰三角波作为载波（Carrier Wave），并用频率和期望波相同的正弦波作为调制波（Modulation Wave），当调制波与载波相交时，由它们的交点确定逆变器开关器件的通断时刻，从而获得在正弦调制波的半个周期内呈两边窄中间宽的一系列等幅不等宽的矩形波。按照波形面积相等的原则，每一个矩形波的面积与相应位置的正弦波面积相等，因而这个序列的矩形波与期望的正弦波等效（如图 2-13b 所示）。这种调制方法称作正弦波脉宽调制（Sinusoidal Pulse Width Modulation，SPWM），这种序列的矩形波称作 SPWM 波。

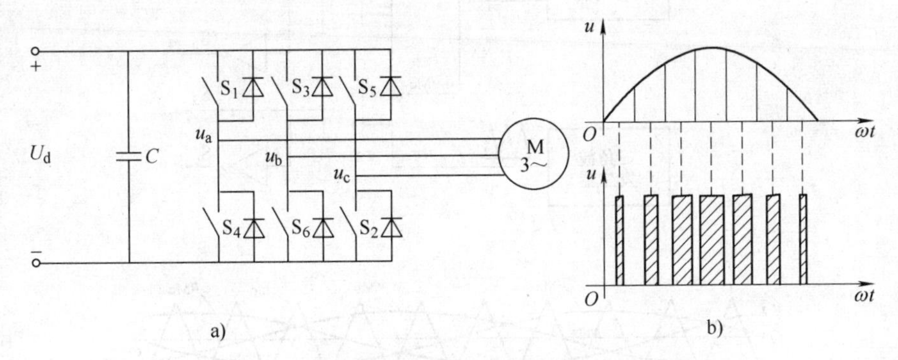

图 2-13　PWM 逆变器的主电路拓扑结构及调制原理

a）主电路拓扑结构　b）调制原理

（2）PWM 调制方法　由于 PWM 变频器能克服晶闸管变频器的不足，性能得到很大提高，因此引起人们的重视，相继开发出许多种 PWM 调制方法。这里简要介绍几种主要方法：

1）正弦波脉宽调制（SPWM）方法。这种方法的基本原理如上所述，SPWM 控制技术有单极性控制和双极性控制两种方式。如果在正弦调制波的半个周期内，三角载波只在正或负的一种极性范围内变化，所得到的 SPWM 波也只处于一个极性的范围内，称为单极性控制方式。如果在正弦调制波半个周期内，三角载波在正负极性之间连续变化，则 SPWM 波也在正负之间变化，称为双极性控制方式。三相桥式 PWM 逆变器一般都采用双极性控制方式。

PWM 控制电路可采用模拟电路或数字控制来实现。采用模拟电路的正弦 PWM 调制器的原理图如图 2-14a 所示，由三角波发生器产生高频等幅的三角波 u_T，正弦波发生器按其输入的控制信号 U_c产生频率和幅值可变的正弦调制信号 u_M，两者经比较器比较后产生 SPWM 脉冲信号，再由逻辑电路将 SPWM 脉冲分配到主电路去触发相应的开关器件，使其导通或关断，从而在逆变器输出近似正弦的电压或电流波形。图 2-14b 给出了采用双极性控制方式的 SPWM 电压型逆变器的输出波形，其中：u_{Ma}、u_{Mb}、u_{Mc}为 a、b、c 三相的正弦调制波，u_T为双极性三角载波，u_{a0}、u_{b0}、u_{c0}分别为三相输出与电源中性点之间的相电压矩形波，u_{ab}为输出线电压矩形波，其脉冲幅值为 ± U_d，u_a为 a 相输出相电压。

如果采用数字控制，有多种方法可以选择。早期只是把模拟电路的实现方法数字化，称作“自然采样法”[22]。自然采样法的运算比较复杂，在工程上更实用的是简化后的“规则采样法”[22]，由于简化方法的不同，衍生出多种规则采样法[7]。由于 PWM 变压变频器的应用非常广泛，已制成多种专用集成电路芯片作为 SPWM 信号的发生器[24]，后来更进一步把它做在微机芯片里面，生产出多种带 PWM 信号输出口的电动机控制用的 8 位、16 位微机和 DSP 芯片。

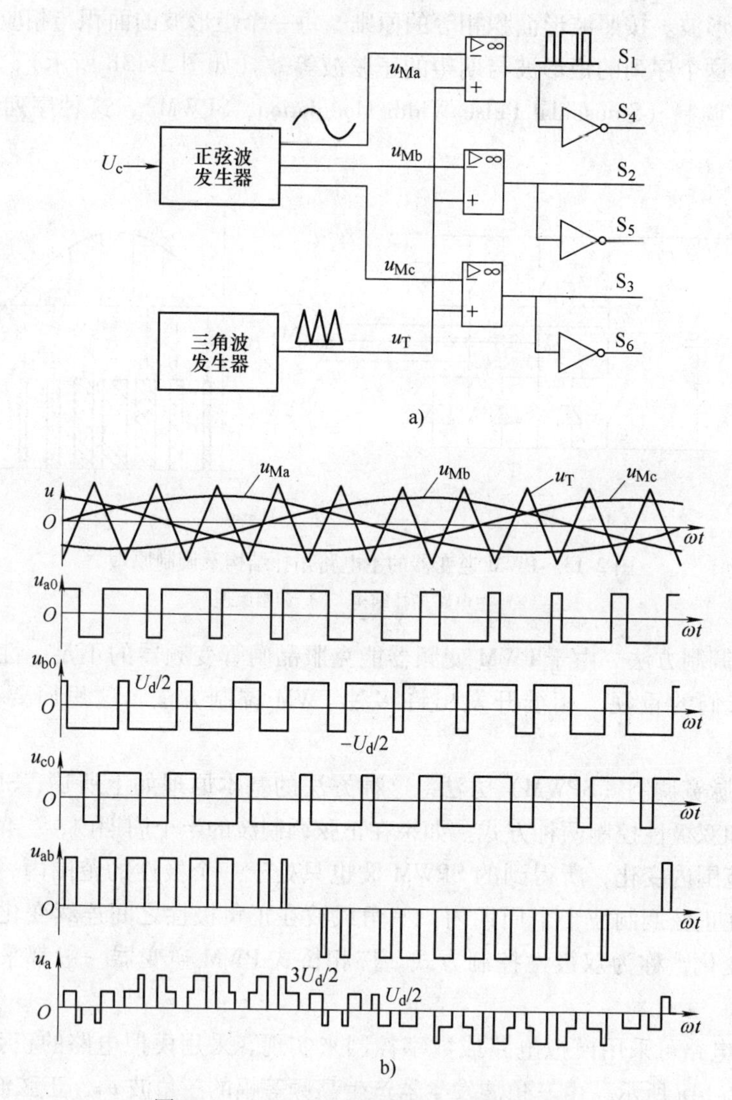

图 2-14　SPWM 控制电路原理及输出波形

a）SPWM 调制电路原理框图　b）双极性控制的 SPWM 电压型逆变器输出波形

此外，在 PWM 控制电路中，定义三角载波频率 f_T 与调制频率 f_M 之比 $N = f_T/f_M$ 为载波比，根据载波比的变化情况，PWM 调制方式又可分为异步调制和同步调制两种方式。异步调制是保持三角载波频率 f_T 固定不变，仅改变调制频率 f_M 的一种 PWM 调制方式，较为简单。但调制时，随着 f_M 的变化，调制比 N 也是变化的，因而在正弦调制波半个周期内，PWM 脉冲数随着 f_M 的升高而减少，并且正负半周期内脉冲不对称，相位也不固定，特别是高频调制时，上述问题更为严重。同步调制是同时改变载波频率 f_T 和调制频率 f_M，使调制比 N 保持不变。这样，在整个调制过程中，PWM 脉冲数对称不变，且相位固定。但当逆变器输出频率很低时，同步调制的载波频率也随之降低，使输出谐波增大。为此，开发了分段同步调制和混合调制等方法[22]，以改善输出波形。

2）消除指定次数谐波的 PWM（Selected Harmonics Elimination PWM，SHEPWM）控制

方法。脉宽调制（PWM）的目的是使变压变频器输出的电压波形尽量接近正弦波，减少谐波，以满足交流电动机的需要。要达到这一目的，除了上述采用正弦波调制三角波的方法以外，还可以采用直接计算图2-15所示各脉冲起始与终了相位 α_1，α_2，α_3，α_4，……α_{2m}的方法，以消除指定次数的谐波，构成近似正弦的PWM波形。

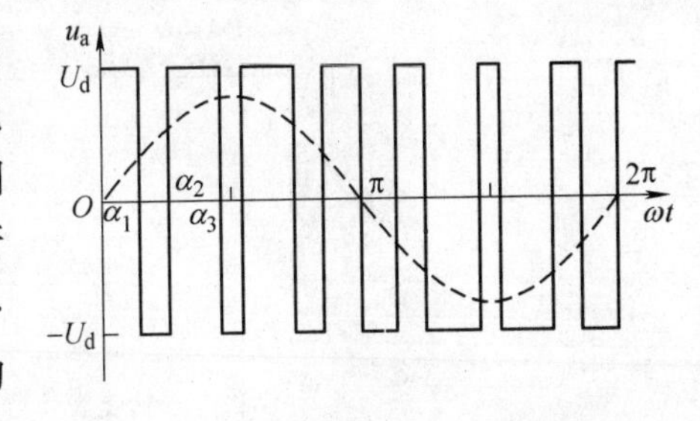

图2-15　PWM变频器输出的相电压波形

为简化控制并减少谐波，假定PWM输出波形满足狄利克雷充分条件，并具有1/4周期对称性，使其傅里叶级数不存在余弦项和所有偶次谐波，于是可得相电压第 k 次谐波幅值的表达式为：

$$U_{km} = \frac{2U_d}{k\pi}\left[1 + 2\sum_{i=1}^{n}(-1)^i \cos k\alpha_i\right] \tag{2-19}$$

式中　U_d——变压变频器直流侧电压；

α_i——以相位角表示的PWM波形第 i 个开关时刻；

n——1/4PWM周期的开关次数（不包括0和 $k\pi$，$k=1,2,\cdots$）。

由上式可知，从理论上讲，如果要想消除第 k 次谐波，只要在式（2-18）中令 $U_{km}=0$，并满足基波幅值 U_{1m} 为所要求的电压值，并据此建立满足给定条件的方程组，求解出相应的 α_i 值即可。例如，取 $n=3$，可消除两个不同次数的谐波。常常希望消除影响最大的5次和7次谐波，就让这些谐波电压的幅值为零，并令基波幅值为需要值，代入式（2-18）可得一组三角函数的联立方程：

$$\left.\begin{aligned} U_{1m} &= \frac{2U_d}{\pi}[1 - 2\cos\alpha_1 + 2\cos\alpha_2 - 2\cos\alpha_3] = \text{需要值} \\ U_{5m} &= \frac{2U_d}{5\pi}[1 - 2\cos5\alpha_1 + 2\cos5\alpha_2 - 2\cos5\alpha_3] = 0 \\ U_{7m} &= \frac{2U_d}{7\pi}[1 - 2\cos7\alpha_1 + 2\cos7\alpha_2 - 2\cos7\alpha_3] = 0 \end{aligned}\right\} \tag{2-20}$$

根据这些方程，并利用牛顿迭代法，即可解出 α_1、α_2 和 α_3 的值，从而实现电路的SHEPWM控制。

这样的数值计算法在理论上虽能消除所指定次数的谐波，但更高次数的谐波却可能反而增大，不过它们对电动机电流和转矩的影响已经不大，所以这种控制技术的效果还是不错的。由于上述数值求解方法的复杂性，而且对应于不同基波频率应有不同的基波电压幅值，求解出的脉冲开关时刻也不一样。所以这种方法不宜用于实时控制，需用计算机离线求出开关角的数值，放入微机内存，以备控制时调用。

这里，利用MATLAB中的快速傅里叶变换（FFT）工具，对逆变器输出波形进行谐波分析，结果如图2-16所示。从图中可以看出，采用SHEPWM控制后，基波分量占输出的绝大部分，5次和7次谐波为零，这和期望的结果完全吻合。

3）PWM跟踪控制方法。PWM跟踪控制方法的基本思想是以希望逆变器输出的电压或电流波形作为指令信号，将检测的实际电压或电流作为反馈信号，通过两者的瞬时值比较来

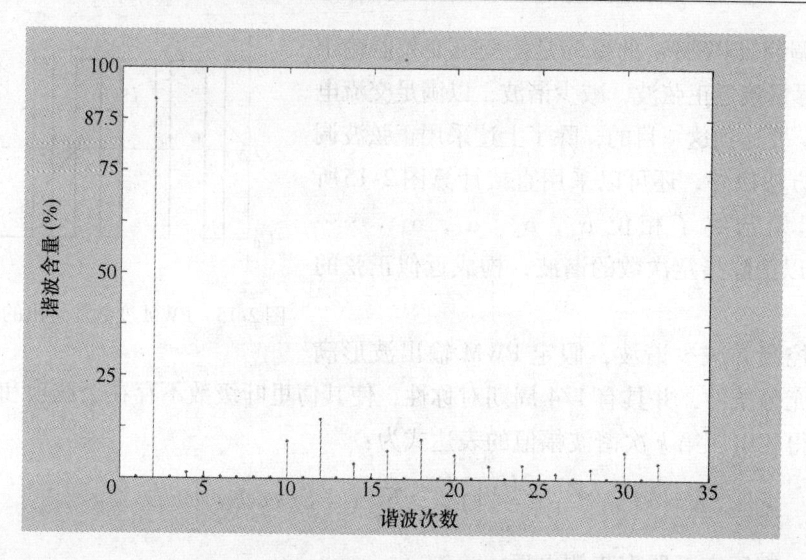

图 2-16 SHEPWM 控制逆变器输出谐波分析

决定逆变电路各开关器件的通断，使实际的输出跟踪指令信号的变化。在跟踪控制法中常用滞环比较方式或三角波比较方式[22]。这里，仅以电流滞环跟踪 PWM（Current Hysteresis Band PWM，CHBPWM）为例介绍 PWM 跟踪控制方法。电流滞环跟踪 PWM 控制的 PWM 变频器工作原理如图 2-17a 所示，采用滞环比较器（HBC），环宽为 $2h$，作为电流控制器。图中仅以 a 相为例，b、c 二相的原理图均与此相同。

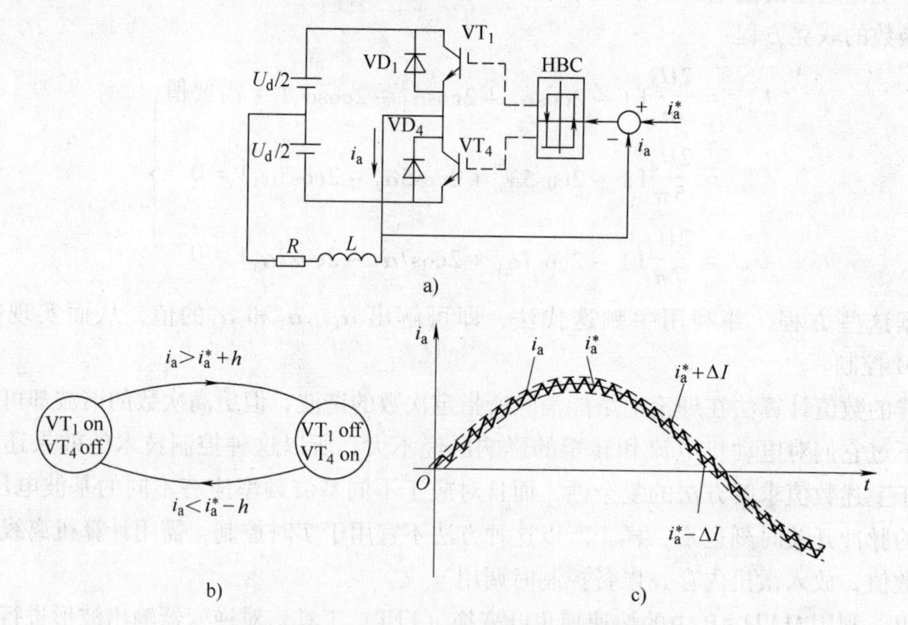

图 2-17 电流滞环跟踪控制原理与电流波形

a）电流滞环跟踪控制电路原理图 b）滞环控制的状态 c）电流滞环跟踪控制的电流波形

其原理是：将给定电流 i_a^* 与输出电流 i_a 进行比较，当电流偏差 Δi_a 超过 $\pm h$ 时，由 HBC 控制逆变器 a 相上（或下）桥臂的功率器件动作。在电流的正半周，如果 $i_a < i_a^*$，且

$\Delta i_a = i_a^* - i_a \geqslant h$，滞环控制器HBC输出正电平，驱动上桥臂功率开关器件VT_1导通，变频器输出正电压，使i_a增大；直到电流达到$i_a = i_a^* + h$，$\Delta i_a = -h$，使滞环翻转，HBC输出负电平，关断VT_1，并经延时后驱动VT_4，但此时VT_4因电流i_a不会反向而不能导通，而是通过二极管VD_4续流，使i_a逐渐减小，直到$i_a = i_a^* - h$，到达滞环偏差的下限值，使HBC再翻转，又重复使VT_1导通。这样，VT_1与VD_4交替工作，使输出电流i_a与给定值i_a^*之间的偏差保持在$\pm h$范围内，在正弦波i_a^*上下作锯齿状变化。同理，在电流负半周，则通过VT_4和VD_1交替工作，继续使输出电流i_a在正弦波i_a^*上下作锯齿状变化。总之，在HBC的控制下，电路始终处于两种开关状态进行换流（见图2-17b），输出电流i_a始终跟随给定的正弦波变化（见图2-17c）。

电流跟踪控制的精度与滞环的环宽有关，同时还受到功率开关器件允许开关频率的制约。当环宽$2h$选得较大时，可降低开关频率，但电流波形失真较多，谐波分量高；如果环宽太小，电流波形虽然较好，却使开关频率增大了，这是一对矛盾。实用中，应在充分利用器件开关频率的前提下，正确地选择尽可能小的环宽[2]。

4）电压空间矢量PWM（Space Vector PWM，SVPWM）控制技术。SVPWM控制法与载波调制等方法不同，它是从电动机的角度出发，着眼于如何使电动机获得幅值恒定的圆形旋转磁场，即以三相对称正弦波电压供电时交流电动机的理想圆形磁通为基准，用逆变器不同的开关模式所产生的实际磁通去逼近圆形磁通。

设三相对称正弦电压的瞬时值为

$$\left.\begin{aligned} u_a &= U_m \sin\omega t \\ u_b &= U_m \sin\left(\omega t - \frac{2\pi}{3}\right) \\ u_c &= U_m \sin\left(\omega t + \frac{2\pi}{3}\right) \end{aligned}\right\} \tag{2-21}$$

则它们对应的电压空间矢量定义为

$$\boldsymbol{u}_s = \frac{2}{3}(u_a + \lambda u_b + \lambda^2 u_c) \tag{2-22}$$

式中　$\lambda = e^{\frac{j2\pi}{3}}$。

由三相正弦电压合成的电压空间矢量以角转速ω旋转，如图2-18a所示。如果用三相正弦电压向三相交流电动机定子供电，其形成的气隙磁场也是以角转速ω旋转的圆形磁场[2]。

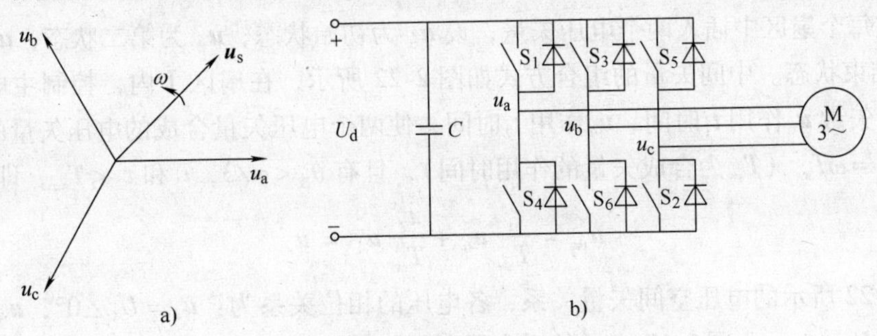

图2-18　三相逆变器主电路及其空间矢量

a）三相正弦电压及其空间矢量　b）逆变器主电路

三相电压型逆变器主电路如图 2-18b 所示，如果采用 180°方波控制方式，根据不同的开关组合，其输出三相电压的空间矢量 $\boldsymbol{u}$ 共有八种状态，见表 2-3，其中：$\boldsymbol{u}_1\sim\boldsymbol{u}_6$ 的幅值为直流电压 U_d，$\boldsymbol{u}_0$ 和 $\boldsymbol{u}_7$ 为零矢量。

表 2-3 开关矢量表

	$S_1/\overline{S}_4$	$S_3/\overline{S}_6$	$S_5/\overline{S}_2$
$\boldsymbol{u}_4$	1	0	0
$\boldsymbol{u}_6$	1	1	0
$\boldsymbol{u}_2$	0	1	0
$\boldsymbol{u}_3$	0	1	1
$\boldsymbol{u}_1$	0	0	1
$\boldsymbol{u}_5$	1	0	1
$\boldsymbol{u}_0$	0	0	0
$\boldsymbol{u}_7$	1	1	1

根据电压型六拍逆变器的换流过程，其电压空间矢量为一个正六边形，如图 2-19 所示。由于六拍逆变器的电压矢量的轨迹不是一个圆，因而其定子磁链也非圆形的旋转磁场，由此使电动机产生脉动转矩。为了减小电动机的转矩脉动，提出了 SVPWM 控制技术，使输出的电压矢量接近圆形。

SVPWM 控制的基本思想是：将由基本电压空间矢量构成的六边形的六个扇区（见图 2-20）进一步细分，在每个扇区中再插入一些中间矢量，这些中间矢量由八个基本电压矢量的线性组合产生，构成一个多边形来逼近圆形，如图 2-21 所示。

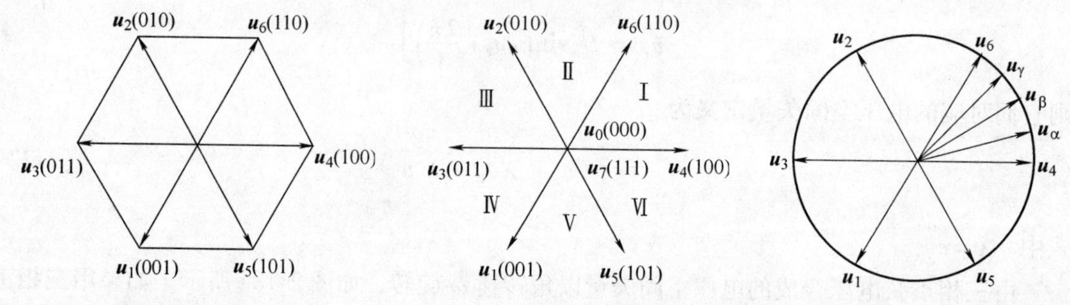

图 2-19 六拍逆变器的输出电压矢量图　　图 2-20 基本电压空间矢量　　图 2-21 圆形电压轨迹的逼近

假定在每个扇区中插入两个电压矢量，设 $\boldsymbol{u}_\alpha$ 为初始状态，$\boldsymbol{u}_\beta$ 为第二状态，$\boldsymbol{u}_\gamma$ 为第三状态，$\boldsymbol{u}_\delta$ 为结束状态。中间矢量的组合方式如图 2-22 所示，在扇区Ⅰ内，控制主电路的开关状态使电压矢量 $\boldsymbol{u}_6$ 作用 t_1 时间，$\boldsymbol{u}_4$ 作用 t_2 时间，使两个电压矢量合成的电压矢量的幅值等于 $\boldsymbol{u}_s$，相位 $\theta_\beta=\omega T_{sw}$（$T_{sw}$ 为合成矢量的作用时间），且有 $\theta_\beta<\pi/3$，t_1 和 $t_2<T_{sw}$，即有

$$\boldsymbol{u}_\beta=\frac{t_1}{T_{sw}}\boldsymbol{u}_6+\frac{t_2}{T_{sw}}\boldsymbol{u}_4=\boldsymbol{u}_s \tag{2-23}$$

按图 2-22 所示的电压空间矢量关系，各电压的相位关系为：$\boldsymbol{u}_4=U_4\angle 0°$，$\boldsymbol{u}_6=U_6\angle 60°$ 和 $\boldsymbol{u}_\beta=\boldsymbol{u}_s=U_s\angle\theta_\beta$。由图 2-17 表示的逆变器所提供是幅值为 U_d 的方波交流电压，即有 $U_4=U_6=U_d$，则三相合成电压的幅值为

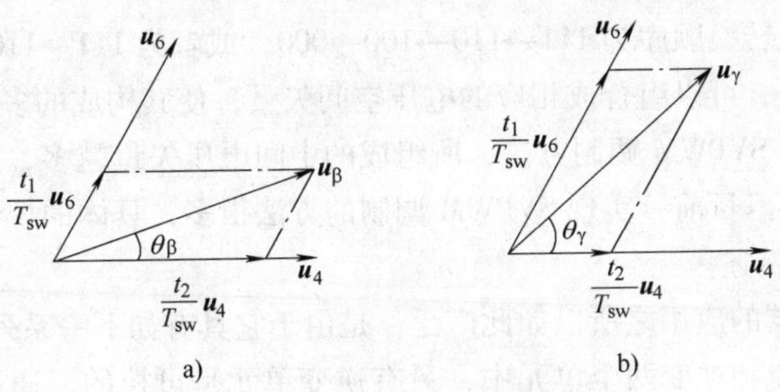

图 2-22　电压空间矢量的合成

$$U_s = \frac{\sqrt{3}}{2} m U_d \tag{2-24}$$

式中　m——调制比。

将式（2-22）用直角坐标系表示为

$$t_1 U_d \begin{bmatrix} \cos 60° \\ \sin 60° \end{bmatrix} + t_2 U_d \begin{bmatrix} \cos 0° \\ \sin 0° \end{bmatrix} = T_{sw} m \frac{\sqrt{3}}{2} U_d \begin{bmatrix} \cos\theta_\beta \\ \sin\theta_\beta \end{bmatrix} \tag{2-25}$$

由上式可解出

$$t_1 = T_{sw} m \sin\theta_\beta \tag{2-26}$$

$$t_2 = T_{sw} m \sin(60° - \theta_\beta) \tag{2-27}$$

根据上式可计算出插入中间矢量的作用时间，也就是 PWM 的脉冲时间。为了保证同一桥臂的上下两个开关管不会出现短路，每次调制时总是从零矢量开始，又以零矢量来结束。比如：从 $\boldsymbol{u}_0$开始到 $\boldsymbol{u}_7$结束，或从 $\boldsymbol{u}_7$开始到 $\boldsymbol{u}_0$结束。通常两个零矢量的作用时间相等，即有 $t_0 = t_7$。由 $T_{sw} = t_1 + t_2 + t_0 + t_7$可得

$$t_0 = t_7 = \frac{1}{2}(T_{sw} - t_1 - t_2) \tag{2-28}$$

按照上述方法，可以合成电压矢量 $\boldsymbol{u}_\gamma$，如图 2-22b 所示。

另外，为了减少开关损耗，每次换流时只允许有一个开关改变状态。根据上述规定，可得到的开关序列见表 2-4[28]。

表 2-4　SVPWM 开关序列表

扇　区	$\boldsymbol{u}_\alpha$	$\boldsymbol{u}_\beta$	$\boldsymbol{u}_\gamma$	$\boldsymbol{u}_\delta$
Ⅰ	$\boldsymbol{u}_7$	$\boldsymbol{u}_6$	$\boldsymbol{u}_4$	$\boldsymbol{u}_0$
Ⅱ	$\boldsymbol{u}_7$	$\boldsymbol{u}_6$	$\boldsymbol{u}_2$	$\boldsymbol{u}_0$
Ⅲ	$\boldsymbol{u}_7$	$\boldsymbol{u}_3$	$\boldsymbol{u}_2$	$\boldsymbol{u}_0$
Ⅳ	$\boldsymbol{u}_7$	$\boldsymbol{u}_3$	$\boldsymbol{u}_1$	$\boldsymbol{u}_0$
Ⅴ	$\boldsymbol{u}_7$	$\boldsymbol{u}_5$	$\boldsymbol{u}_1$	$\boldsymbol{u}_0$
Ⅵ	$\boldsymbol{u}_7$	$\boldsymbol{u}_5$	$\boldsymbol{u}_4$	$\boldsymbol{u}_0$
Ⅰ	$\boldsymbol{u}_0$	$\boldsymbol{u}_4$	$\boldsymbol{u}_6$	$\boldsymbol{u}_7$
Ⅱ	$\boldsymbol{u}_0$	$\boldsymbol{u}_2$	$\boldsymbol{u}_6$	$\boldsymbol{u}_7$
Ⅲ	$\boldsymbol{u}_0$	$\boldsymbol{u}_2$	$\boldsymbol{u}_3$	$\boldsymbol{u}_7$
Ⅳ	$\boldsymbol{u}_0$	$\boldsymbol{u}_1$	$\boldsymbol{u}_3$	$\boldsymbol{u}_7$
Ⅴ	$\boldsymbol{u}_0$	$\boldsymbol{u}_1$	$\boldsymbol{u}_5$	$\boldsymbol{u}_7$
Ⅵ	$\boldsymbol{u}_0$	$\boldsymbol{u}_4$	$\boldsymbol{u}_5$	$\boldsymbol{u}_7$

例如：开关状态转换顺序为111→110→100→000，或者为111→110→010→000。

根据开关序列表，可以组合成相应的电压空间矢量，使其构成的多边形逼近圆形。

由此可见，采用SVPWM调制方法，所组成的中间电压矢量越多，就越接近圆形，但这需要高频的开关切换。目前，实现SVPWM调制的方法很多，具体的控制策略请读者参阅文献［28］，这里不再赘述。

PWM变压变频器的应用之所以如此广泛，是由于它具有如下一系列优点：

1）在主电路整流和逆变两个单元中，只有逆变单元是可控的，通过它同时调节电压和频率，结构简单。采用全控型的功率开关器件，通过驱动电压脉冲进行控制，驱动电路简单，效率高。

2）输出电压波形虽是一系列PWM波，但由于采用了恰当的PWM控制技术，正弦基波的比重较大，影响电动机运行的低次谐波受到很大的抑制，因而转矩脉动小，提高了系统的调速范围和稳态性能。

3）逆变器同时实现调压和调频，动态响应不受中间直流环节滤波器参数的影响，系统的动态性能也得以提高。

4）采用不可控的二极管整流器，电源侧功率因数较高，且不受逆变器输出电压大小的影响。

3. 双PWM变频器

双PWM变频器的基本结构如图2-23所示，变频器的整流电路也由全控型器件（比如IGBT）组成，并采用PWM控制，由此可实现电能在电网和负载之间的双向流动。双PWM变频器有两种工作模式：

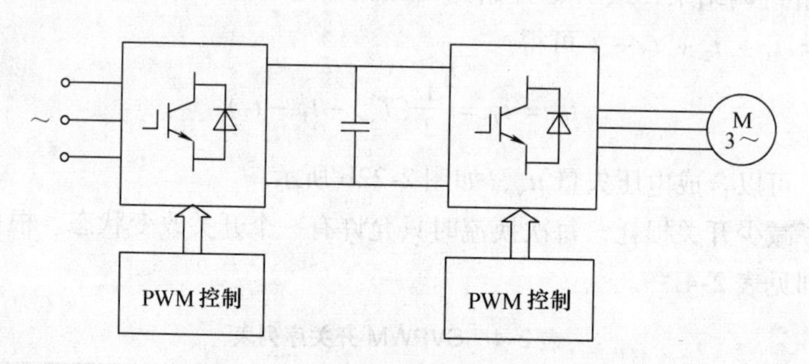

图2-23　双PWM变频器的基本结构

1）当电动机电动运行时，对变频器的网侧变流电路进行PWM整流控制，将电压和频率恒定的交流电变成直流电，负载侧变流器进行PWM逆变控制，输出电压和频率可调的交流电，此时电能由电网向电动机传递。

2）当电动机发电运行时，则反过来对变频器的负载侧变流器进行PWM整流控制，将交流电变成直流电，网侧变流电路进行PWM逆变控制，输出电压和频率恒定的交流电反馈回电网，此时电能由电动机向电网传递。

双PWM变频器的特点是：①可方便地实现四象限运行；②采用PWM整流控制，可任意调节网侧功率因数，使功率因数小于1、等于1或大于1；③可大大减小电流谐波。

4. 多电平逆变器

对于高压（电压等级为3kV、6kV或更高）和大容量（功率等级在数百千瓦以上）应用场合，上述两电平变频器则需要采用耐压高的大功率开关器件，而且需要解决开关器件串联或并联使用时的导通和关断同步问题。另外，由于存在很高的du/dt和共模电压，对电机绕组绝缘构成了威胁。为了解决上述问题，自20世纪80年代以来，研究和发展了多电平技术，构造了各种多电平变换器[29]。

多电平逆变器的主要思想是：采用多个直流电源，通过电力电子开关器件控制不同的直流电源串联构成所需的交流电。因其交流输出含有多个电平，故称为多电平逆变器。目前，主要有中点钳位式和级联式等电路拓扑结构。

（1）中点钳位式多电平逆变器 目前常用的中点钳位式多电平逆变器的主电路拓扑有二极管钳位式和电容钳位式两种。

二极管钳位式多电平逆变器是采用多个二极管对相应的开关器件进行钳位，以获得多个不同的直流电平。图2-24给出了一个典型的采用二极管中点钳位式的三电平变频器的拓扑结构。该逆变电路每一相有四个开关器件、三个续流二极管和两个钳位二极管构成，其换流模式有以下三种形式：

1）当S_{a1}、S_{a2}导通，S_{a3}、S_{a4}关断时，$u_{ao}=U_d/2$。

2）当S_{a2}、S_{a3}导通，S_{a1}、S_{a4}关断时，$u_{ao}=0$。

3）当S_{a3}、S_{a4}导通，S_{a1}、S_{a2}关断时，$u_{ao}=-U_d/2$。

可见其每相能够输出三个电平，钳位二极管在负载电流反向时可起到钳位和续流的作用。

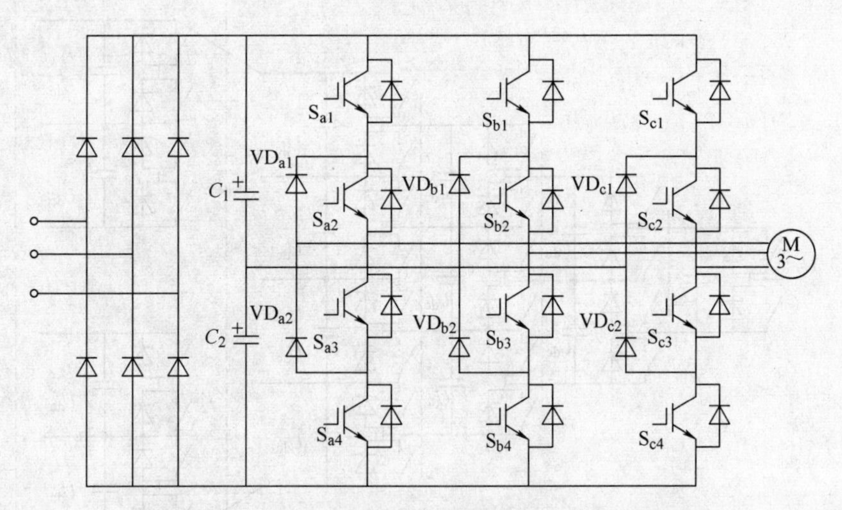

图2-24 二极管中点钳位式三电平变频器的拓扑结构

该拓扑的优点主要有：

1）三电平NPC逆变电路对器件的耐压要求不高。开关器件所承受的关断电压为直流回路电压的一半。

2）三电平逆变器输出的负载相电压为九电平，相对于两电平拓扑输出五电平，各电平幅值变化降低，这就使得它对外围电路的干扰小，对电机的冲击小，在开关频率附近的谐波幅值也小。

3）三电平逆变电路输出为三电平阶梯波，其形状更接近于正弦。在开关频率相同的条件下，谐波比两电平电路要小得多。

多电平的调制方法可将上述两电平的 PWM 控制思想推广到多电平逆变电路的控制中。但由于多电平逆变电路的 PWM 控制方法是和其拓扑紧密联系的，不同的拓扑有不同的特点，从而也就具有不同的控制要求。但归纳起来，多电平逆变电路的 PWM 控制技术主要对两方面目标进行控制：第一、输出电压的控制，即变换器输出的脉冲序列在伏秒意义上与目标参考波形等效；第二、针对变换器本身正常运行的控制，包括直流电容的均压控制、输出谐波控制、所有功率开关的输出功率平衡控制以及器件的开关损耗控制等。

目前，多电平逆变电路的 PWM 控制方法主要分为两大类：载波调制法和电压空间矢量调制（SVPWM）法[29]。载波调制法又有载波移相法（Phase Shifted Carrier PWM）和载波层叠法（Carrier Disposition PWM）之分；电压空间矢量调制法也有不同的实现途径。

为了提高直流母线电压和减少纹波，整流电路可以采用由 Ddy 变压器供电的双二极管整流器串联型拓扑结构[27]。如果需要功率的双向传输，可采用两个多电平变换器背靠背连接方式，组成双多电平 PWM 变流器。

如果需要进一步提高变频器的输出电压，可将钳位型三电平变频器的思想推广到更多电平，比如五电平、七电平、九电平等。其逆变电路可按图 2-25 的通用钳位型多电平构造方式，设计和开发所需的多电平变频器。

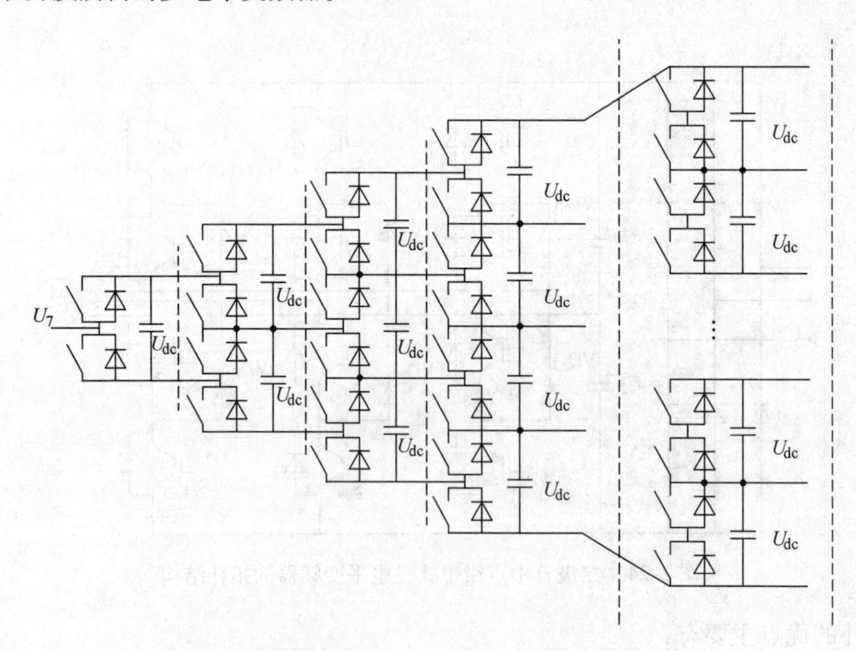

图 2-25　通用钳位型多电平构造方式

电容钳位式多电平逆变器其基本原理与二极管钳位式相似，采用多个电容器将输入的直流分割成多个直流，在通过控制电力电子器件不同的开关状态来获得多个电平的交流输出。由于该电路目前在电力传动系统中应用不多，这里不再赘述，请感兴趣的读者参阅文献［29］。

（2）级联式多电平变换器 级联式是构成多电平变频器的另一种方式。一个单相电压型H桥级联变频器的电路拓扑及电压波形如图2-26所示[30]，它由多个单相H桥式变频器串联而成，每个H桥式变频器采用四个IGBT作为开关器件，并由彼此独立的直流电源供电，其输出为三个电平U_d、0、$-U_d$的交流电压。将n个H桥变频器作为标准的功率单元，串联后其输出波形叠加而成的相电压是每个单元的n倍，从而实现中压变频输出。电压型H桥级联变频器输出相电压的电平数为$2(n-1)+3$，例如图2-26所示的变频器因$n=4$，其输出相电压为九电平。

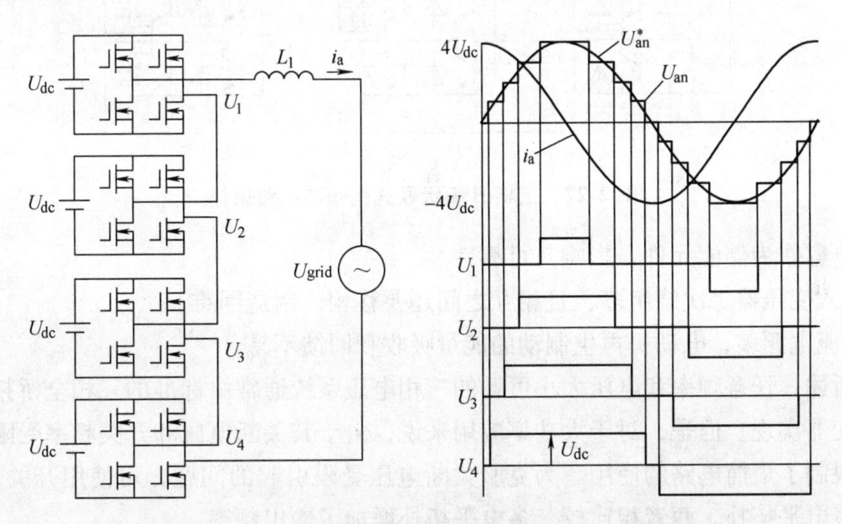

图2-26 单相H桥级联变频器的电路拓扑及电压波形

由于每个功率单元都由独立的直流电源供电，H桥中每个开关器件仅承受其独立直流电源的电压U_d，从而降低了对器件耐压的要求。例如：选用1700V的IGBT作为开关器件，用三个H桥串联，可输出3kV中压；依次类推，若需要输出6kV中压，可以用六个H桥串联。而且，因每个直流电源独立，其开关器件不需要采取均压措施。

级联式变频器也可采用PWM调制，每相中各串联桥的开关周期T的起点顺序均匀错开T/n时间，这样其合成脉冲波形的开关频率是单个桥的n倍，即可用较低的开关频率获得高频的开关输出，进一步降低电压畸变。例如：如果$n=3$，若每个功率单元的开关频率为800Hz，其输出相电压波形的开关频率为2.4kHz。

由三个单相H型级联式变频器可以组成三相级联式变频器，如图2-27所示。

级联式变频器具有如下优点：

1）使用低压开关器件级联实现中、高压输出，且不需要器件均压。

2）输出电压电平数多，电压畸变小，且du/dt小。

3）直流电源由输入整流器提供，多个整流器通过输入变压器二次绕组移相，其等效整流脉波数多，减小了网侧电流谐波，且功率因数高达0.95以上。

但是，级联式变频器也存在如下缺陷：

1）随着功率单元级联数增加，所需开关器件多，主电路复杂，特别是电路中使用了大

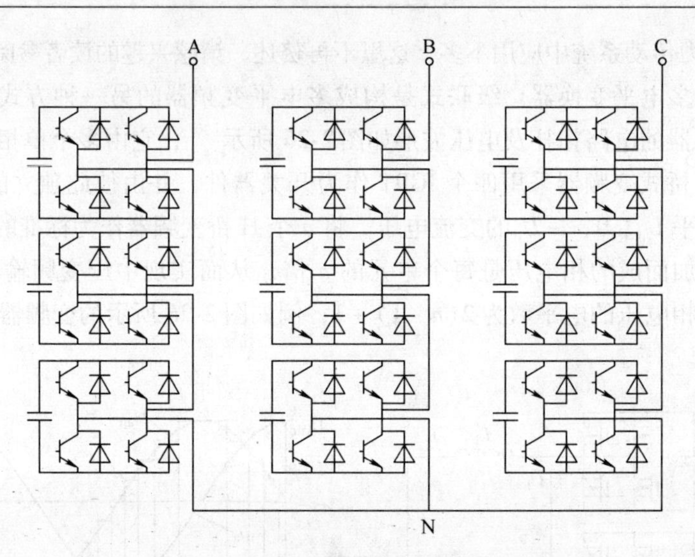

图 2-27　三相 H 型级联式变频器电路拓扑

量的电解电容作为储能元件，影响其可靠性。

2）输入变压器二次绕组多，且相互之间还要移相，制造困难。

3）整流电源多，电动机再生制动的能量吸收和回馈不易。

综上所述，任意频率和电压大小可调的三相电压系统通常由标准的三相全桥拓扑构成的两电平逆变器实现。但是，对于大功率应用来说，由于其关断电压和开关频率受限，其现有装置特性限制了最简电路的使用。为克服关断电压受限引起的问题，可使用开关器件串联，或者使用多电平拓扑。两者相比较，多电平拓扑增加了输出频率。

2.3.2　交-交变频器

交-直-交变频器由于存在直流环节，带来转换损耗和时滞效应。而交-交直接变频器可省去直流环节，可提高一次功率变换效率和加快响应速度。

交-交变频器是由正、反两组晶闸管可控整流装置反并联组成的可逆线路。图 2-28a 给出了一个单相交-交变频器结构，由两组晶闸管整流电路反并联组成，其基本原理是控制正、反两组整流器轮流工作，当正组整流时，VF 输出直流电压，在负载上流过正向电流 $+I_d$；当反组整流时，VR 输出极性相反的直流电压，在负载上流过反向电流 $-I_d$。这样，正、反两组按一定周期相互切换，在负载上就获得交变的输出电压 u_o，u_o的幅值取决于各组可控整流装置的控制角 α，u_o的频率取决于正、反两组整流装置的切换频率。如果控制角一直不变，则输出平均电压是方波。

如要获得正弦波输出，就必须在每一组整流装置导通期间不断改变其控制角。常用的方法是采用 α 调制控制方式[22]，其控制原理是：在正向组导通的半个周期中，使控制角 α 由 $\pi/2$（对应于平均电压 $u_o=0$）逐渐减小到 0（对应于 u_o最大），然后再逐渐增加到 $\pi/2$（u_o再变为 0），当 α 角按正弦规律变化时，半周中的平均输出电压即为图中曲线 1 所示的正弦波；对反向组负半周的控制也是这样，其输出电压和电流波形如图 2-28b 所示。

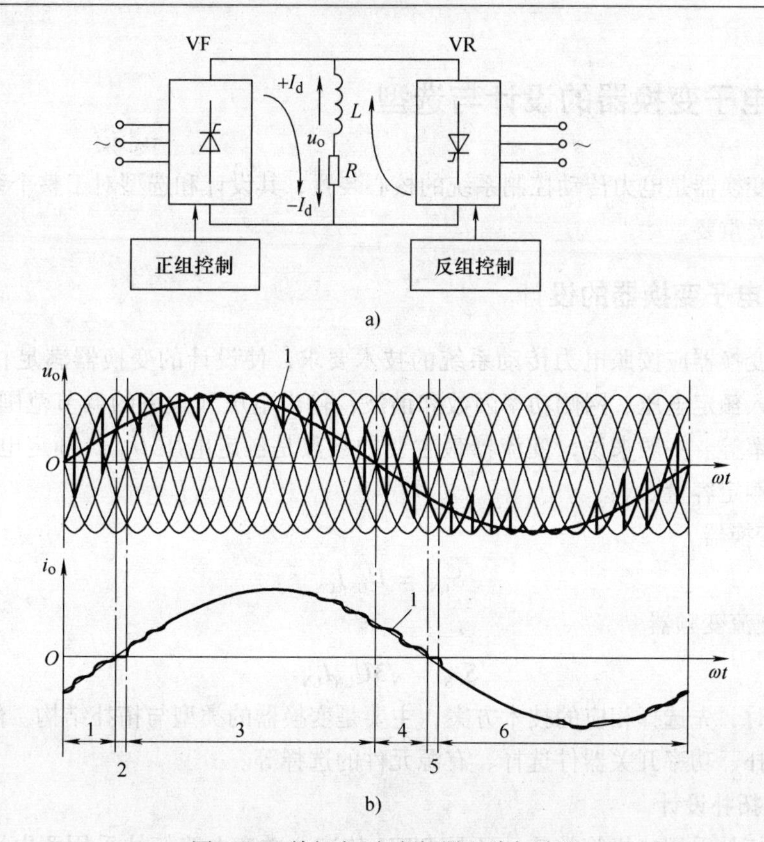

图 2-28 单相交-交变频器电路与波形

a）单相交-交变频器电路结构 b）采用 α 调制的输出波形

三相交-交变频电路可以由三个单相交-交变频电路组成，其基本结构如图 2-29 所示。如果每组可控整流装置都用桥式电路，含六个晶闸管（当每一桥臂都是单管时），则三相可逆线路共需 36 个晶闸管，即使采用零式电路也需 18 个晶闸管。

与交-直-交变频器相比，交-交变频器的优点是：

1）采用电网自然换流，由一次换流即可实现变压变频，换流效率高。

2）能量回馈方便，容易实现四象限运行。

3）低频时输出波形接近正弦。

但是，交-交变频器也存在一些缺点：

1）使用晶闸管数量多，接线复杂。

2）输出频率范围窄，只能在 1/3 ~ 1/2 电网频率以下调频。

3）由于采用相控整流，功率因数低。

由此，采用晶闸管的普通交-交变频器常用于大功率低速电力传动系统，比如：大型碎矿机、水泥球磨机、卷扬机、矿井提升机、轧钢机、船舶电力推进等。

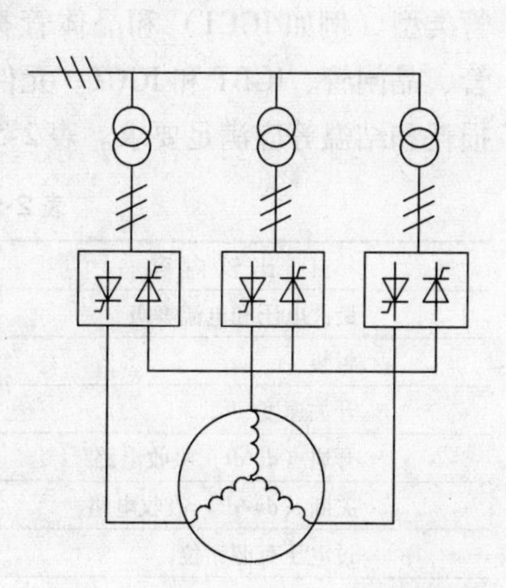

图 2-29 三相交-交变频器基本结构

2.4 电力电子变换器的设计与选型

电力电子变换器是电力传动控制系统的核心装置，其设计和选型对于整个系统的可靠运行及性能都至关重要。

2.4.1 电力电子变换器的设计

电力电子变换器应按照电力传动系统的技术要求，使设计的变换器满足相应的技术指标，比如：输入额定电压、网侧功率因数和谐波，输出电压和频率的调节范围、输出谐波，额定容量、效率等。一般来说，变流器最主要的参数是额定电压 U_{CN}，额定电流 I_{CN}，由此可得变流器的额定容量 S_{CN}：

1）直流变换器

$$S_{CN} = U_{CN}I_{CN} \tag{2-29}$$

2）三相交流变频器

$$S_{CN} = \sqrt{3}U_{CN}I_{CN} \tag{2-30}$$

设计开始时，先选择相应的技术方案，主要是变换器的类型与拓扑结构。然后设计变频器的主电路拓扑、功率开关器件选择、有源元件的选择等。

1. 主电路拓扑设计

整流电路拓扑采用二极管整流，还是 PWM 整流；逆变电路拓扑采用两电平还是多电平电路；多电平电路采用桥臂式还是级联式。变频器的主要电路拓扑已在前节详细论述，应根据传动系统要求来选择合适的电路拓扑。

2. 功率器件选择

电力半导体器件是构成变频器主电路开关的关键元件。目前常用的开关器件可分为晶闸管类型（例如 IGCT）和晶体管类型（例如 IGBT）。在电力传动系统中主要采用功率二极管、晶闸管、IGBT 和 IGCT。元件的主要技术参数，比如平均电流、耐压等级、开关频率、损耗和结温等应满足要求。表 2-5 给出了各器件的比较[31]。

表 2-5 几种主要半导体功率器件的比较

比较内容	晶闸管	IGCT	IGBT
最大电压和电流等级	高	高	低
封装	压接式	压接式	模块式
开关速度	慢	中	快
开通（di/dt）吸收电路	需要	需要	不需要
关断（du/dt）吸收电路	需要	不需要	不需要
过电压有源钳位	无	无	有
di/dt 与 du/dt 的主动控制	无	无	有
短路主动保护	无	无	有
通态损耗	低	低	高
开关损耗	高	中	低

（续）

比较内容	晶闸管	IGCT	IGBT
损坏后的特性	短路	短路	开路
门（栅）极驱动电路	复杂，分立器件	复杂，集成器件	简单，紧凑
门（栅）极驱动电路功率损耗	高	中	低

3. 有源元件的设计和选择

电力电子变换器中常用电感或电容作为滤波和能量缓冲，其作用也很重要。

1）直流电抗器应符合IEC60076-6的要求，适合于在含有非正弦波电流和直流分量下运行，在任何运行条件下不应引起过热；谐波滤波电抗器应在各种工况点时保证电抗器不能饱和。

2）直流滤波电容器应符合IEC-60871要求并按其要求进行实验，在任何运行条件下不应引起过热。为防止过电压，应设置过电压保护装置，或加放电开关。由于电容器的寿命有限，其选择应满足变频器的标称设计寿命。

4. 保护电路设计与选择

在电力电子装置中，其保护电路的设计和选择也至关重要。电力电子器件的保护主要分为电气保护和热保护两大类。电气保护有过电压、过电流保护，以及du/dt和di/dt的抑制，以保证器件工作在其安全工作区内。热保护主要是采用散热和冷却方式将器件的发热控制在适当范围。

一般在设计时，主要是根据其容量、额定电压和额定电流来选择主开关器件，以保证器件在安全工作区（SOA）内安全运行。但是其SOA的大小与器件的运行条件，包括开关方式、温升等因素有关。特别是，因为电路的过电压、du/dt和di/dt的变化会引起器件在开关过程中瞬时超出SOA，造成器件损坏。因此需要设置保护电路。

（1）过电压保护与缓冲电路　电力电子装置可能因其外部或内部的因素产生短时过电压，过电压还会引起器件的du/dt和di/dt突然升高，对器件和电路都造成不利影响，甚至损害。为此，需要采取保护措施，以防止器件和装置受损。目前主要的保护措施有：RC缓冲电路、非线性吸收元件、Crowbar保护电路[32]。

RC电路是最常用的过电压保护电路，以有效的抑制内部过电压、du/dt和di/dt，减少开关损耗。通常采用Snubber电路作为吸收电路，其典型结构如图2-30a所示，图中：l为串联缓冲电感，用来限制开关器件的开通时的电流上升率；由电容C、电阻R和二极管VD组成并联缓冲电路，用来限制开关器件关断时的电压上升率。缓冲电路对电流变化率的抑制如图2-30b所示。

非线性吸收电路也是抑制过电压的一种方式，可采用雪崩二极管、金属氧化物压敏电阻、硒堆等非线性元件来限制和吸收过电压。

Crowbar电路是设置在直流斩波器或交-直-交变频器的直流回路的一种保护电路，既可用于过电压保护，也可用于过电流保护。尤其对于一般的VSI变频器，由于采用二极管整流器无法有源逆变，且在直流回路用电容滤波和缓冲无功功率，钳制着电压的极性，其再生制动的能量不易回馈到电网，会在直流母线上产生泵升电压。Crowbar电路可以有效地抑制直

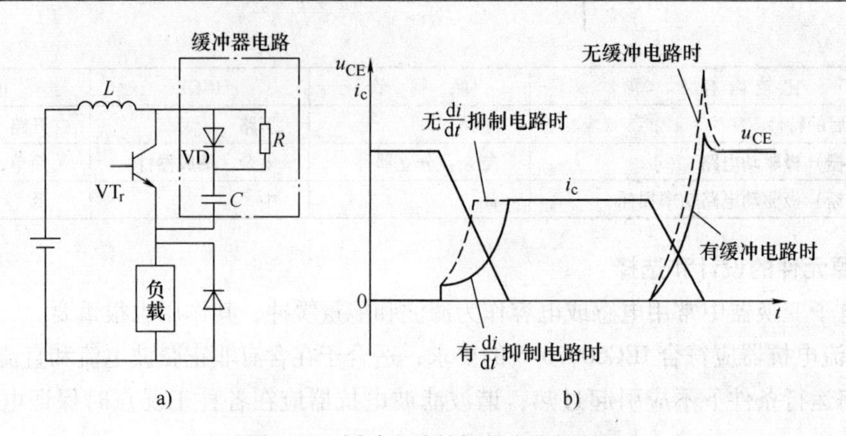

图 2-30　缓冲电路结构与电流抑制

a）缓冲电路结构　b）缓冲电路对电流变化率的抑制

流母线的泵升电压。

对于小功率变频器，可以采用简单的保护回路，其电路如图 2-31a 所示，当检测的直流电压高于设定的电压上限后，Crowbar 电压保护开关动作，通过电阻放电；对于大功率的变频器，特别是需要控制制动电流来控制推进器制动状态的场合，需要采用直流斩波器来控制放电电流。

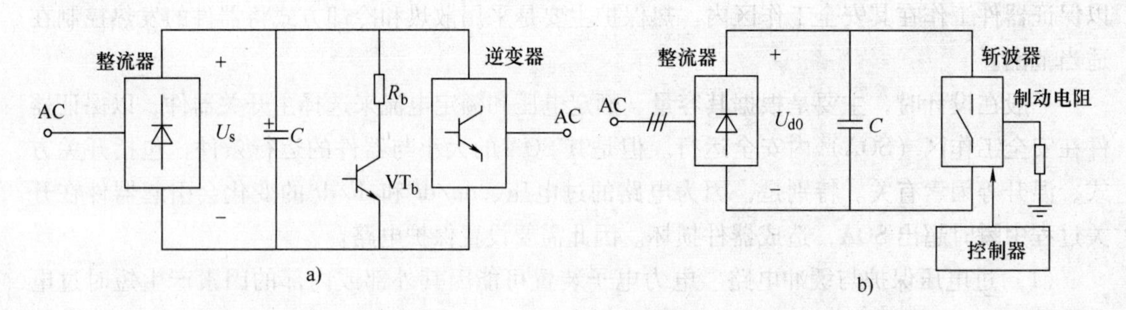

图 2-31　Crowbar 保护电路

a）采用简单开关控制的 Crowbar 保护电路　b）采用直流斩波器控制的 Crowbar 电路

（2）过电流保护　为防止在过载或短路故障时会出现过电流，可采用快速熔断器、直流快速熔断器和过电流继电器等保护措施。通常同时采用几种过电流保护，以提高可靠性。这时，需要在选择保护器件时注意其相互协调，比如：设置过电流保护电路应首先动作，直流快速熔断器整定在过电流保护电路之后动作，过电流继电器在过载时动作，快速熔断器则在短路时起保护作用。

由于快速熔断器是电力电子装置应用最广，最为有效的过电流保护措施，其技术性能及其参数选择也尤为重要。熔断器通常设置在主开关器件的串联回路中，交流电路以及直流母线上。图 2-32 给出了一个三电平变频器在其一个桥臂上设置快速熔断器的例子，桥臂上下各设置了一个熔断器，当电路短路时，以保护主开关器件免遭由电容释放的大电流的冲击。

快速熔断器，特别是直流熔断器一直是制造的难点，对于高压、大容量的变频器专用熔断器则更是技术挑战。对于 VSI 型变频器，其熔断器必须满足 IEC 60269-1 和 IEC 60269-4 的要求。目前，一些厂商生产了电力电子专用快速熔断器，采用无磁结构，具有极快的动作

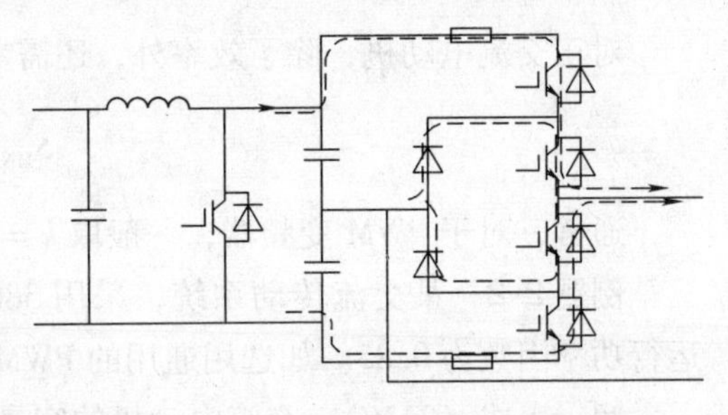
图 2-32　三电平变频器快速熔断器的设置

速度，高额定电流和稳定性，异常低的 I^2T 值和功耗，且体积小和重量轻。适用于大功率二极管、晶闸管、IGBT 等器件的保护。

（3）热保护及其冷却装置　电力电子器件的功率损耗所产生的发热使器件温度上升，从而影响器件的效率和寿命。电力电子器件的热设计就是选用合适的散热器，然后通过空气冷却、导热管冷却和液体冷却等方式进行散热[16]。

2.4.2　电力电子变换器的选型

如果直接选用现有的变换器产品，则需要根据电力传动系统的要求，选用合适的变换器产品。

对于变流器而言，其直接负载为电动机，因此，变流器的选择应根据电动机及其负载特性来选择。选择的主要参数是：变流器的电压、电流和容量[33]。

（1）变流器的电压选择　变流器的输出电压等级是为了与电动机的电压等级相配套，通常应按照驱动电动机的额定电压来选取变流器的输出电压，即

$$U_{CN} \geqslant U_{MN} \tag{2-31}$$

式中　U_{MN}——电动机的额定电压。

例如：对于380V 的三相交流电动机，应选用三相交流变频器，其输出电压应大于或等于380V。

（2）变流器的电流选择　同理，也应按照驱动电动机的额定电流来选择变流器的电流。但因电动机具有过载能力，且在起动过程会有短时的大电流。因此，变流器的电流应大于电动机的最大工作电流，即

$$I_{CN} \geqslant I_{Mmax} \tag{2-32}$$

式中　I_{Mmax}——电动机的最大工作电流。

例题 2-1　某直流传动系统，直流电动机的额定电流为100A，电动机满载起动时，过载系数为额定电流的2倍。如何选择直流变换器的额定电流？

解：按式（2-33），应选择直流变换器的额定电流为

$$I_{CN} \geqslant I_{Mmax} = 2I_M = 2 \times 100\text{A} = 200\text{A}$$

（3）变流器的容量选择　变流器的容量选择应与电动机的容量相匹配，对于连续恒定负载运行的变流器，其容量应大于或等于电动机的输出机械功率，即

$$S_{CN} \geqslant kS_{MN} \tag{2-33}$$

式中　S_{MN}——电动机的额定容量；

k——变流器的波形修正系数。

对于直流电动机，其容量为输出额定机械功率 P_{MN} 除以效率 η_M，即

$$S_{MN} = \frac{P_{MN}}{\eta_M} \tag{2-34}$$

对于交流电动机，除了效率外，还需考虑其功率因数，即有

$$S_{MN} = \frac{P_{MN}}{\eta_M \cos\varphi} \tag{2-35}$$

通常，对于 PWM 变频器，一般取 $k=1\sim1.5$。

例题 2-2　某交流传动系统，采用 380V，100kW 的三相异步电动机，其效率为 90%，运行功率因数为 0.85。如选用通用的 PWM 变频器，应选多大容量？

解：由式（2-36），交流电动机的容量为

$$S_{MN} = \frac{P_{MN}}{\eta_M \cos\varphi} = \frac{100\text{kW}}{0.9\times0.85} = 130.72\text{kW}$$

因采用 PWM 变频器，取 $k=1.5$，则由式（2-34）计算出变频器的容量为

$$S_{CN} \geqslant kS_{MN} = 1.5\times130\text{kVA} = 195\text{kVA}$$

由此，可选用 380V，200kVA 的通用变频器。

由于电动机的负载因生产设备不同而异，变频器其选择还应考虑负载因数。电动机的负载通常可分为：恒转矩负载、恒功率负载和平方律负载。根据不同的负载，选择变流器的规则如下：

（1）恒转矩负载的变流器　由于恒转矩负载的转矩与转速无关，在任何运行条件下，电动机的转矩基本保持恒定。对于长期恒定负载，变流器按上述计算公式来选择；对于有短时过载或冲击性负载，应选择更大容量的变流器，其额定电流应大于负载的最大电流。

（2）恒功率负载的变流器　恒功率负载因其转速与转矩成反比，高速运行时转矩较低，低速时转矩较大，而功率则保持恒定，比如机床、电动车辆等。对于恒功率负载，应采用额定转速（或频率）以上的弱磁调速。因而，其变流器的选择除了容量与电流应满足电动机的要求外，对于交流电动机，其调频范围也应适当增大，以满足在弱磁阶段的频率升高，一般不超过工频的 2 倍。例如：50Hz 的交流电动机驱动恒功率负载，其变频器的最高频率应为 100Hz。

（3）平方律负载的变流器选择　这类负载的转矩与转速成平方关系，比如风机、泵类负载，以及船舶螺旋桨都属于平方律负载。由于负载的转矩随转速成平方增加，低速时的转矩低，不会出现起动时的冲击电流；而高速时转矩也随之增大，为了限制电动机不过载，其变流器的选择应与电动机容量相同或稍大。而对于交流传动系统，选择变频器的最高频率应与交流电动机的额定频率相等[34]。

例题 2-3　某大型泵站采用 6kV 高压大容量交流同步电动机，输出额定功率 P_{MN} 为 10MW，效率 η_M 为 95%，额定频率为 50Hz，如何选用变频器？

解：因同步电动机的功率因数为 1，按式（2-36），电动机的容量为

$$S_{MN} = \frac{P_{MN}}{\eta_M \cos\varphi} = \frac{10\text{MW}}{0.95} = 10.53\text{MW}$$

如果采用 PWM 变频器，取 $k=1.5$，则由式（2-34）计算出变频器的容量为

$$S_{CN} \geqslant kS_{MN} = 1.5\times10.53\text{MW} = 15.79\text{MW}$$

可选取 6kV，15MVA，最高频率 50Hz 的变频器。

本章小结

本章概要地介绍了用于电力传动系统主要的电源变换器，包括：直流电源变换器和交流电源变换器。重点阐述了各类变换器的主电路拓扑、换流方式及调制原理。既帮助已学过电力电子技术课程的同学复习相关内容，也能使初学者了解和掌握电力电子技术在电力传动系统中的基本知识，为进一步学习电力传动控制系统奠定基础。

思考题与习题

2-1　目前有哪些常用的电力电子器件？如何进行分类？

2-2　有哪几种直流变换器？试简述各自的基本拓扑和换流模式。

2-3　晶闸管相控整流器有哪些优点和缺点？如何克服其缺点？

2-4　直流斩波器与 PWM 整流器有何不同？试分析两者各自的特点。

2-5　简述交流变频器分类，分析比较各自的特点。

2-6　电压源逆变器与电流源逆变器有何区别？如何根据应用需求来选择？

2-7　PWM 逆变器有哪些常用的调制方法？试简述其原理。

2-8　SPWM 与 SVPWM 同为正弦波调制，有何不同？

2-9　如何采用 PWM 整流器与 PWM 逆变器构成双 PWM 变频器？分析其在不同工作状态下的功率的流向。

2-10　如何构建多电平变频器？试简述钳位式与级联式多电平逆变电路的结构与调制方法。

2-11　试简述交-交变频器的结构特点，分析其调制特点及限制，如何应用交-交变频器？

2-12　设计变流器电路需要注意哪些关键问题？如何选用保护措施？

2-13　如何根据应用需求选用变流器？

2-14　某交流传动系统，采用 380V，200kW 的三相异步电动机，其效率为 95%，运行功率因数为 0.90。如选用通用的 PWM 变频器，应选多大容量？

第3章 电力传动系统的稳态模型

为了分析电力传动系统的性能和设计所需的控制器及其参数，需要建立系统被控对象的数学模型。本章主要介绍采用电力传动系统稳态等效电路建立系统稳态模型的方法。首先阐述稳态模型的概念，然后从稳态等效电路出发，重点讨论电动机与变流器的稳态模型的建立。

3.1 稳态模型概念和建模方法

任何系统在不同的运行条件下，其运行状态都会有所不同，一般可以分为静态运行和动态运行两类。所谓静态运行，就是指系统已稳定运行在某种工作状态，其参数保持不变，系统各变量经过一定时间的调整，已经按照某一规律在有序地变化；而动态运行则是指系统运行条件或参数改变后，系统从一个稳态达到另一个稳态的过渡过程。

根据自动控制原理[18]，在静态条件下，描述系统各变量之间关系的代数方程称为系统的静态数学模型，可用来分析系统的静态特性；而描述系统变量各阶导数之间关系的微分方程称为系统的动态数学模型，用来分析系统的动态性能。

通常，对于线性定常系统一般采用古典控制理论，建立被控对象的微分方程，然后通过拉普拉斯变换，转换为传递函数，进而在频域进行系统分析和设计。对于时变或非线性系统，因其参数随时间变化或变量是非线性的，使系统建模、分析和设计较为困难。往往采用稳态工作点附近微偏线性化方法[35]，忽略其参数变化，建立一个近似的线性定常系统数学模型来简化处理。

在电力传动系统中，对于他励直流电动机，因电路简单且变量少，比较容易建立其数学模型；而对于交流电动机，因具有多变量、非线性和强耦合的特征，则难以建模与控制。本章以电力传动系统的稳态等效电路为基础，建立系统电压平衡方程、转矩方程和运动方程，由此建立系统的静态和动态数学模型。

对于直流调速系统，直流电动机的建模比较简单，就是直接从直流电动机的稳态等效电路出发，根据电路的基尔霍夫第一定律（KCL）和基尔霍夫第二定律（KVL），列写电动机绕组的电压平衡方程、转速和转矩方程及其运动方程。

对于交流调速系统，也是由稳态等效电路，在稳态工作点附件微偏线性化来建立其近似动态模型。由于该模型是在稳态工作点上建立的，只能描述该点的工作状态，因而称为“稳定工作点模型”或“稳态特性模型”，简称“稳态模型”。

3.2 直流电动机的数学模型

直流电动机按励磁方式来分有两类：一类是电磁式，另一类是永磁式。电磁式直流电动机又可分为他励、并励、串励和复励四种，其中他励是最常见的励磁方式，永磁式也可归为他励。如第1章所述，由于他励直流电动机具有良好的调速特性，是直流传动系统的主要方式，因而本节主要介绍他励直流电动机的建模方法。

3.2.1　他励直流电动机的等效电路

在列写直流电动机的基本方程之前，先规定相关物理量的参考正方向，若各物理量的实际方向与参考正方向一致，其值为正，反之为负。他励直流电动机各物理量的参考正方向选定如图3-1所示，其中U_d是电枢两端的端电压，I_d是电枢电流，U_f是励磁电压，I_f是励磁电流，T_e是电动机的电磁转矩，T_L是负载转矩，T_0是空载转矩，n是转子转速。

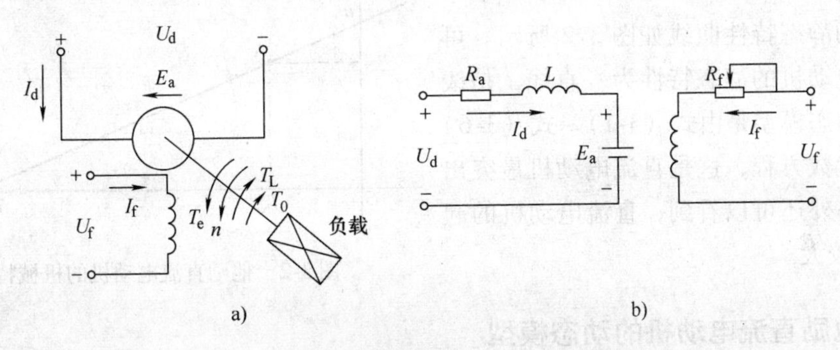

图3-1　直流电动机物理量的正方向与等效电路

a）物理量的参考正方向　b）等效电路

为简便起见，先不考虑补偿绕组，他励直流电动机可分为如图3-1b所示的电枢回路和励磁回路两个独立电路。

3.2.2　他励直流电动机的静态模型与特性

他励直流电动机的励磁线圈采用单独电源供电，设励磁回路的电阻为R_f，其电压平衡方程为

$$U_f = R_f I_f \tag{3-1}$$

设电枢回路的总电阻为R，电枢回路的电压平衡方程为

$$U_d = RI_d + E_a \tag{3-2}$$

式中　E_a——电枢绕组的感应电动势，其方向与电枢电压U_a相反，大小与转速成正比，即

$$E_a = C_e \Phi n \tag{3-3}$$

式中　C_e——电动势系数。

当直流电动机稳态运行时，电磁转矩T_e应与负载转矩T_L和空载转矩T_0相平衡，因此电动机的转矩平衡方程为

$$T_e = T_L + T_0 \tag{3-4}$$

如果忽略电枢反应的影响，主磁通Φ保持不变，直流电动机的电磁转矩为

$$T_e = C_T \Phi I_a \tag{3-5}$$

式中　C_T——转矩系数。

直流电动机的机械特性是指在一定电枢电压 U_a 下，转子转速 n 与电磁转矩 T_e 之间的关系曲线，即 $n=f(T_e)$。由式（3-2）、式（3-3）和式（3-5），可以得到直流电动机的静态特性方程

$$n = \frac{U_a}{C_e\Phi} - \frac{R_a}{C_eC_T\Phi^2}T_e = n_0 - \beta T_e \tag{3-6}$$

式中　n_0——理想空载转速，$n_0=\dfrac{U_a}{C_e\Phi}$；

β——机械特性的斜率，$\beta=\dfrac{R_a}{C_eC_T\Phi^2}$。

相应的静态特性曲线如图 3-2 所示。可见，直流电动机的静态特性为一直线，是线性的，其静态模型是由式（3-1）~式（3-6）所描述的代数方程，这是直流电动机最突出的优点。另外还可以看到，直流电动机的起动转矩 T_{st} 较大。

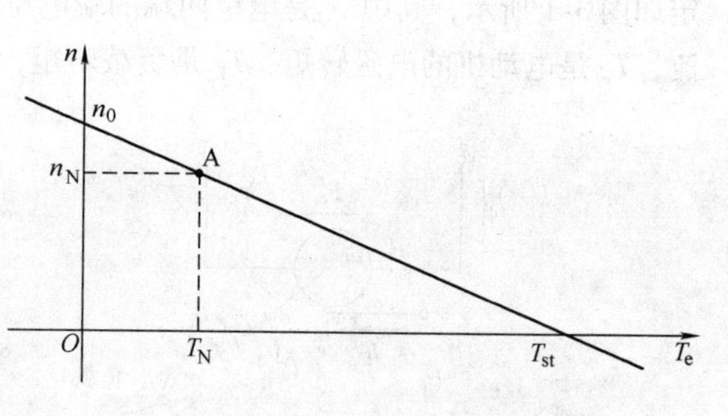

图 3-2　他励直流电动机的机械特性

3.2.3　他励直流电动机的动态模型

如果考虑动态变化，由图 3-1b 所示的他励直流电动机的等效电路，其励磁回路的电压平衡方程为

$$U_F = R_FI_F + L_F\frac{dI_F}{dt} \tag{3-7}$$

假定主电路电流连续，则电枢回路的电压平衡方程为

$$U_d = RI_d + L\frac{dI_d}{dt} + E_a \tag{3-8}$$

若忽略粘性摩擦及弹性转矩，电动机轴上的动力学方程为

$$T_e - T_L = J\frac{d\omega_m}{dt} \tag{3-9}$$

式中　J——传动系统运动部分折算到电动机轴上的转动惯量（$kg \cdot m^2$）。

或写成

$$T_e - T_L = \frac{GD^2}{375}\frac{dn}{dt} \tag{3-10}$$

式中　GD^2——传动系统运动部分折算到电动机轴上的飞轮转矩（Nm^2）。

由上分析，他励直流电动机的稳态模型由式（3-7）~式（3-10）描述，在应用时，应根据实际情况来选取。

由此，当励磁保持恒定时，他励直流电动机的动态模型结构如图 3-3 所示，电枢和励磁环节没有耦合。

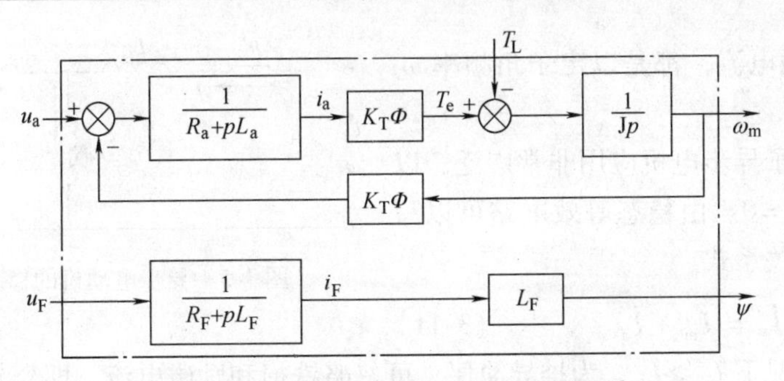

图 3-3　他励直流电动机的动态模型结构

3.3　交流异步电动机的数学模型

3.3.1　异步电动机的基本结构与工作原理

交流异步电动机的定子装有对称的三相绕组，转子分为绕线型与笼型两种，绕线型转子也是三相对称交流绕组，如图 3-4 所示；而笼型转子的绕组是一个对称的多相绕组，经过一定的变换可以等效为对称的三相绕组。

异步电动机的定子绕组接三相交流电源后，定、转子之间的气隙中将产生圆形旋转磁场，并在自行闭合的转子绕组中产生感应电动势 e_r 和感应电流 i_r。转子感应电流 i_r 在旋转磁场的作用下产生电磁转矩 T_e，带动转子沿旋转磁场的方向旋转。只要转子的转速 n 低于旋转磁场的转速 n_s（称为同步转速），转子绕组与旋转磁场之间就会有相对运动，就能持续产生感应电动势 e_r、感应电流 i_r 和电磁转矩 T_e，从而使转子连续旋转，最后稳定运行在 $T_e = T_L + T_0$ 的平衡状态。

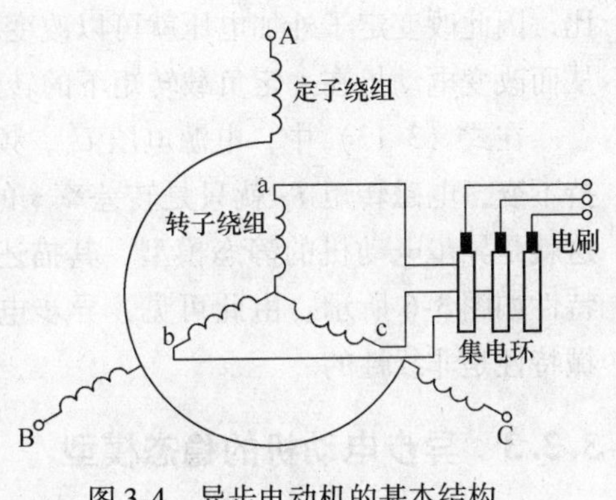

图 3-4　异步电动机的基本结构

3.3.2　异步电动机的稳态等效电路与静特性

对于三相异步电动机，如果满足以下的假定条件：

1）忽略空间谐波，设三相绕阻对称，在空间互差 120°电角度所产生的磁动势沿气隙周围按正弦规律分布。

2）忽略磁饱和，认为各绕组的自感和互感都是恒定的。

3）忽略铁损。

4）不考虑频率变化和温度变化对绕组电阻的影响。

由于三相绕组对称，可用其中任意一相电路来表示异步电动机的稳态等效电路，如图 3-5所示。图中：$\dot{U}_s$ 和 $\dot{I}_s$ 为定子相电压和相电流，R_s和 L_{ls}为定子电阻和漏感，s 为转差率；$\dot{U}_r/s$ 和 $\dot{I}_r$ 以及 R_r/s 和 L_{lr}为转子侧折算到定子侧的等效相电压、相电流、转子电阻及漏感；$\dot{I}_m$ 为励磁电流，都是以定子角频率 ω_s 变化的正弦波。

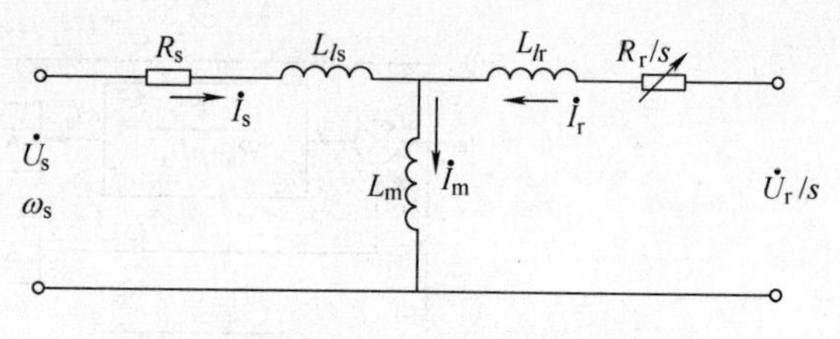

图 3-5　异步电动机的稳态等效电路

由于笼型转子异步电机应用非常广泛，以下推导都假定 $U_r=0$。由稳态等效电路可以写出各稳态电流的关系式

$$\dot{I}_s = \dot{I}_m + \dot{I}_r \tag{3-11}$$

因在一般情况下 $L_m \gg L_{ls}$，为推导简便，可忽略铁损和励磁电流，即令 $I_m=0$，则有

$$I_s \approx I_r = \frac{U_s}{\sqrt{\left(R_s + \frac{R_r}{s}\right)^2 + \omega_s^2 \left(L_{ls} + L_{lr}\right)^2}} \tag{3-12}$$

令电磁功率 $P_{em}=3I_r^2R_r/s$，同步机械角转速 $\omega_m=\omega_s/n_p$，则异步电动机的电磁转矩为

$$T_e = \frac{P_{em}}{\omega_m} = \frac{3n_p}{\omega_s} I_r^2 \frac{R_r}{s} = \frac{3n_p U_s^2 R_r/s}{\omega_s\left[\left(R_s + \frac{R_r}{s}\right)^2 + \omega_s^2 \left(L_{ls} + L_{lr}\right)^2\right]} \tag{3-13}$$

式（3-13）就是异步电动机的机械特性方程式。它表明，当转速或转差率一定时，电磁转矩与定子电压的二次方成正比，因此改变定子外加电压就可以改变机械特性的函数关系，从而改变电动机在一定负载转矩下的转速。

在式（3-13）中，电源电压 U_s、频率 f_s 及阻抗等参数保持不变，电磁转矩 T_e 就只是转差率 s 的函数，即 $n=f(T_e)$，这就是异步电动机的静态模型，其描述的异步电动机的机械特性如图 3-6 所示。由此可见，异步电动机的静态模型与机械特性是非线性的。

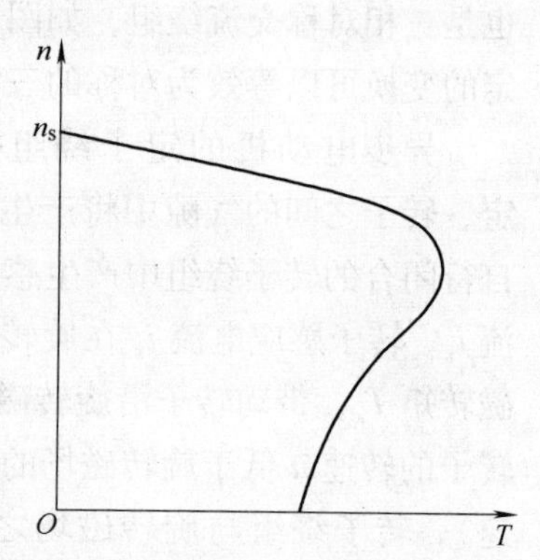

图 3-6　异步电动机的机械特性

3.3.3　异步电动机的稳态模型

异步电动机是一个多变量强耦合的非线性系统，建立其数学模型也较复杂。对于动态性能要求不高的调速系统，并不需要采用复杂的多变量非线性数学模型，可以进一步简化模型。通常的做法是：通过稳态工作点附近微偏线性化方法，得到异步电动机的稳态数学模型[35]。

由图 3-4 所示的稳态等效电路，可以推导出异步电动机的机械特性方程式（3-13），当转子电阻较大时，可以认为：$R_r/s \gg R_s$，且有 $R_r/s \gg \omega_s(L_{ls}+L_{lr})$。在此条件下，式（3-13）可近似为

$$T_e \approx \frac{3n_p}{\omega_s R_r} U_s^2 s \tag{3-14}$$

设异步电动机稳定工作在式（3-14）表示的近似机械特性的 A 点上，则有

$$T_{eA} \approx \frac{3n_p}{\omega_s R_r} U_{sA}^2 s_A \tag{3-15}$$

假定在A点附近有微小扰动，使各变量产生微小偏差，即有

$$T_e = T_{eA} + \Delta T_e$$

$$U_s = U_{sA} + \Delta U_s$$

$$s = s_A + \Delta s$$

将上述关系代入式（3-15）得

$$T_{eA} + \Delta T_e \approx \frac{3n_p}{\omega_s R_r}(U_{sA} + \Delta U_s)^2(s_A + \Delta s) \tag{3-16}$$

将上式展开，并忽略两个以上微偏量的乘积项，则有

$$T_{eA} + \Delta T_e \approx \frac{3n_p}{\omega_s R_r}(U_{sA}^2 s_A + 2U_{sA}s_A\Delta U_s + U_{sA}^2\Delta s) \tag{3-17}$$

由式（3-17）减去式（3-15），可得

$$\Delta T_e \approx \frac{3n_p}{\omega_s R_r}(2U_{sA}s_A\Delta U_s + U_{sA}^2\Delta s) \tag{3-18}$$

由于转差率可表示为

$$s = 1 - \frac{n}{n_s} = 1 - \frac{\omega}{\omega_s}$$

代入式（3-18），由此推导出异步电动机在稳态工作点A附近的微偏变量关系式

$$\Delta T_e \approx \frac{3n_p}{\omega_s R_r}\left(2U_{sA}s_A\Delta U_s + \frac{U_{sA}^2}{\omega_s}\Delta\omega\right) \tag{3-19}$$

再考虑交流电动机的运动方程

$$T_e - T_L = \frac{J}{n_p}\frac{d\omega}{dt} \tag{3-20}$$

同上方法，可得其在稳定工作点A附近的微偏变量方程

$$\Delta T_e - \Delta T_L = \frac{J}{n_p}\frac{d\Delta\omega}{dt} \tag{3-21}$$

如果不考虑负载变化，即令$\Delta T_L = 0$，将式（3-19）代入式（3-21），并在等式两边取拉普拉斯变换，则异步电动机稳态模型的传递函数为

$$G_{MA}(s) = \frac{\Delta\omega(s)}{\Delta u_s(s)} = \frac{K_{MA}}{1 + T_m s} \tag{3-22}$$

式中　K_{MA}——异步电动机的传递系数

T_m——异步电动机拖动系统的机电时间常数。

且有

$$K_{MA} = \frac{2(\omega_s - \omega_{sA})}{U_{sA}} \tag{3-23}$$

$$T_m = \frac{J\omega_s^2 R'_r}{3n_p^2 U_{sA}^2} \tag{3-24}$$

式中　ω_s——异步电动机同步角频率；

ω_{sA}——异步电动机在稳态工作点A的转子角速度；

U_{sA}——异步电动机在稳态工作点 A 的定子电压有效值；

R'_r——折算到定子侧的转子电阻值。

通过简化，异步电动机近似为一个一阶惯性环节，其模型结构如图 3-7 所示。

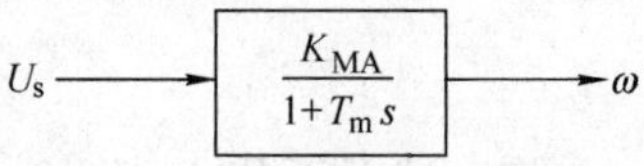

$$U_s \longrightarrow \boxed{\frac{K_{MA}}{1+T_m s}} \longrightarrow \omega$$

图 3-7　异步电动机的稳态模型

异步电动机稳态模型虽然简单，但应指出：

1）由于是微偏线性化模型，只适用于该工作点附近的稳态分析。

2）由于忽略了电动机的电磁惯性，其分析和计算结果是比较粗略的。

3.4　交流同步电动机的稳态模型

3.4.1　同步电动机基本结构与工作原理

从结构上来说，交流同步电动机的定子与交流异步电机的定子相同，转子有凸极式和隐极式两种，其结构如图 3-8 所示。

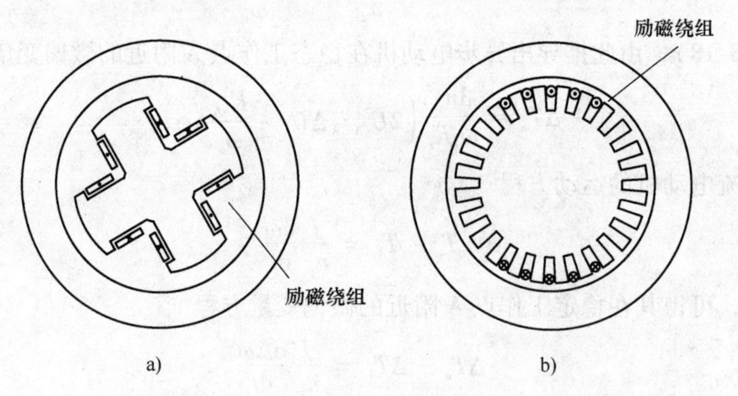

图 3-8　同步电动机的基本结构

a）凸极式　b）隐极式

同步电动机在磁极上装有励磁绕组，其中通入直流电流，使磁极产生极性。三相同步电动机的定子绕组接三相交流电源后，定、转子之间的气隙中将产生圆形旋转磁场，该磁场与转子励磁绕组所产生的恒定磁场相互作用，产生与旋转磁场同方向的电磁转矩 T_e，并带动转子沿旋转磁场的方向旋转，最后达到稳定运行的状态，此时转子转速 n 与旋转磁场的转速 n_s 相等。

交流同步电机稳态运行时转子转速 n 总是与旋转磁场的同步转速 n_s 相等，即

$$n = n_s = \frac{60f_s}{n_p} \tag{3-25}$$

因此，同步电动机的静态特性 $n=f(T_e)$ 是一条水平直线，其静态特性方程由式（3-25）描述。

3.4.2　同步电动机的稳态等效电路与模型

假设同步电动机转子绕组均匀分布，转子励磁电流恒定；如果电动机气隙光滑，没有偏心与磁饱和，可以画出同步电动机的稳态等效电路如图3-9所示[36]。

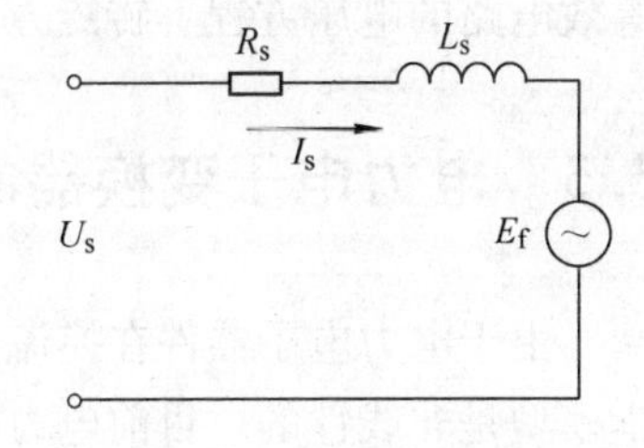

图3-9　同步电动机稳态等效电路

图中L_s为同步电动机的同步电感，E_f为同步电动机转子励磁产生的感应电动势，且有

$$E_f = E_{fm}(\cos\delta + j\sin\delta) \tag{3-26}$$

式中　δ——U_s与E_f的夹角，称为同步电动机功率角；

E_{fm}——同步电动机的感应电动势的幅值，有

$$E_{fm} = K_f I_f \omega_r \tag{3-27}$$

上式说明，同步电动机的感应电动势与转子励磁电流及转速有关。

由同步电动机的稳态等效电路，其电压平衡式为

$$U_s = (R_s + j\omega_s L_s)I_s + E_f \tag{3-28}$$

当同步电动机容量较大时，可忽略定子电阻R_s，于是

$$U_s = j\omega_s L_s I_s + E_f \tag{3-29}$$

此时，同步电动机的电磁功率为

$$P_{em} = P_1 = 3U_s I_s \cos\varphi_1 \tag{3-30}$$

式中　φ——定子电压与电流的夹角。

根据同步电动机各变量的相量关系[37]，有

$$jX_s I_s \cos\varphi = E_f \sin\delta \tag{3-31}$$

式中　X_s——同步电抗，$X_s = \omega_s L_s$。

因电动机的电磁转矩是电磁功率除以机械角速度，由式（3-30）可得

$$T_e = \frac{P_{em}}{\omega_m} = \frac{3U_s E_f}{\omega_m X_s}\sin\delta \tag{3-32}$$

或考虑到机械角速度与定子角频率及电机极对数的关系$\omega_m = n_p \omega_s$，上式写成

$$T_e = \frac{3n_p U_s E_f}{\omega_s X_s}\sin\delta \tag{3-33}$$

上式表明，同步电动机的电磁转矩T_e是功率角δ的函数。

对于凸极同步电动机，由于其转子磁路不对称，可以采用双反应理论，即将定子电流$\dot{I}$分解为直轴分量$\dot{I}_d$和交轴分量$\dot{I}_q$，可以得到定子电压平衡方程

$$U_s = jX_d I_d + jX_q I_q + E_f \tag{3-34}$$

式中　X_d——直轴同步电抗；

X_q——交轴同步电抗。

在凸极同步电动机中，一般情况下$X_d > X_q$。这时，电磁转矩为

$$T_e = \frac{3n_p U_s E_f}{\omega_s X_s}\sin\delta + \frac{3n_p U_s^2 (X_d - X_q)}{2\omega_s X_d X_q}\sin 2\delta \tag{3-35}$$

式（3-35）右边的第一项称为励磁转矩，第二项称为磁阻转矩。由于隐极式同步电动机的直轴与交轴同步电抗相等，因此式（3-35）就变成了式（3-33）的形式。如果电动机仅依靠磁阻转矩而工作，就称为“磁阻电动机”。

同步电动机的运动方程与异步电动机相同，因此，同步电动机的稳态模型就是由其稳态等效电路的电压方程、转矩方程与运动方程所组成。

3.5　电力电子变换器的稳态模型

由于电力电子器件在换流过程中处于开关状态，电力电子变流器工作于瞬态过程，其数学模型是非线性的。目前电力电子变换器的建模可分为稳态模型和动态模型两大类。

1）稳态模型。所谓稳态模型是在电力电子变换器稳定工作条件下，忽略其主电路的开关过程及各种非线性因素，仅考虑变换器的输入输出的稳态关系，建立的数学模型。

2）动态模型。是在电力电子变换器稳定工作条件下，考虑其主电路的开关过程及其变化，所建立的数学模型。目前，变流器的动态建模分为：连续模型、离散模型和（离散与连续）混合模型[37]。

基础篇中为降低初学者的难度，仅介绍电力电子变换器的稳态模型，有关动态模型的建模方法将在提高篇中介绍。

无论何种变流器，从系统控制的角度看，其输入与输出的关系如图 3-10 所示，由变流主电路与控制电路组成。变流器的输入为控制信号 U_c，通过控制电路产生主电路开关器件换流的调制信号 U_M，控制主电路输出所需的电能 U_o。

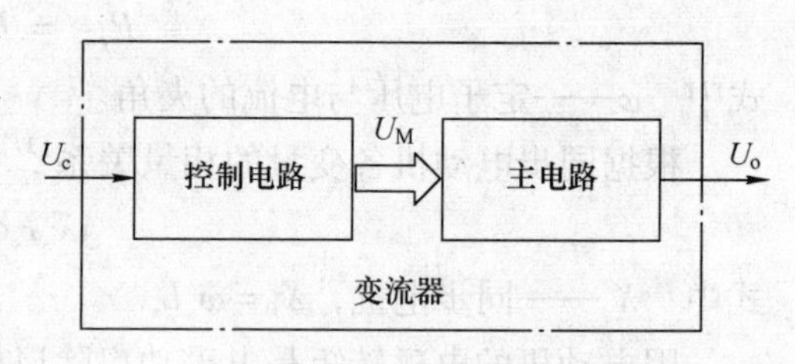

图 3-10　变流器控制结构

由此可见，假如忽略变流器的非线性，其在稳定状态下的数学模型可看作是其输入信号与输出信号的传递函数 $G_s(s)$，即

$$G_s(s) = \frac{U_o(s)}{U_c(s)} \tag{3-36}$$

式中　$U_c(s)$——变流器输入控制信号传递函数；

$U_o(s)$——变流器输出电量的传递函数。

变流器的输入与输出关系可通过实验或解析计算方法来获得，由此推导出其传递函数。

1. 实验方法

由于电力电子变流器是一个非线性环节，其输入与输出关系也是非线性关系，难以通过电路分析方法来建模。通常可以采用实验方法，即把变流器看作是一个“黑箱”，给定一组输入控制电压，测量其相应的稳定输出电压，获得其输入与输出的关系，然后再建立数学表达式来拟合该特性曲线，进而建立其数学模型。

现以晶闸管整流器为例，介绍其稳态模型的建立过程。例如：通过实验测试，得到了如图 3-11 所示的某晶闸管触发和整流装置的输入-输出特性[2]。如何拟合实验曲线有各种办法可选，比如采用分段折线。

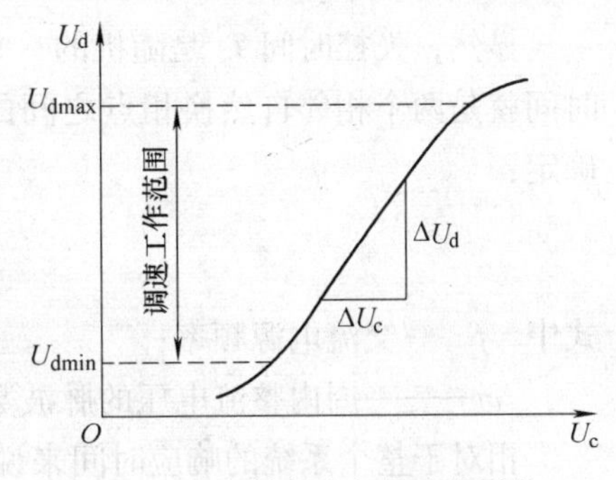

图3-11　晶闸管触发与整流装置的输入-输出特性的测定

由图可得其输入与输出关系为一个放大环节，即有

$$G_s(s)=\frac{\Delta U_d}{\Delta U_c}=K_s \tag{3-37}$$

式中　K_s——比例系数，可由工作范围内的特性斜率决定。

2. 解析计算

为简化问题，在一定的工作范围内可以把电力电子变流器近似看成线性环节，即其电源输出 U_o 与输入 U_c 之间成正比关系，即

$$G_s(s)=\frac{U_o}{U_c}=K_s \tag{3-38}$$

例题3-1　某可控整流器输出直流电压的额定值 U_o 为200V，此时的控制电压信号 U_c 为10V，计算整流器的放大系数。

解：假定可以忽略非线性，整流器的输入与输出为线性关系，则有

$$K_s=\frac{U_o}{U_c}=\frac{200\text{V}}{10\text{V}}=20$$

按照上述分析，电力电子变流器是一个放大环节。但在实际中应考虑电力电子开关器件的失控时间而引起的滞后效应，电力电子变流器可看作是一个带滞后的放大环节。

现以晶闸管整流器为例，分析换流过程中开关器件的失控时间。由于晶闸管一旦导通后，控制电压的变化在该器件关断以前就不再起作用，直到下一相触发脉冲来到时才能使输出整流电压发生变化，这就造成了输出电压滞后于控制电压的状况。图3-12给出了一个单相全波纯电阻负载整流波形，以此为例来讨论电力电子器件的滞后作用，以及滞后时间的大小。

假设在 t_1 时刻某一对晶闸管被触发导通，控制角为 α_1，如果控制电压 U_c 在 t_2 时刻发生变化，如图由 U_{c1} 突降到 U_{c2}，但由于晶闸管已经导通，U_c 的变化对它已不起作用，整流电压并不会立即响应，必须等到 t_3 时刻该器件关断以后，触发脉冲才有可能控制另一对晶闸管。设新的控制电压 U_{c2} 对应的控制角为 α_2，则另一对晶闸管在 t_4 时刻才能导通，平均整流电压因而降低。假设平均整流电压是从自然换相点开始计算的，则平均整流电压在 t_3 时刻从 U_{d01} 降低到 U_{d02}，从 U_c 发生变化的时刻 t_2 到 U_{d0} 响应变化的时刻 t_3 之间，便有一段失控时间 T_s。应该指出，如果有电感作用使电流连续，则 t_3 与 t_4 重合，但失控时间仍然存在。

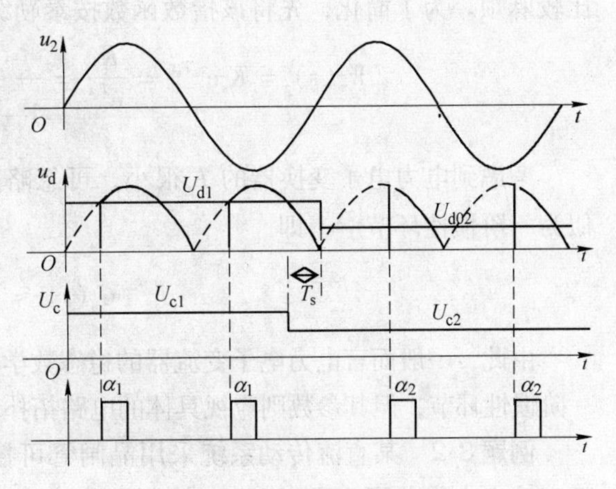

图3-12　单相全波纯电阻负载整流波形

显然，失控时间 T_s 是随机的，它的大小随 U_c 发生变化的时刻而改变，最大可能的失控时间就是两个相邻自然换相点之间的时间，与交流电源频率和整流电路形式有关，由下式确定：

$$T_{smax} = \frac{1}{mf} \tag{3-39}$$

式中　f——交流电源频率；

m——一周内整流电压的脉波数。

相对于整个系统的响应时间来说，T_s 是不大的，在一般情况下，可取其统计平均值 $T_s = \frac{1}{2}T_{smax}$，并认为是常数，或者按最严重的情况考虑，取 $T_s = T_{smax}$。表 3-1 列出了不同整流电路的失控时间。

表 3-1　各种整流电路的失控时间（$f = 50\text{Hz}$）

整流电路形式	最大失控时间 T_{smax}/ms	平均失控时间 T_s/ms
单相半波	20	10
单相桥式（全波）	10	5
三相半波	6.67	3.33
三相桥式、六相半波	3.33	1.67

设平均失控时间为 T_s，并用单位阶跃函数表示滞后效应，式（3-38）可进一步写为

$$U_o = K_s U_c 1(t - T_s) \tag{3-40}$$

其传递函数可以写成

$$G_s(s) = \frac{U_o}{U_c} = K_e e^{-T_s s} \tag{3-41}$$

由于式（3-41）中包含指数函数 $e^{-T_s s}$，它使系统成为非最小相位系统，分析和设计都比较麻烦。为了简化，先将该指数函数按泰勒级数展开，则变成

$$W_s(s) = K_s e^{-T_s s} = \frac{K_s}{e^{T_s s}} = \frac{K_s}{1 + T_s s + \frac{1}{2!}T_s^2 s^2 + \frac{1}{3!}T_s^3 s^3 + \cdots} \tag{3-42}$$

考虑到电力电子变换器的 T_s 很小，可忽略高次项，则式（3-41）表示的传递函数可近似为一阶惯性环节[2]，即

$$G_s(s) \approx \frac{K_s}{1 + T_s s} \tag{3-43}$$

由此，一般而言电力电子变流器的稳态数学模型可用式（3-41）描述为一个带放大系数的一阶惯性环节，但其参数则应视具体的电路拓扑和所采用的器件而定，或通过实验来测取。

例题 3-2　某直流传动系统采用晶闸管可控整流器，主电路是三相桥式可控整流电路，额定输出直流电压 U_o 为 240V，控制电路的输入最高电压 U_c 为 12V。求整流器的传递函数。

解：由式（3-38），晶闸管可控整流器的放大系数为

$$K_s = \frac{U_o}{U_c} = \frac{240\text{V}}{12\text{V}} = 20$$

根据表3-1，三相桥式晶闸管整流电路的平均失控时间为 $T_s = 1.67\text{ms}$。则由式（3-43），该整流器的传递函数为

$$G_s(s) = \frac{K_e}{1 + T_s s} = \frac{20}{1 + 0.00167s}$$

例题3-3　某交流调压器，采用双向晶闸管组成三相全波Y型电路。交流输出额定电压 U_o 为380V，晶闸管触发电路的输入控制信号 U_c 为0~10V，求该交流调压器的稳态模型。

解：交流调压器的稳态模型仍可用式（3-43）表示，由式（3-38）可得，晶闸管可控整流器的放大系数为

$$K_s = \frac{U_o}{U_c} = \frac{380}{10} = 38$$

对于三相Y型全波调压电路，在一个交流电压周期内，每个晶闸管正负换流一次，每隔3.3ms有一个晶闸管换流，因此晶闸管失控时间为 $T_s = 3.3\text{ms}$。由此，该交流调压器的稳态传递函数为

$$G_s(s) = \frac{K_e}{1 + T_s s} = \frac{38}{1 + 0.0033s}$$

本章小结

本章从稳态运行的角度讨论电力传动控制系统中电动机和电力电子变换器的数学模型。主要采用稳态等效电路方法，建立了直流电动机、交流异步电动机、同步电动机，以及电力电子变换器的静态和动态模型。虽然因电动机与变流器的不同，其稳态等效电路与建模方法有所差异，但只要掌握稳态模型的基本思想和方法，就可以针对不同的被控对象，建立相应的数学模型，这是电力传动控制系统的重要理论基础。

思考题与习题

3-1　简述系统稳态运行和动态运行的区别与联系。

3-2　用相量法求解正弦稳态电路有什么优点？其步骤是怎样的？

3-3　什么是电路的谐波分析法？它有何优缺点？

3-4　试分别建立并励与串励直流电动机的稳态数学模型，并画出它们的机械特性。

3-5　他励直流电动机在晶闸管可控整流器供电时的机械特性在电流连续和电流断续时各是什么样的？为什么？

3-6　用异步电动机的相量图解释为什么异步电动机的功率因数总是滞后的？为什么异步电动机不宜在轻载下长期运行？

3-7　异步电动机与同步电动机的机械特性各有什么特点？

3-8　一台凸极同步电动机转子绕组若不加励磁电流，它的功角特性和矩角特性是什么样的？为什么？

第4章　直流调速系统

本章以直流电动机为被控对象，着重讨论直流调速系统的组成、控制方法和系统性能。第4.1节首先介绍开环直流调速系统的组成及带来的主要问题。第4.2节论述转速闭环直流调速系统，分析反馈控制闭环系统的稳态静差率和动态稳定性，为反馈控制系统的分析奠定基础。第4.3节分析转速、电流双闭环的直流调速系统，作为直流调速系统常用的典型控制模式。随后在第4.4节讨论直流调速系统的可逆控制问题。第4.5节介绍利用MATLAB仿真软件进行直流传动控制系统仿真。第4.6节为应用举例，介绍直流传动系统的微机控制。

4.1　开环直流调速系统的组成与主要问题

直流电动机具有良好的起、制动性能，宜于在广范围内平滑调速，在许多需要调速和（或）快速正反向的电力传动领域中得到了广泛的应用。近年来，高性能交流调速技术发展很快，交流调速系统有逐步取代直流调速系统的趋势。然而直流传动控制系统毕竟在理论上和实践上都比较成熟，而且从控制的角度来看，它又是交流传动控制系统的基础。因此，为了保持由浅入深的教学顺序，应该首先很好地掌握直流调速系统。

4.1.1　开环直流调速系统的组成

根据第1章的分析，在直流电动机调速的三种方法中变压调速的性能最好，因此是目前最主要的直流调速方案。如果采用变压调速方法，就需要有专门的可控直流电源。

由可控直流电源供电的开环直流调速系统结构如图4-1所示，系统中UCR是由电力电子器件组成的可控整流器，其输入接三相（或单相）交流电源，输出为可控的直流电压 U_d。对于中、小容量系统，多采用由IGBT或P-MOSFET组成的PWM变换器；对于较大容量的系统，可采用其他电力电子开关器件，如GTO、IGCT等；对于特大容量的系统，则仍用晶闸管整流装置。

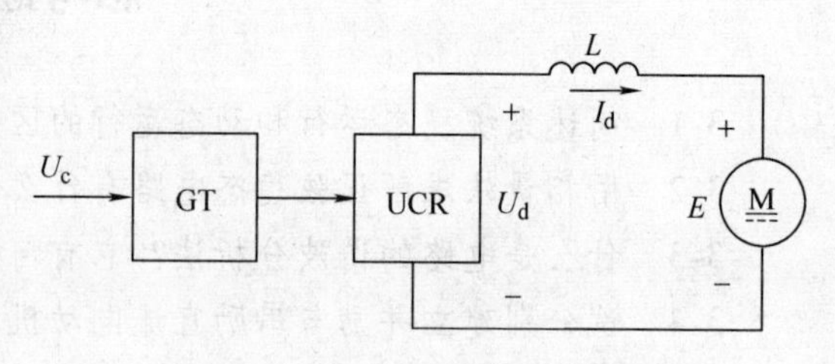

图4-1　开环直流调速系统结构

4.1.2　开环直流调速系统的主要问题

由于采用变流装置，给直流电动机控制带来一些新的问题：

对于V-M系统，当电流连续时，系统的机械特性方程式为

$$n = \frac{1}{K_e}(U_d - I_d R) \tag{4-1}$$

式中，K_e——电动机在额定磁通下的电动势系数，$K_e = C_e \Phi_N$。

U_d——晶闸管整流器输出电压，且有

$$U_d = U_{d0}\cos\alpha \tag{4-2}$$

虽然 V-M 系统在电流连续时的机械特性与直流电动机电枢调压调速的机械特性相似，但是，V-M 系统中电枢回路的总电阻包括了电机的电枢电阻 R_a，整流器的内阻 R_e，以及线路电阻 R_l，即为

$$R = R_a + R_e + R_l \tag{4-3}$$

由于 $R \geqslant R_a$，因此在相同电压下，V-M 系统的机械特性要比直流电动机电枢调压的机械特性软，如图 4-2a 所示。其中，曲线①为仅考虑电枢电阻的机械特性；曲线②为 V-M 系统的机械特性，虚线表示电流断续，其特性应另外分析。

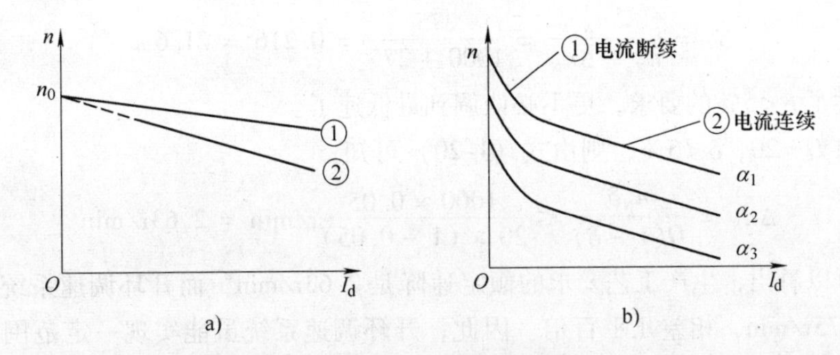

图 4-2　V-M 系统的机械特性

a）电流连续时 V-M 系统的机构特性　b）完整的 V-M 系统机械特性

当电流断续时，由于非线性因素，机械特性方程要复杂得多[39]。对于不同的控制角 α，可用数值解法求出一族电流断续时的机械特性，图 4-2b 绘出了完整的 V-M 系统机械特性，其中包含了电流连续区和电流断续区。由图可见，当电流连续时，特性还比较硬；断续段特性则很软，而且呈显著的非线性，理想空载转速翘得很高。

对于直流 PWM 调速系统，采用不同形式的 PWM 变换器，系统的机械特性也不一样。对于带制动电流通路的不可逆电路和双极式控制的可逆电路，电流的方向是可逆的，无论是重载还是轻载，电流波形都是连续的，因而机械特性关系式比较简单。对于直流 PWM 可逆整流电路，其电压方程为

$$U_d = DU_s \tag{4-4}$$

式中　D——直流电压调制比。

将式（4-4）代入式（4-1），则机械特性方程式为

$$n = \frac{1}{K_e}(DU_s - RI_d) \tag{4-5}$$

式中的电枢回路电阻因无需平波电抗器等也比 V-M 系统小了许多，其机械特性相对较硬。

由上对比分析，采用直流 PWM 变换器作为直流传动控制系统的电源，具有优势，本章也主要介绍采用直流 PWM 变换器的调速系统。

4.1.3　开环系统的静特性计算

开环调速系统的静态性能可以通过式（4-1）和式（4-5）计算，并对照电力传动系统的静态指标，检查是否能够满足生产工艺要求。

例题 4-1　某龙门刨床工作台传动采用直流电动机，其额定数据如下：60kW，220V，305A，1000r/min，采用 V-M 系统，主电路总电阻 $R=0.18\Omega$，电动机电动势系数 $K_e=0.2V\cdot min/r$。如果要求调速范围 $D=20$，静差率 $\delta<5\%$，采用开环调速能否满足？若要满足这个要求，系统的额定速降 Δn_N 最多能有多少？

解：当电流连续时，由式（4-1）V-M 系统的额定速降为

$$\Delta n_N=\frac{RI_{dN}}{K_e}=\frac{0.18\times305}{0.2}r/min=275r/min$$

开环系统机械特性连续段在额定转速时的静差率为

$$\delta_N=\frac{\Delta n_N}{n_N+\Delta n_N}=\frac{275}{1000+275}=0.216=21.6\%$$

这已大大超过了 $\delta<5\%$ 的要求，更不必谈调到最低速了。

如果要求 $D=20$，$\delta<5\%$，则由式（1-20）可知

$$\Delta n_N=\frac{n_N\delta}{D(1-\delta)}\leqslant\frac{1000\times0.05}{20\times(1-0.05)}r/min=2.63r/min$$

由上例可以看出，生产工艺要求的额定速降是 2.63r/min，而开环调速系统能达到的额定速降却是 275r/min，相差几乎百倍。因此，开环调速系统虽能实现一定范围内的无级调速，但是，由于其系统性能有限，往往不能满足生产工艺要求。

4.2　转速闭环直流调速系统

为了克服开环系统的不足，根据自动控制原理，反馈控制的闭环系统是按被调量的偏差进行控制的系统，只要被调量出现偏差，它就会自动纠正偏差。由于转速降落正是由负载引起的转速偏差，显然，闭环调速系统应该能够大大减少转速降落。为此引入转速反馈，组成转速反馈控制的闭环直流调速系统。

4.2.1　转速闭环直流调速系统的组成

转速闭环直流调速系统的结构如图 4-3 所示，系统中电动机同轴安装一台测速发电机 TG，从而引出与被调量转速成正比的负反馈电压 U_n，与给定电压 U_n^* 相比较后，得到转速偏差电压 ΔU_n，经过转速调节器 ASR，产生电力电子变换器 UCR 所需的控制电压 U_c，用以控制电动机的转速。

4.2.2　转速闭环直流调速系统的稳态分析

首先分析闭环调速系统的稳态特性，以确定它如何能够减少转速降落。为了突出主要矛盾，先作如下的假定：

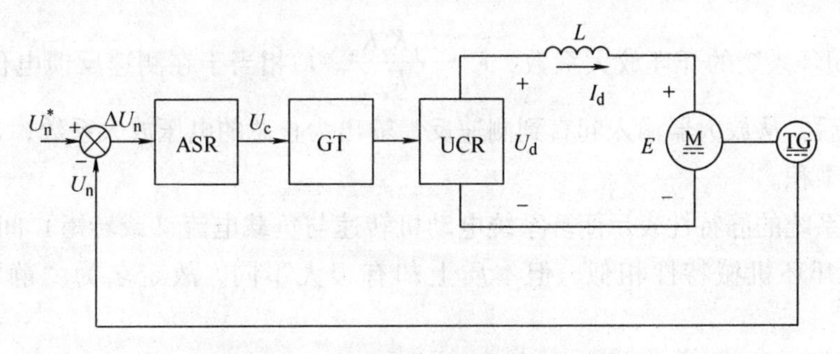

图4-3 转速反馈闭环直流调速系统

1）忽略各种非线性因素，假定系统中各环节的输入-输出关系都是线性的，或者只取其线性工作段。

2）忽略控制电源和电位器的内阻。

1. 系统稳态结构图与静特性方程

根据图4-3各环节的输入输出关系和式（4-1），可以画出闭环系统的稳态结构图，如图4-4所示，图中各方块内的文字符号代表该环节的放大系数。

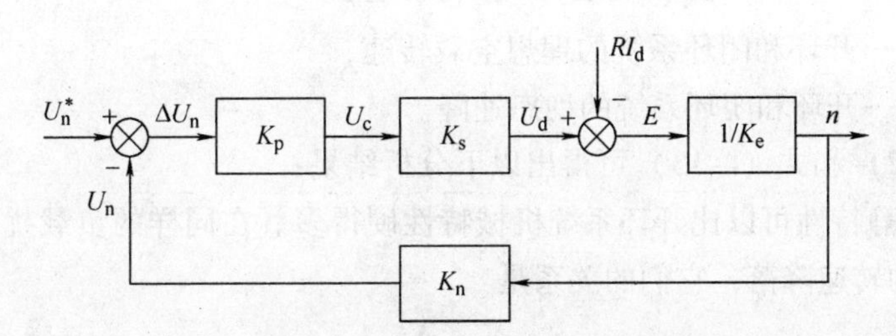

图4-4 转速负反馈闭环直流调速系统稳态结构图

图4-4的转速负反馈直流调速系统中各环节的稳态关系如下：

电压比较环节

$$\Delta U_n = U_n^* - U_n \tag{4-6}$$

设转速调节器采用比例放大器，其比例系数为 K_p，其输出控制电压 U_c 为

$$U_c = K_p \Delta U_n \tag{4-7}$$

假定脉冲发生器GT与电力电子变换器UPE环节的电压放大系数为 K_s，则有

$$U_d = K_s U_c \tag{4-8}$$

式（4-1）所示调速系统的开环机械特性

$$n = \frac{U_d - I_d R}{K_e} \tag{4-9}$$

设测速反馈环节的转速反馈系数为 K_n（V · min/r），则转速反馈电压 U_n 为

$$U_n = K_n n \tag{4-10}$$

从上述五个关系式中消去中间变量，整理后，即得转速负反馈闭环直流调速系统的静特性方程式

$$n = \frac{K_p K_s U_n^*}{K_e(1+K)} - \frac{RI_d}{K_e(1+K)} \tag{4-11}$$

式中　K——闭环系统的开环放大系数，$K=\frac{K_p K_s K_n}{K_e}$。$K$ 相当于在测速反馈电位器输出端把反馈回路断开后，从放大器输入起直到测速反馈输出为止总的电压放大系数，是各环节单独的放大系数的乘积。

闭环调速系统的静特性表示闭环系统电动机转速与负载电流（或转矩）间的稳态关系，它在形式上与开环机械特性相似，但本质上却有很大不同，故定名为“静特性”，以示区别。

2. 开环系统机械特性和闭环系统静特性的比较

现比较开环系统的机械特性和闭环系统的静特性，来分析转速反馈闭环控制的优越性。在图 3-5 系统中断开反馈回路，则可得系统的开环机械特性为

$$n=\frac{U_d - I_d R}{K_e}=\frac{K_p K_s U_n^*}{K_e}-\frac{R I_d}{K_e}=n_{0op}-\Delta n_{op} \tag{4-12}$$

而闭环时的静特性可写成

$$n=\frac{K_p K_s U_n^*}{K_e(1+K)}-\frac{R I_d}{K_e(1+K)}=n_{0cl}-\Delta n_{cl} \tag{4-13}$$

式中　n_{0op}，n_{0cl}——开环和闭环系统的理想空载转速；

Δn_{op}，Δn_{cl}——开环和闭环系统的稳态速降。

比较式（4-12）和式（4-13）可得出以下分析结果：

1）闭环系统静特性可以比开环系统机械特性硬得多。在同样的负载扰动下，比较开环系统和闭环系统的转速降落，它们的关系是

$$\Delta n_{cl}=\frac{\Delta n_{op}}{1+K} \tag{4-14}$$

可见，Δn_{cl} 比 Δn_{op} 减小了 $1+K$ 倍，当 K 值较大时，闭环系统的特性要硬得多。

2）闭环系统的静差率要比开环系统小得多。由式（1-19）可得出闭环系统和开环系统的静差率分别为

$$\delta_{cl}=\frac{\Delta n_{cl}}{n_{0cl}} \tag{4-15}$$

$$\delta_{op}=\frac{\Delta n_{op}}{n_{0op}} \tag{4-16}$$

按理想空载转速相同的情况比较，则 $n_{0op}=n_{0cl}$ 时

$$\delta_{cl}=\frac{\delta_{op}}{1+K} \tag{4-17}$$

即闭环系统的静差率比开环系统小 $1+K$ 倍。

3）如果所要求的静差率一定，则闭环系统可以大大提高调速范围。如果电动机的最高转速都是 n_N，而对最低速静差率的要求相同，那么，由式（1-20）可得出开环时系统的调速范围为

$$D_{op}=\frac{n_N \delta}{\Delta n_{op}(1-\delta)} \tag{4-18}$$

闭环时系统的调速范围为

$$D_{cl} = \frac{n_N \delta}{\Delta n_{cl}(1-\delta)} \tag{4-19}$$

再考虑式（4-14），可得

$$D_{cl} = (1+K)D_{op} \tag{4-20}$$

可见，在额定转速 n_N 相同条件下，闭环系统的调速范围要比开环系统扩大了 $1+K$ 倍。

由以上分析可得出结论：闭环调速系统可以获得比开环调速系统硬得多的稳态特性，从而在保证一定静差率的要求下，能够提高调速范围，为此所需付出的代价是，需增设电压放大器以及检测与反馈装置。

例题4-2 在例题4-1中，龙门刨床要求 $D=20$，$\delta<5\%$，已知 $K_s=30$，$K_n=0.015\text{V}\cdot\text{min/r}$，$K_e=0.2\text{V}\cdot\text{min/r}$，如何采用闭环系统满足此要求？

解：在上例中已经求得 $\Delta n_{op}=275\text{r/min}$，但为了满足调速要求，需有 $\Delta n_{cl}\leqslant 2.63\text{r/min}$，由式（4-16）可得

$$K = \frac{\Delta n_{op}}{\Delta n_{cl}} - 1 \geqslant \frac{275}{2.63} - 1 = 103.6$$

代入已知参数，则得

$$K_p = \frac{K}{K_s K_n / K_e} \geqslant \frac{103.6}{30 \times 0.015/0.2} = 46$$

即只要放大器的放大系数等于或大于46，闭环系统就能满足稳态性能指标。

4.2.3 反馈控制闭环直流调速系统的动态分析和设计

前一节讨论了反馈控制闭环调速系统的稳态性能及其分析与设计方法。引入了转速负反馈，且放大系数足够大时，就可以满足系统的稳态性能要求。然而，放大系数太大又可能引起闭环系统不稳定，这时应再增加动态校正措施，才能保证系统的正常工作。此外，还需满足系统的各项动态指标的要求。为此，必须进一步分析系统的动态性能。

1. 反馈控制闭环直流调速系统的动态结构图与传递函数

为了分析调速系统的稳定性和动态品质，必须首先建立描述系统动态物理规律的数学模型。对于转速闭环的直流调速系统，其主要环节是由电力电子变换器和直流电动机构成。

他励直流电动机在电流连续时的电压平衡方程由式（3-2）表示，即

$$U_d = R + L\frac{dI_d}{dt} + E_a \tag{4-21}$$

运动方程由式（3-6）描述为

$$T_e - T_L = \frac{GD^2}{375}\frac{dn}{dt} \tag{4-22}$$

如果保持他励直流电动机的励磁不变，则其主磁通为常数，其感应电动势与电磁转矩可表示为

$$E_a = K_e n \tag{4-23}$$

$$T_e = K_T I_d \tag{4-24}$$

在式（4-21）和（4-22）两边求拉普拉斯变换，他励直流电动机的传递函数为

$$\frac{I_d(s)}{U_d(s)-E(s)}=\frac{1/R}{T_l s+1} \tag{4-25}$$

$$\frac{E(s)}{I_d(s)-I_{dL}(s)}=\frac{R}{T_m s} \tag{4-26}$$

式中　T_l——电枢回路电磁时间常数（s），$T_l=\frac{L}{R}$；

T_m——电力传动系统机电时间常数（s），$T_m=\frac{GD^2R}{375K_eK_T}$。

在直流闭环调速系统中还有比例放大器和测速反馈环节，它们的响应都可以认为是瞬时的，因此它们的传递函数就是它们的放大系数，即

比例放大器：
$$G_{ASR}(s)=\frac{U_c(s)}{\Delta U_n(s)}=K_p \tag{4-27}$$

在第2章中已经给出电力电子变换器的传递函数，现重写如下

$$G_s(s)\approx\frac{K_s}{T_s s+1} \tag{4-28}$$

其参数 K_s 和 T_s 的数值将根据具体整流电路的形式与所选器件有所不同。

测速反馈：
$$G_{fn}(s)=\frac{U_n(s)}{n(s)}=K_n \tag{4-29}$$

根据上述各环节的传递函数，可以画出闭环直流调速系统的动态结构图，如图4-5所示。

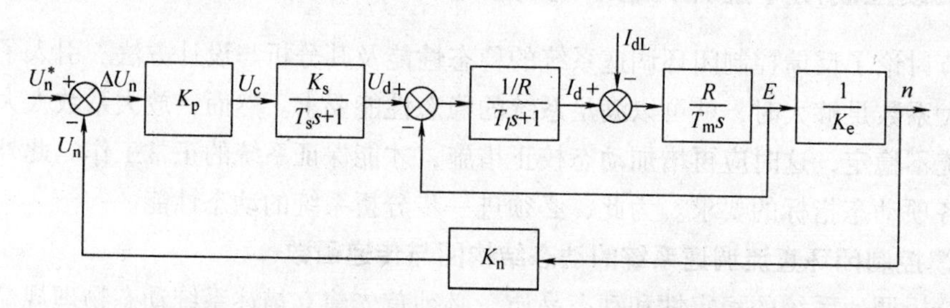

图4-5　反馈控制闭环直流调速系统的动态结构图

由图可见，反馈控制闭环直流调速系统的开环传递函数是

$$G(s)=\frac{K}{(T_s s+1)(T_mT_l s^2+T_m s+1)} \tag{4-30}$$

假定 $I_{dL}=0$，从给定输入作用上看，闭环直流调速系统的闭环传递函数是

$$G_{cl}(s)=\frac{\frac{K_pK_s/K_e}{(T_s s+1)(T_mT_l s^2+T_m s+1)}}{1+\frac{K}{(T_s s+1)(T_mT_l s^2+T_m s+1)}}=\frac{K_pK_s/K_e}{(T_s s+1)(T_mT_l s^2+T_m s+1)+K} \tag{4-31}$$

2. 反馈控制闭环直流调速系统的稳定条件

由式（4-31）可知，转速反馈控制的闭环直流调速系统的特征方程为

$$\frac{T_m T_l T_s}{1+K}s^3+\frac{T_m(T_l+T_s)}{1+K}s^2+\frac{T_m+T_s}{1+K}s+1=0 \tag{4-32}$$

根据三阶系统的劳斯判据，系统稳定的充分必要条件是

$$a_0>0,\ a_1>0,\ a_2>0,\ a_3>0,\ a_1a_2-a_0a_3>0 \tag{4-33}$$

在式（4-32）中的各项系数显然都是大于零的，因此稳定条件就只有满足

$$\frac{T_m(T_l+T_s)}{1+K}\frac{T_m+T_s}{1+K}-\frac{T_m T_l T_s}{1+K}>0$$

由此可推导出转速闭环控制直流调速系统稳定条件

$$K<\frac{T_m(T_l+T_s)+T_s^2}{T_l T_s} \tag{4-34}$$

式（4-34）右边称作系统的临界放大系数 K_{cr}。如果 $K>K_{cr}$，系统将不稳定。对于一个自动控制系统来说，保证其稳定性是它正常工作的首要条件。

例题4-3　在例题4-1中，已知 $R=1.0\Omega$，$K_s=44$，$K_e=0.1925\text{V}\cdot\text{min/r}$，系统运动部分的飞轮惯量 $GD^2=10\ \text{N}\cdot\text{m}^2$，$L=17\text{mH}$。根据稳态性能指标 $D=10$，$\delta\leqslant5\%$ 计算，系统的开环放大系数应有 $K\geqslant53.3$，试判别这个系统的稳定性。

解：计算系统中各环节的时间常数：

电磁时间常数　$T_l=\dfrac{L}{R}=\dfrac{0.017}{1.0}=0.017\text{s}$

机电时间常数　$T_m=\dfrac{GD^2R}{375K_eK_T}=\dfrac{10\times1.0}{375\times0.1925\times\dfrac{30}{\pi}\times0.1925}\text{s}=0.075\text{s}$

对于三相桥式整流电路，晶闸管装置的滞后时间常数为 $T_s=0.00167\text{s}$。为保证系统稳定，开环放大系数应满足式（3-31）的稳定条件：

$$K<\frac{T_m(T_l+T_s)+T_s^2}{T_lT_s}=\frac{0.075\times(0.017+0.00167)+0.00167^2}{0.017\times0.00167}=49.4$$

按稳态调速性能指标要求 $K\geqslant53.3$，因此，闭环系统是不稳定的。

例题4-4　在上题的闭环直流调速系统中，若改用IGBT脉宽调速系统，电动机不变，电枢回路参数为：$R=0.6\Omega$，$L=5\text{mH}$，$K_s=44$，$T_s=0.1\text{ms}$（开关频率为10kHz）。按同样的稳态性能指标 $D=10$，$\delta<5\%$，该系统能否稳定？

解：采用脉宽调速系统时，各环节时间常数为

$$T_l=\frac{L}{R}=\frac{0.005}{0.6}=0.00833\text{s}$$

$$T_m=\frac{GD^2R}{375K_eK_T}=\frac{10\times0.6}{375\times0.1925\times\dfrac{30}{\pi}\times0.1925}\text{s}=0.045\text{s}$$

$$T_s=0.0001\text{s}$$

按照式（4-34）的稳定条件，应有

$$K<\frac{T_m(T_l+T_s)+T_s^2}{T_lT_s}=\frac{0.045\times(0.00833+0.0001)+0.0001^2}{0.00833\times0.0001}=455.4$$

而按照稳态性能指标要求，额定负载时闭环系统稳态速降 $\Delta n_{cl}=2.63$（见例题 4-1），脉宽调速系统的开环额定速降为

$$\Delta n_{op}=\frac{I_N R}{K_e}=\frac{55\times 0.6}{0.1925}\text{r/min}=171.4\text{r/min}$$

为了保持稳态性能指标，闭环系统的开环放大系数只需

$$K=\frac{\Delta n_{op}}{\Delta n_{cl}}-1\geqslant\frac{171.4}{2.63}-1=64.2$$

显然，系统完全能在满足稳态性能的条件下稳定运行。

从例题 4-3 和 4-4 的计算中可以看出，由于 IGBT 的开关频率高，PWM 装置的滞后时间常数 T_s 非常小，同时主电路不需要串接平波电抗器，电磁时间常数 T_l 也不大，因此闭环的脉宽调速系统容易稳定。或者说，在保证稳定的条件下，脉宽调速系统的稳态性能指标可以大大提高。

3. 反馈控制系统的抗扰作用

控制系统除了要求能按给定指令的变化控制系统输出，提高系统的稳态性能和稳定性外，还应使系统具有良好的抗扰性能，以有效地抑制外部对系统的扰动作用。

除给定信号外，作用在控制系统各环节上的一切会引起输出量变化的因素都叫做“扰动作用”，比如负载变化就是一种扰动作用。除此以外，交流电源电压的波动（使 K_s 变化）、电动机励磁的变化（造成 K_e 变化）、运算放大器输出电压的漂移、由温升引起主电路电阻的增大等。图 4-6 将各种扰动作用在稳态结构图上表示出来。

上述这些因素的变化最终都要影响到转速，都会被测速装置检测出来，再通过反馈控制的作用，减小它们对稳态转速的影响。这说明反馈控制系统对它们都有抑制功能。但是，如果在反馈通道上的测速反馈系数 K_n 受到某种影响而发生变化，它非但不能得到反馈控制系统的抑制，反而会增大被调量的误差。因此，反馈控制系统所能抑制的只是被反馈环包围的前向通道上的扰动。

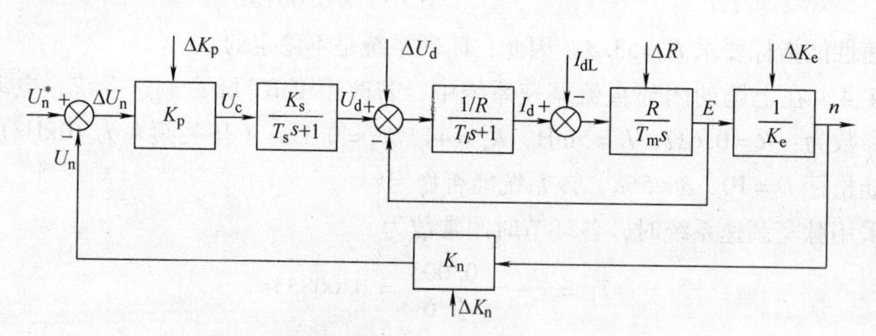

图 4-6　闭环调速系统的给定作用和扰动作用

抗扰性能是反馈控制系统最突出的特征之一。正因为有这一特征，在设计闭环系统时，可以只考虑一种主要扰动作用，例如在调速系统中只考虑负载扰动。按照克服负载扰动的要求进行设计，则其他扰动也就自然都受到抑制了。

与众不同的是在反馈环外的给定作用，如图 4-6 中的转速给定信号 U_n^*，它的微小变化都会使被调量随之变化，丝毫不受反馈作用的抑制。因此，全面地看，反馈控制系统的规律

是：一方面能够有效地抑制一切被包在负反馈环内前向通道上的扰动作用；另一方面则紧紧地跟随着给定作用，对给定信号的任何变化都是唯命是从的。

4.2.4 比例积分控制规律和无静差调速系统

由上分析，在设计闭环调速系统时，常常会遇到动态稳定性与稳态性能指标发生矛盾的情况。由于采用比例放大器的反馈控制闭环调速系统是有静差的调速系统，它是通过增大比例放大系数 K_p 来提高系统静态精度，而随着 K_p 的增大，系统的稳定性变差。为此，必须选择合适的控制器来同时满足动态稳定性和稳态性能指标两方面的要求。如果采用比例积分调节器代替比例放大器后，可使系统稳定，并有足够的稳定裕度，同时还能满足稳态精度指标。

1. 积分调节器和积分控制规律

在采用比例调节器的调速系统中，调节器的输出是电力电子变换器的控制电压为

$$U_c = K_p \Delta U_n \tag{4-35}$$

可见，只要电动机在运行，就必须有控制电压 U_c，因而也必须有转速偏差电压 ΔU_n，这是此类调速系统有静差的根本原因。

如果采用积分调节器，则控制电压 U_c 是转速偏差电压 ΔU_n 的积分，即

$$U_c = k_I \int \Delta U_n \mathrm{d}t \tag{4-36}$$

假定 ΔU_n 为常值，且初始电压为 U_{c0}，则控制电压 U_c 的积分为

$$U_c = \Delta U_n \mathrm{d}t + U_{c0} \tag{4-37}$$

由上式可见，在动态过程中，积分调节器的输出 U_c 便一直增长，直到积分器输出饱和。如果 $U_n^* = U_n$，当 $\Delta U_n = 0$ 时，U_c 并不为零，而是一个终值维持所需转速的 U_{cf}；如果 ΔU_n 不再变化，这个终值便保持恒定而不再变化，这是积分控制的特点。因为如此，积分控制可以使系统在无静差的情况下保持恒速运行，实现无静差调速。

将以上的分析归纳起来，可得下述论断：比例调节器的输出只取决于输入偏差量的现状，而积分调节器的输出则包含了输入偏差量的全部历史。虽然现在 $\Delta U_n = 0$，只要历史上有过 ΔU_n，其积分就有一定数值，足以产生稳态运行所需要的控制电压 U_c。积分控制规律和比例控制规律的根本区别就在于此。

2. 比例积分控制规律

积分控制虽然在无静差的角度优于比例控制，但是在控制的快速性上，积分控制却又不如比例控制。同样在阶跃输入作用之下，比例调节器的输出可以立即响应，而积分调节器的输出却只能逐渐地变化。为了既要稳态精度高又要动态响应快，可以将比例和积分两种控制结合起来形成比例积分控制。

如第1章所介绍，PI调节器是由比例和积分两部分相加而成，模拟PI调节器的电路方程为

$$u(t) = k_P e(t) + k_I \int e(t) \mathrm{d}t \tag{4-38}$$

同理，假定初始条件为零，在式（4-38）两边取拉普拉斯变换，可得PI调节器的传递函数为

$$G_{PI}(s) = \frac{U(s)}{E(s)} = k_P \frac{1 + T_I s}{T_I s} \tag{4-39}$$

PI 调节器利用比例部分能迅速响应控制作用，而用积分部分最终消除稳态偏差。由此可见，比例积分控制综合了比例控制和积分控制两种规律的优点，又克服了各自的缺点，扬长避短，互相补充。

除此以外，比例积分调节器还是提高系统稳定性的校正装置，因此，它在调速系统和其他控制系统中获得了广泛的应用。

3. 无静差直流调速系统及其稳态参数计算

无静差直流调速系统的稳态结构图如图 4-7 所示，其中代表 PI 调节器的方框中无法用放大系数表示，一般画出它的输出特性，以表明是比例积分作用。

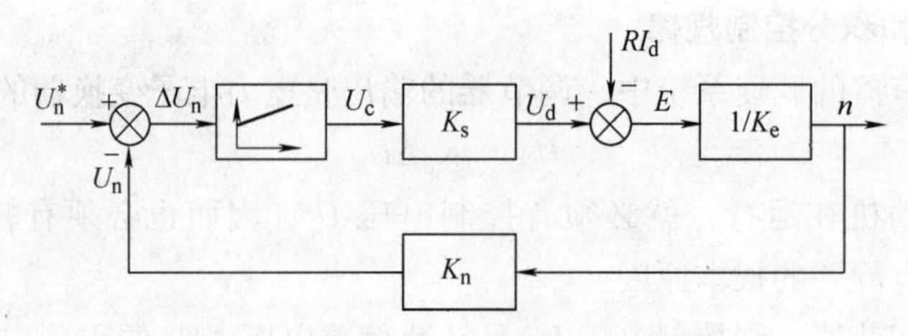

图 4-7　无静差直流调速系统稳态结构图

无静差调速系统的稳态参数计算很简单，在理想情况下，稳态时 $\Delta U_n = 0$，因而 $U_n = U_n^*$，可以按式（4-11）直接计算转速反馈系数

$$K_n = \frac{U_{nmax}^*}{n_{max}} \tag{4-40}$$

式中　n_{max}——电动机调压时的最高转速；

U_{nmax}^*——相应的最高给定电压。

上述无静差调速系统的理想静特性如图 4-8 所示，因系统无静差，静特性是不同转速时的一族水平线。严格地说，“无静差”只是理论上的，实际系统在稳态时，PI 调节器积分电容 C_1 两端电压不变，相当于运算放大器的反馈回路开路，其放大系数等于运算放大器本身的开环放大系数，数值虽大，但并不是无穷大。因此其输入端仍存在很小的 ΔU_n，而不是零。这就是说，实际上仍有很小的静差，只是在一般精度要求下可以忽略不计而已。

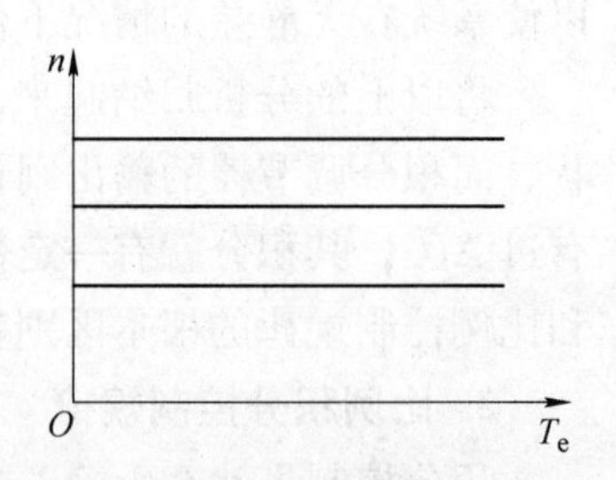

图 4-8　无静差调速系统的静特性

无静差调速系统也可以利用微处理器、DSP 等实现数字 PI 调节器，以克服模拟调节器的不足，获得更高的系统性能。

4.3　转速、电流双闭环直流调速系统

采用 PI 调节的单个转速闭环直流调速系统（以下简称单闭环系统）可以在保证系统稳

定的前提下实现转速无静差。但是，由于转速单闭环系统无法对电流和转矩实施控制，因而存在起动电流限制问题。虽然可以采用电流截止负反馈来限制起动电流[39]，但如果对系统的动态性能要求较高，例如要求快速起制动，突加负载动态速降小等等，单闭环系统就难以满足需要，这主要是因为在单闭环系统中不能控制电流和转矩的动态过程。

4.3.1　直流电动机起动的要求及控制策略

对于经常正、反转运行的调速系统，例如龙门刨床、可逆轧钢机等，尽量缩短起、制动过程的时间，是提高生产率的重要因素。为此，在电动机最大允许电流和转矩受限制的条件下，应该充分利用电动机的过载能力，最好是在过渡过程中，始终保持电流（转矩）为允许的最大值，使电力传动系统以最大的加速度起动，到达稳态转速时，立即让电流降下来，使转矩马上与负载相平衡，从而转入稳态运行。这样的理想起动过程波形如图4-9所示，这时，起动电流呈方形波，转速按线性增长。这是在最大电流（转矩）受限制时调速系统所能获得的最快的起动过程。

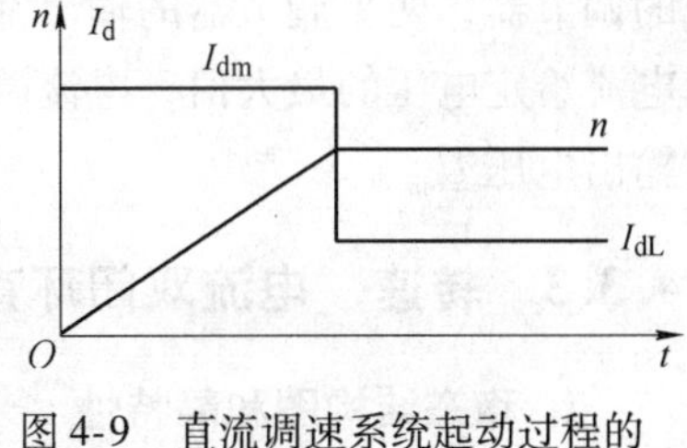

图4-9　直流调速系统起动过程的电流和转速波形

实际上，由于主电路电感的作用，电流不可能突跳，图4-9所示的理想波形只能得到近似的逼近，不可能准确实现。为了实现在允许条件下的最快起动，关键是要获得一段使电流保持为最大值I_{dm}的恒流过程。

按照反馈控制规律，采用某个物理量的负反馈就可以保持该量基本不变，那么，采用电流负反馈应该能够得到近似的恒流过程。现在的问题是应根据直流调速系统的理想起动过程，采取分段控制策略：

1）在起动过程中只有电流负反馈，没有转速负反馈，实现恒流升速控制；

2）达到稳态转速后，只要转速负反馈，不再让电流负反馈发挥作用，实现转速无静差控制。

怎样才能做到这种既存在转速和电流两种负反馈，又使它们只能分别在不同的阶段里起作用呢？只用一个调节器显然是不可能的，采用转速和电流两个调节器应该可行，问题是在系统中如何连接。

4.3.2　转速、电流双闭环直流调速系统的结构

根据上述控制思路，分别引入转速负反馈和电流负反馈，构成转速、电流双闭环直流调速系统，其结构如图4-10所示。为了实现转速和电流两种负反馈分别起作用，可在系统中设置两个调节器，分别调节转速和电流，二者之间实行嵌套（或称串级）连接。图中：转速调节器ASR的输出当作电流调节器ACR的输入，由电流互感器TA检测电流并形成电流反馈信号U_i，再由ACR的输出U_c去控制可控整流器UCR。从闭环结构上看，电流环在里面，称作内环；转速环在外边，称作外环。这就形成了转速、电流双闭环调速系统。

为了获得良好的静、动态性能，转速和电流两个调节器一般都采用PI调节器，两个调

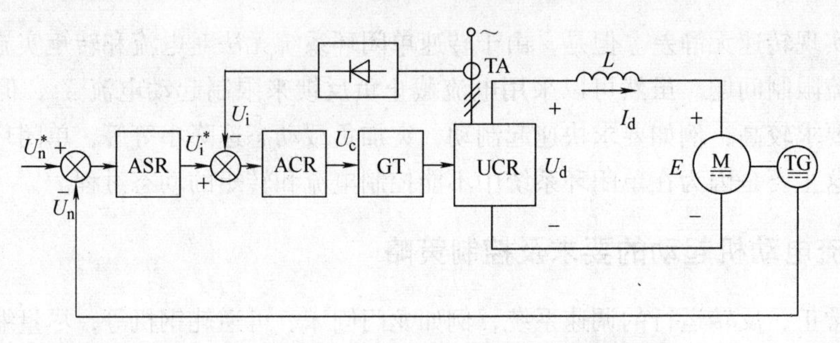

图 4-10 转速、电流双闭环直流调速系统结构

节器可以用模拟运算放大器构成，也可以采用计算机实现数字 PI 控制。无论采用何种方式的调节器，两个调节器的输出都是有限幅作用，转速调节器 ASR 的输出限幅电压 U_{im}^*决定了电流给定电压的最大值，电流调节器 ACR 的输出限幅电压 U_{cm}限制了电力电子变换器的最大输出电压 U_{dm}。

4.3.3 转速、电流双闭环直流调速系统的稳态分析

1. 稳态结构图和静特性

为了分析双闭环调速系统的静特性，可先绘出它的稳态结构图。根据图 4-10 画出图 4-11，只要注意用带限幅的输出特性表示 PI 调节器就可以了。

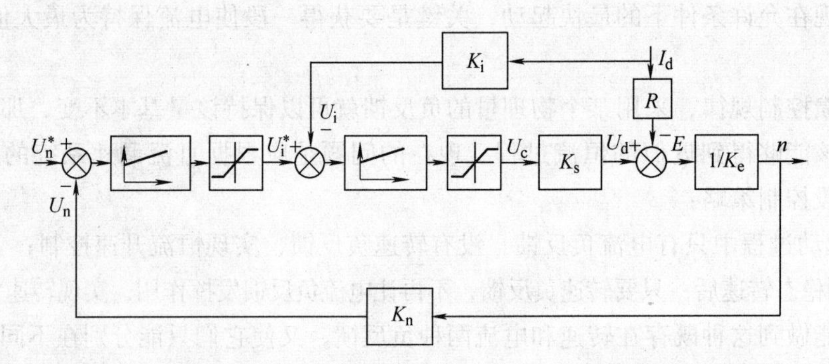

图 4-11 双闭环直流调速系统的稳态结构图

分析静特性的关键是掌握这样的 PI 调节器的稳态特征，一般存在两种状况：饱和——输出达到限幅值；不饱和——输出未达到限幅值。当调节器饱和时，输出为恒值，输入量的变化不再影响输出，除非有反向的输入信号使调节器退出饱和。换句话说，饱和的调节器暂时隔断了输入和输出间的联系，相当于使该调节环开环。当调节器不饱和时，PI 作用使输入偏差电压 ΔU 在稳态时总是零。

实际上，在正常运行时，电流调节器是不会达到饱和状态的。因此，对于静特性来说，只有转速调节器饱和与不饱和两种情况：

（1）转速调节器不饱和 这时，两个 PI 调节器都不饱和，稳态时，它们的输入偏差电压都是零。因此

$$U_n^* = U_n = K_n n = K_n n_0 \tag{4-41}$$

$$U_i^* = U_i = K_i I_d = K_i I_{dL} \tag{4-42}$$

式中 K_i——电流反馈系数。

由式（4-41）可得

$$n = \frac{U_n^*}{K_n} = n_0 \tag{4-43}$$

式（4-43）说明，系统稳态时的静特性是与理想空载转速 n_0 相等的水平直线；与此同时，由于 ASR 不饱和，$U_i^* < U_{im}^*$，按式（4-38）有 $I_d < I_{dm}$，也就是这一段的静特性从理想空载状态的 $I_d = 0$ 一直延续到 $I_d = I_{dm}$，这就是静特性的稳态运行段，它是水平的特性，其静特性曲线如图 4-12 的 CA 段。如果改变转速给定指令，将得到不同的转速运行静特性，如图 4-12中的一组平行线。

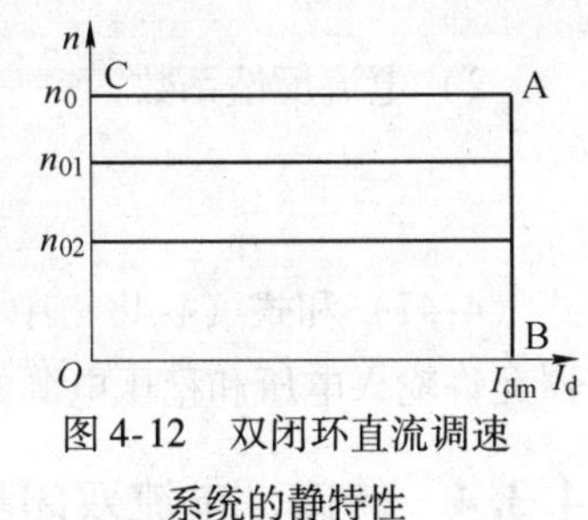

图 4-12 双闭环直流调速系统的静特性

（2）转速调节器饱和 这时，ASR 输出达到限幅值 U_{im}^*，转速外环呈开环状态，转速的变化对系统不再产生影响。双闭环系统变成一个电流无静差的单电流闭环调节系统。稳态时

$$I_d = \frac{U_{im}^*}{K_i} = I_{dm} \tag{4-44}$$

式中，最大电流 I_{dm} 是由设计者选定的，取决于电动机的容许过载能力和传动系统允许的最大加速度。一般可按下式选取

$$I_{dm} = (1.5 \sim 2) I_N \tag{4-45}$$

由式（4-44）所描述的静特性是图 4-12 中的 AB 段，它呈垂直的特性。这样的下垂特性只适合于 $n < n_0$ 的情况，因为如果 $n > n_0$，则 $U_n > U_n^*$，ASR 将退出饱和状态。

综上分析，双闭环调速系统的静特性分为两段：在负载电流小于 I_{dm} 时表现为转速无静差，这时，转速负反馈起主要调节作用；当负载电流达到 I_{dm} 时，对应于转速调节器的饱和输出 U_{im}^*，这时，电流调节器起主要调节作用，系统表现为电流无静差，得到过电流的自动保护。这就是采用了两个 PI 调节器分别形成内、外两个闭环的效果。

然而实际上运算放大器的开环放大系数并不是无穷大，静特性的两段实际上都略有很小的静差。

2. 各变量的稳态工作点和稳态参数计算

由图 4-11 可以看出，双闭环调速系统在稳态工作中，当两个调节器都不饱和时，各自都表现为无差控制，各变量之间有下列关系：

$$U_n^* = U_n = K_n n$$

$$U_i^* = U_i = K_i I_{dL}$$

$$U_c = \frac{U_{d0}}{K_s} = \frac{K_e n + I_d R}{K_s} = \frac{K_e U_n^* / K_n + I_{dL} R}{K_s} \tag{4-46}$$

上述关系表明，在稳态工作点上，转速 n 是由给定电压 U_n^* 决定的，ASR 的输出量 U_i^* 是由负载电流 I_{dL} 决定的，而控制电压 U_c 的大小则同时取决于 n 和 I_d，即同时取决于 U_n^* 和 I_{dL}。这些关系反映了 PI 调节器不同于 P 调节器的特点。P 调节器的输出量总是正比于其输

入量，而 PI 调节器则不然，其输出量的稳态值与输入无关，而是由它后面环节的需要决定的。后面需要 PI 调节器提供多么大的输出值，它就能提供多大，直到饱和为止。

由此，双闭环调速系统的稳态参数计算是根据各调节器的给定与反馈值计算有关的反馈系数。

1）转速反馈系数：

$$K_n = \frac{U_{nm}^*}{n_{max}} \tag{4-47}$$

2）电流反馈系数：

$$K_i = \frac{U_{im}^*}{I_{dm}} \tag{4-48}$$

式（4-47）和式（4-48）中，两个给定电压的最大值 U_{nm}^* 和 U_{im}^* 由设计者选定，受运算放大器允许输入电压和稳压电源的限制。

4.3.4　转速、电流双闭环直流调速系统的动态分析

转速、电流双闭环直流调速系统与单闭环系统最大的不同在于其动态性能，因此，动态分析是了解双闭环直流调速系统的关键。

1. 双闭环直流调速系统的动态结构

在前述直流调速系统被控对象数学模型的基础上，考虑图 4-10 的双闭环控制系统结构，可绘出双闭环直流调速系统的动态结构图，如图 4-13 所示。图中 $G_{ASR}(s)$ 和 $G_{ACR}(s)$ 分别表示转速调节器和电流调节器的传递函数。

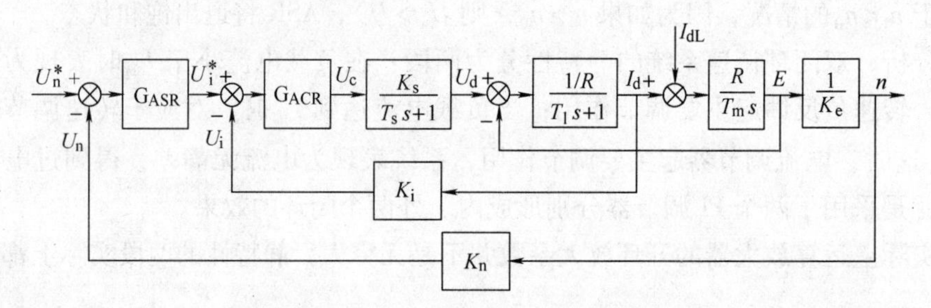

图 4-13　双闭环直流调速系统的动态结构图

2. 起动过程分析

由于设置双闭环控制的一个重要目的就是要获得接近于图 4-9 所示的理想起动过程，因此在分析双闭环调速系统的动态性能时，首先应分析它的起动过程。现假设双闭环直流调速系统在突加给定电压 U_n^* 后由静止状态起动，其转速和电流的动态过程如图 4-14 所示，在起动过程中转速调节器经历了不饱和、饱和、退饱和三种情况，因而整个动态过程就分成了三个阶段。

第Ⅰ阶段（$0 \sim t_1$）是电流上升阶段：突加给定电压 U_n^* 后，经过两个调节器的跟随作用，U_c、U_d、I_d都跟着上升，但是在 I_d没有达到负载电流 I_{dL}以前，电动机还不能转动。当 $I_d \geqslant I_{dL}$后，电动机开始起动，由于机电惯性的作用，转速不会很快增长，因而转速调节器

ASR 的输入偏差电压 $\Delta U_n = U_n^* - U_n$ 的数值仍较大，其输出电压保持限幅值 U_{im}^*，强迫电流 I_d 迅速上升。直到 $I_d \approx I_{dm}$，$U_i \approx U_{im}^*$，电流调节器很快就压制了 I_d 的增长，标志着这一阶段的结束。在这一阶段中，ASR 很快进入并保持饱和状态，而 ACR 一般不饱和。

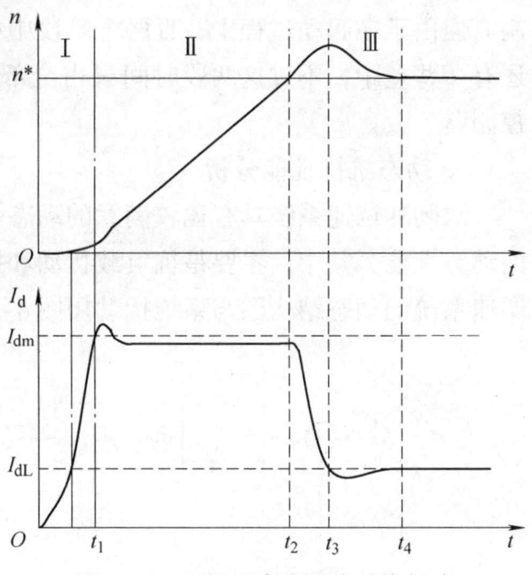

图 4-14　双闭环直流调速系统起动过程的转速和电流波形

第Ⅱ阶段（t_1 ~ t_2）为恒流升速阶段：在这个阶段中，ASR 始终是饱和的，转速环相当于开环，系统成为在恒值电流给定 U_{im}^*下的电流调节系统，基本上保持电流 I_d恒定，因而系统的加速度恒定，转速呈线性增长。与此同时，电动机的反电动势 E 也按线性增长，对电流调节系统来说，E 是一个线性渐增的扰动量，为了克服它的扰动，U_d和 U_c也必须基本上按线性增长，才能保持 I_d恒定。当 ACR 采用 PI 调节器时，要使其输出量按线性增长，其输入偏差电压 $\Delta U_i = U_{im}^* - U_i$ 必须维持一定的恒值，也就是说，I_d应略低于 I_{dm}（见图 4-14 的电流曲线）。此外还应指出，为了保证电流环的调节作用，在起动过程中 ACR 是不应饱和的，电力电子装置 UPE 的最大输出电压也需留有余地，这些都是设计时必须注意的。恒流升速是起动过程中的主要阶段。

第Ⅲ阶段（t_2以后）是转速调节阶段：当转速上升到给定值时，ASR 的输入偏差减小到零，但其输出却由于积分作用还维持在限幅值 U_{im}^*，所以电动机仍在加速，使转速超调。转速超调后，ASR 输入偏差电压变负，使它开始退出饱和状态，U_i^* 和 I_d很快下降。但是，只要 I_d仍大于负载电流 I_{dL}，转速就继续上升。直到 $I_d = I_{dL}$时，转矩 $T_e = T_L$，则 $dn/dt = 0$，转速 n 才到达峰值（$t = t_3$时）。此后，电动机开始在负载的阻力下减速，与此相应，在 t_3 ~ t_4 时间内，$I_d < I_{dL}$，直到稳定。

如果调节器参数整定得不够好，也会有一段振荡过程。在这最后的转速调节阶段内，ASR 和 ACR 都不饱和，ASR 起主导的转速调节作用，而 ACR 则力图使 I_d尽快地跟随其给定值 U_i^*，或者说，电流内环是一个电流随动子系统。

综上所述，双闭环直流调速系统的起动过程有以下三个特点：

（1）饱和非线性控制　随着 ASR 的饱和与不饱和，整个系统处于完全不同的两种状态，在不同情况下表现为不同结构的线性系统，只能采用分段线性化的方法来分析，不能简单地用线性控制理论来分析整个起动过程，也不能简单地用线性控制理论来笼统地设计这样的控制系统。

（2）转速超调　当 ASR 采用 PI 调节器时，转速必然有超调。转速略有超调一般是容许的，对于不允许超调的情况，应采用抑制超调的措施。

（3）准时间最优控制　在设备物理上的允许条件下实现最短时间的控制称作“时间最优控制”，对于电力传动系统，在电动机允许过载能力限制下的恒流起动，就是时间最优控制。但由于在起动过程Ⅰ、Ⅲ两个阶段中电流不能突变，实际起动过程与理想起动过程相比还有一些差距，不过这两段时间只占全部起动时间中很小的成分，因而称作“准时间最优控制”。

3. 动态抗扰性能分析

双闭环调速系统具有比较满意的动态性能。此外，对于调速系统，抗扰性能也是很重要的动态性能，其中：主要是抗负载扰动和抗电网电压扰动的性能。现将单闭环与双闭环两种调速系统的动态结构图与系统扰动用图 4-15 来分析比较。

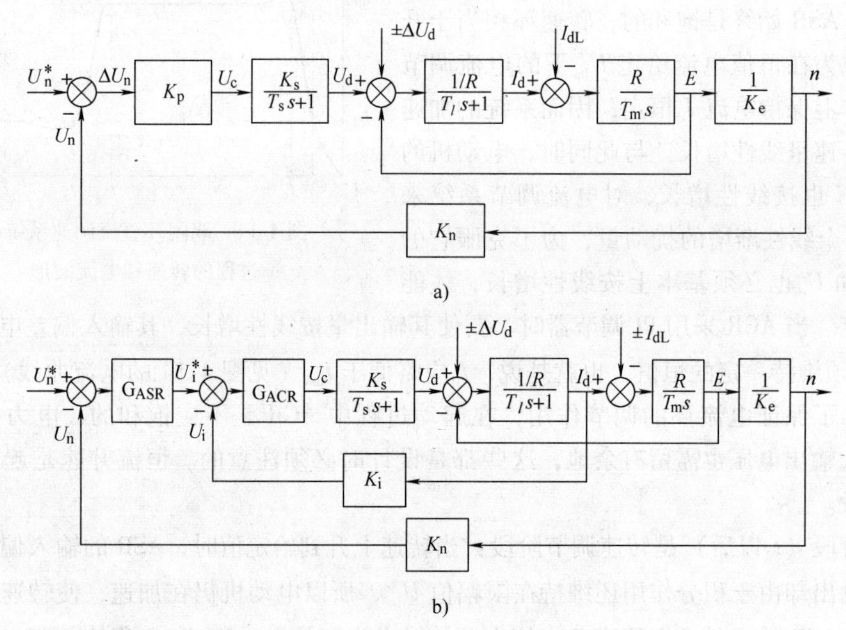

图 4-15　直流调速系统的动态结构与系统抗扰

a）单闭环系统　b）双闭环系统

（1）抗负载扰动　从图 4-15b 的动态结构图中可以看出，双闭环系统的负载扰动作用在电流环之外，因此只能靠 ASR 来产生抗负载扰动的作用。因而在设计 ASR 时，应要求有较好的抗扰性能指标。也说明双闭环系统与单闭环系统抗负载扰动的机理相同，都靠 ASR 的调节来克服。

（2）抗电网电压扰动　电网电压变化对调速系统也产生扰动作用。图 4-15a 表示出电网电压扰动 ΔU_d和负载扰动 I_{dL}作用在单闭环调速系统的动态结构图的情形，图中，ΔU_d和 I_{dL}都是作用在被转速负反馈环包围的前向通道上，仅就静特性而言，系统对它们的抗扰效果是一样的。但从动态性能上看，由于扰动作用点不同，存在着能否及时调节的差别。负载扰动能够比较快地反映到被调量 n 上，从而得到调节，而电网电压扰动的作用点离被调量稍远，调节作用受到延滞，因此单闭环调速系统抵抗电压扰动的性能要差一些。

在图 4-15b 所示的双闭环系统中，由于增设了电流内环，电压波动可以通过电流反馈得到比较及时的调节，不必等它影响到转速以后才能反馈回来，抗扰性能大有改善。因此，在双闭环系统中，由电网电压波动引起的转速动态变化会比单闭环系统小得多。

4.3.5 转速和电流两个调节器的作用

综上所述，ASR 和 ACR 在双闭环直流调速系统中的作用可以分别归纳如下：

1. 转速调节器的作用

1）转速调节器是调速系统的主导调节器，它使转速 n 很快地跟随给定电压 U_n^* 变化，稳态时可减小转速误差，如果采用 PI 调节器，则可实现无静差。

2）对负载变化起抗扰作用。

3）其输出限幅值决定电动机允许的最大电流。

2. 电流调节器的作用

1）作为内环的调节器，在转速外环的调节过程中，它的作用是使电流紧紧跟随其给定电压 U_i^*（即外环调节器的输出量）变化。

2）对电网电压的波动起及时抗扰的作用。

3）在转速动态过程中，保证获得电动机允许的最大电流，从而加快动态过程。

4）当电动机过载甚至堵转时，限制电枢电流的最大值，起快速的自动保护作用。一旦故障消失，系统立即自动恢复正常。这个作用对系统的可靠运行来说是十分重要的。

需要说明的是，上述分析主要基于原先采用模拟调节器得到的结果，可以沿用于微机控制的数字调节器。但是，由于计算机控制的功能强大，完全可以利用其逻辑运算能力，设计出转速与电流两个调节器独立运行，分段控制的程序，来实现系统动态与稳态过程的分别控制。这样，也能有效地抑制和消除转速超调。

最后应该指出，对于不可逆直流变换器，双闭环控制只能保证良好的起动性能，却不能产生回馈制动，在制动时，当电流下降到零以后，只好自由停车。必须加快制动时，只能采用电阻能耗制动或电磁抱闸。

4.4 直流调速系统的可逆控制

有许多生产机械要求电动机既能正转，又能反转，而且常常还需要快速地起动和制动，这就需要电力传动系统具有四象限运行的特性，也就是说，需要可逆的调速系统。对于直流电动机，改变电枢电压的极性，或者改变励磁磁通的方向，都能够改变其旋转方向。然而当电动机采用电力电子装置供电时，由于电力电子器件的单向导电性，问题就变得复杂起来，需要专用的可逆电力电子装置和自动控制系统。

4.4.1 可逆控制的主要问题

无论是通过改变电枢电压的极性或通过改变励磁磁通的方向来改变直流电动机的转向，都需要其供电电源能够输出极性可变的直流电压，可逆电力电子调压装置的主要形式有以下几种。

（1）基于 PWM 控制的 H 型可逆直流电源　其主电路拓扑结构与控制原理如图 4-16 所示，主电路开关器件可采用 IGBT、Power MOSFET 以及智能功率模块 IPM，常应用于中、小功率的可逆直流调速系统。

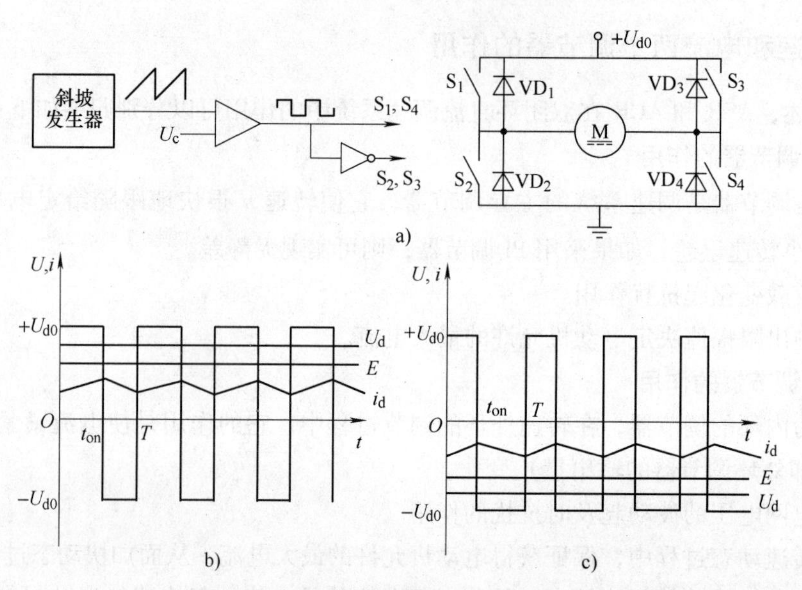

图 4-16　H 型可逆脉宽调速系统基本原理图和电压波形

a）基本原理图　b）正向运行电压波形　c）反向运行电压波形

图 4-16a 为 H 型可逆脉宽调速系统的基本原理图，由四个电力电子开关器件 $S_1 \sim S_4$ 和续流二极管构成桥式电路拓扑。H 型可逆 PWM 变换器的控制方式有双极式控制、单极式控制和受限单极式控制等[35]。

现以双极式控制为例，说明 H 型可逆 PWM 变换器的工作原理。

1）正向运行（在此期间 S_2 和 S_3 始终保持断开）：

第一阶段，在 $0 \leqslant t \leqslant t_{on}$ 期间，S_1 和 S_4 同时导通，电动机 M 的电枢两端承受电压 $+U_{d0}$，电流 i_d 正向上升；

第二阶段，在 $t_{on} \leqslant t \leqslant T$ 期间，S_1 和 S_4 断开，VD_2 和 VD_3 续流，电动机 M 的电枢两端承受电压 $-U_{d0}$，电流 i_d 下降；但由于平均电压 U_d 高于电动机的反电动势 E，电动机正向电动运行，其波形如图 4-16b 所示 。

2）反向运行（在此期间 S_1 和 S_4 始终保持断开）：

第一阶段，在 $0 \leqslant t \leqslant t_{on}$ 期间，S_2 和 S_3 断开，通过 VD_1 和 VD_4 续流，电动机 M 的电枢两端承受电压 $+U_{d0}$，电流 $-i_d$ 沿反方向下降；

第二阶段，在 $t_{on} \leqslant t \leqslant T$ 期间，S_2 和 S_3 同时导通，电动机 M 的电枢两端承受电压 $-U_{d0}$，电流 $-i_d$ 沿反方向上升；由于平均电压 $|-U_d|$ 高于电动机的反电动势 $|-E|$，电动机反向电动运行，其波形如图 4-16c 所示。

改变两组开关器件导通的时间，也就改变了电压脉冲的宽度。如果用 t_{on} 表示 S_1 和 S_4 导通的时间，开关周期 T 和占空比 ρ 的定义和上面相同，则电动机电枢端电压平均值为

$$U_d = \frac{t_{on}}{T}U_{d0} - \frac{T - t_{on}}{T}U_{d0} = \left(\frac{2t_{on}}{T} - 1\right)U_{d0} = (2\rho - 1)U_{d0} \tag{4-49}$$

如果令 $D = 2\gamma - 1$，调速时，γ 的可调范围为 0 ~ 1，$-1 < D < +1$。由此，调节占空比 ρ，可获得连续可调的直流输出，以控制直流电动机转速。

1）当$\rho>0.5$时，D为正，电动机正转；

2）当$\rho<0.5$时，D为负，电动机反转；

3）当$\rho=0.5$时，$D=0$，电动机停止。

由于电动机停止时电枢电压并不等于零，而是正负脉宽相等的交变脉冲电压，因此电流也是交变的。这个交变电流的平均值为零，不产生平均转矩，徒然增大电动机的损耗，这是双极式控制的缺点。但它也有好处，在电动机停止时仍有高频微振电流，从而消除了正、反向时的静摩擦死区，起着所谓“动力润滑”的作用。

双极式控制的桥式可逆PWM变换器有下列优点：

1）电流一定连续；

2）可使电动机在四象限内运行；

3）电动机停止时有微振电流，能消除静摩擦死区；

4）低速平稳性好，系统的调速范围广；

5）低速时，每个开关器件的驱动脉冲仍较宽，有利于保证器件的可靠导通。

由此，H型可逆脉宽调速系统的机械特性呈直线，如图4-17所示。

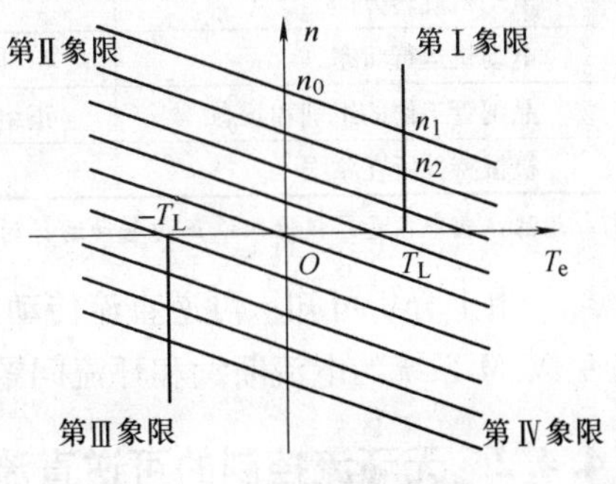

图4-17　H型可逆脉宽调速系统的机械特性

（2）两组晶闸管整流器反并联可逆直流电源　由于晶闸管的单向导电性，它不允许电流反向，无法实现直流电动机的可逆运行。如果要可逆运行，需再增加一组可控整流器，组成两组晶闸管反并联可逆电路。V-M可逆系统的结构如图4-18所示，其工作原理是两组整流器分别控制：

1）当直流电动机正向电动运行时，由正组整流器VF供电，控制$\alpha_F\leqslant90°$，使VF工作于整流状态，此时，电动机的机械特性在第Ⅰ象限；

2）当直流电动机反向电动运行时，由反组整流器VR供电，控制$\alpha_R\leqslant90°$，使VR工作于整流状态，此时，电动机的机械特性在第Ⅲ象限；

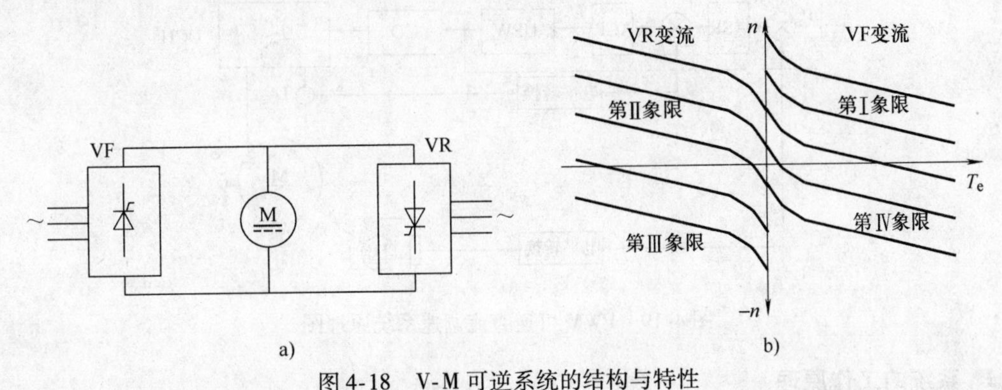

图4-18　V-M可逆系统的结构与特性

a）两组晶闸管反并联V-M可逆系统的结构　b）V-M可逆系统四象限运行特性

3）当直流电动机正向再生发电运行时，控制$\alpha_R\geqslant90°$，使VR工作于有源逆变状态，通过VR将直流电逆变回馈给电网，此时，电动机的机械特性在第Ⅱ象限；

4）当直流电动机反向再生发电运行时，控制 $\alpha_F \geqslant 90°$，使 VF 工作于有源逆变状态，通过 VF 将直流电逆变回馈给电网，此时，电动机的机械特性在第Ⅳ象限。

归纳起来，可将可逆线路正反转时晶闸管装置和电动机的工作状态列于表 4-1 中。

表 4-1　V-M 系统反并联可逆线路的工作状态

V-M 系统的工作状态	正向运行	正向制动	反向运行	反向制动
电枢端电压极性	+	+	−	−
电枢电流极性	+	−	−	+
电动机旋转方向	+	+	−	−
电动机运行状态	电动	回馈发电	电动	回馈发电
晶闸管工作的组别和状态	正组、整流	反组、逆变	反组、整流	正组、逆变
机械特性所在象限	一	二	三	四

注：表中各量的极性均以正向电动运行时为“+”。

由上分析可知：可逆直流传动控制系统采用 PWM 直流变换器易于四象限控制，且可避免 V-M 系统的电流断续和环流问题。

4.4.2　无环流控制的可逆直流调速系统

采用直流 PWM 控制的可逆调速系统无环流控制如图 4-19 所示，其中主电路采用 H 型电路拓扑，TG 为测速发电机，当调速精度要求较高时可采用数字测速码盘，TA 为霍尔电流传感器，GD 为驱动电路模块，内部含有光电隔离电路和开关放大电路，UPW 为 PWM 波生成环节，其算法包含在单片微机软件中。

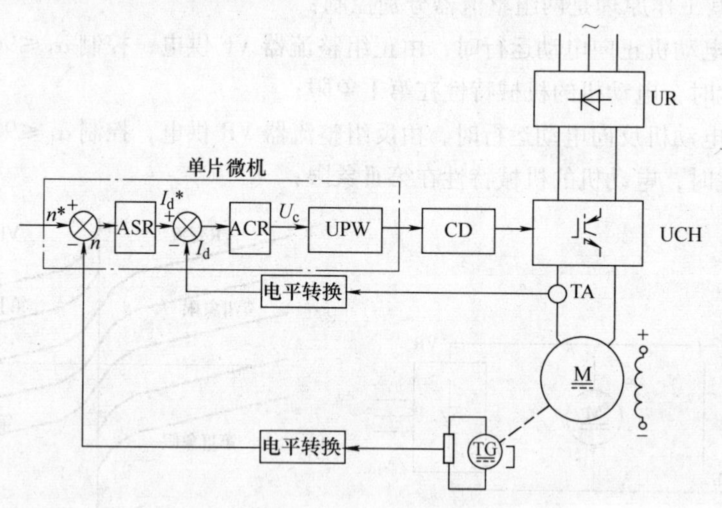

图 4-19　PWM 可逆直流调速系统原理图

1. 系统的工作原理

控制系统采用转速、电流双闭环控制，电流环为内环，转速环为外环，内环的采样周期小于外环的采样周期。转速调节环节 ASR 和电流调节环节 ACR 大多采用 PI 调节，当系统对动态性能要求较高时，还可以采用各种非线性和智能化的控制算法，使调节器能够更好地适宜控制对象的变化。

转速给定信号可以是由电位器给出的模拟信号，经 A/D 转换后送入微机系统，也可以直接由计数器或码盘发出数字信号。当转速给定信号在 $-n_{max}^{*}\sim0$ 和 $0\sim n_{max}^{*}$ 之间变化并达到稳态后，由微机输出的 PWM 信号占空比 ρ 在 0~0.5 和 0.5~1 的范围内变化，使直流斩波器 UCH 的输出平均电压系数 D 为 -1~0 和 0~1，实现双极式可逆控制。在控制过程中，为了避免同一桥臂上、下两个电力电子器件同时导通而引起直流电源短路，在由 VT_1、VT_4 导通切换到 VT_2、VT_3 导通或反向切换时，必须留有死区时间。对于 IGBT 死区时间约需 5μs 或更小些。

2. 系统的动态响应

无环流可逆调速的动态过程可分为三个主要阶段：

（1）起动阶段　如果可逆调速系统采用转速、电流双闭环控制方法，其起动过程与不可逆调速系统的起动过程相同，ASR 饱和，由 ACR 起主要作用，在允许最大电流限制下使转速基本上按线性变化的“准时间最优控制”，动态过程的响应曲线如图 4-20 中的阶段Ⅰ所示。

（2）正向运行阶段　ASR 退饱和后，进行转速无差调节，系统进入稳态，其响应曲线如图 4-20 的阶段Ⅱ。

（3）正向制动阶段　在这一阶段首先通过二极管续流使电流下降过零，然后开通反组开关，使其电流反向并达到最大电流 $-I_{dm}$，此时电动机进入制动阶段，使转速迅速下降。如果是停车，则电动机停止运行，其动态过程如图 4-20 的阶段Ⅲ；如果还需反向运行，则电动机在转速过零后，继续反向起动，其过程与正向起动相同，响应曲线如图 4-20 的阶段Ⅳ。由于两组晶闸管在切换过程中需要延时，以保证可靠换流，这就造成了电流换向死区，如图 4-20所示。

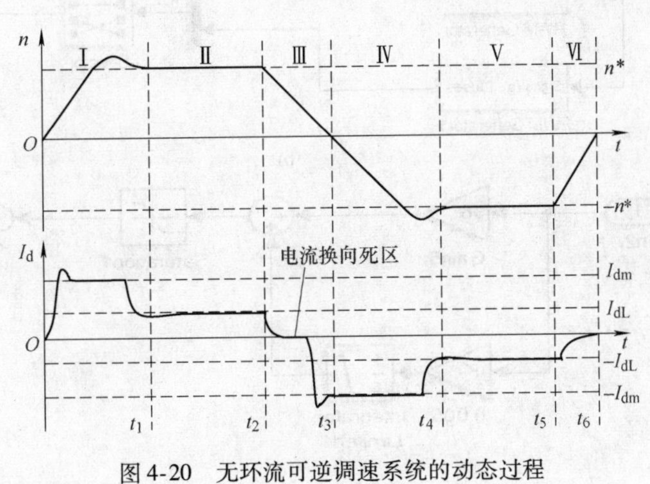

图 4-20　无环流可逆调速系统的动态过程

4.5　直流调速系统的 MATLAB 仿真

计算机仿真是研究和分析电力传动自动控制系统的有利工具，MATLAB 是目前比较流行的一种计算机仿真平台。本节以转速、电流直流双闭环 PWM 可逆调速系统为例，在 MATLAB 仿真平台上，用 Simulink 仿真工具建立系统的仿真模型，并通过仿真试验得到系统的运行结果。

4.5.1　仿真建模

如图4-19所示的双闭环直流PWM可逆调速系统，利用MATLAB/Simulink建立的仿真模型如图4-21所示，系统主要由以下模块组成：ACR模块、ASR模块、PWM模块、直流电机模块、测量模块。

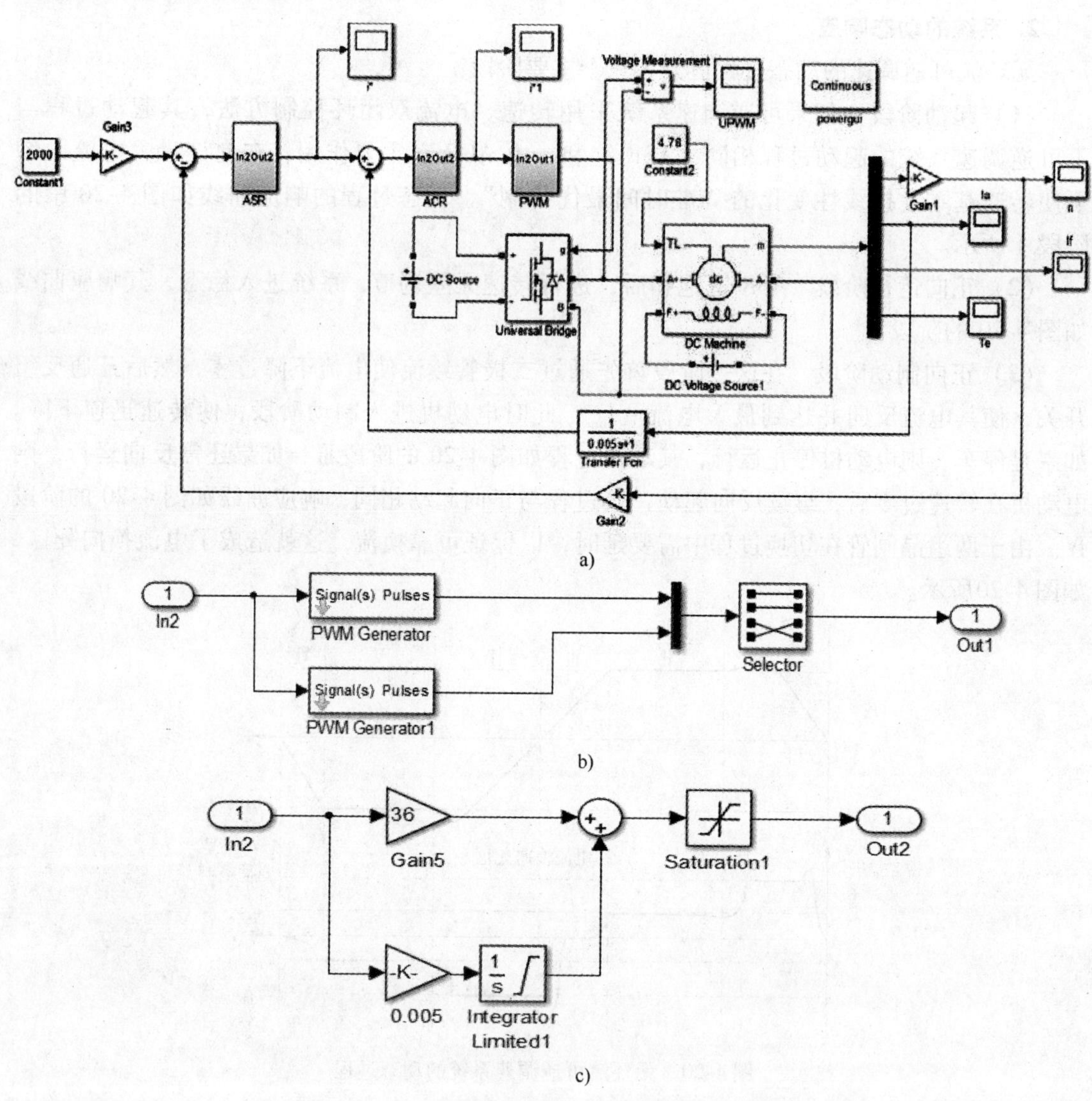

图4-21　转速、电流双闭环PWM直流调速仿真模型

a）双闭环直流系统整体模型　b）PWM模块　c）PI调节器模块

直流电动机的基本数据如下：额定电压220V，额定电流5A，额定转速2000r/min，$K_e = 0.1\text{V} \cdot \text{min/r}$，允许过载的倍数 $\lambda = 2$。电枢回路总电阻 $R = 5\Omega$，时间常数 $T_l = 0.03\text{s}$、$T_m = 0.05\text{s}$。

PWM 模块如图4-21b 所示，其中 PWM 发生器模块采用两个 Discrete PWM Generator 模块，上方 PWM 产生的信号驱动 VT_1、VT_4，下方的则是驱动 VT_2、VT_3。为使 PWM 发生器信号同多功能触发桥触发信号一致，引入了 Selector 模块，并且设置其参数：Input Type 为 Vector，Element 为［1 2 4 3］。

双闭环均采用 PI 调节器，如图4-21c 所示，电流环和速度环设计的参数如下：

电流环经过计算以及根据实际情况进行调整为：$K_{pi}=36$，$K_{ii}=0.05$；

转速环经过计算以及根据实际情况进行调整为：$K_{pn}=25$，$K_{in}=0.5$。

4.5.2　仿真实验

不同给定情况下的仿真及分析（空载）如下：

1）给定为2000r/min 时，各波形如图4-22 所示。从图4-22a 和 b 可以看出，电动机起动阶段为恒流升速，在转速达到稳定值之后，电流迅速变小并稳定在一定的范围之内。

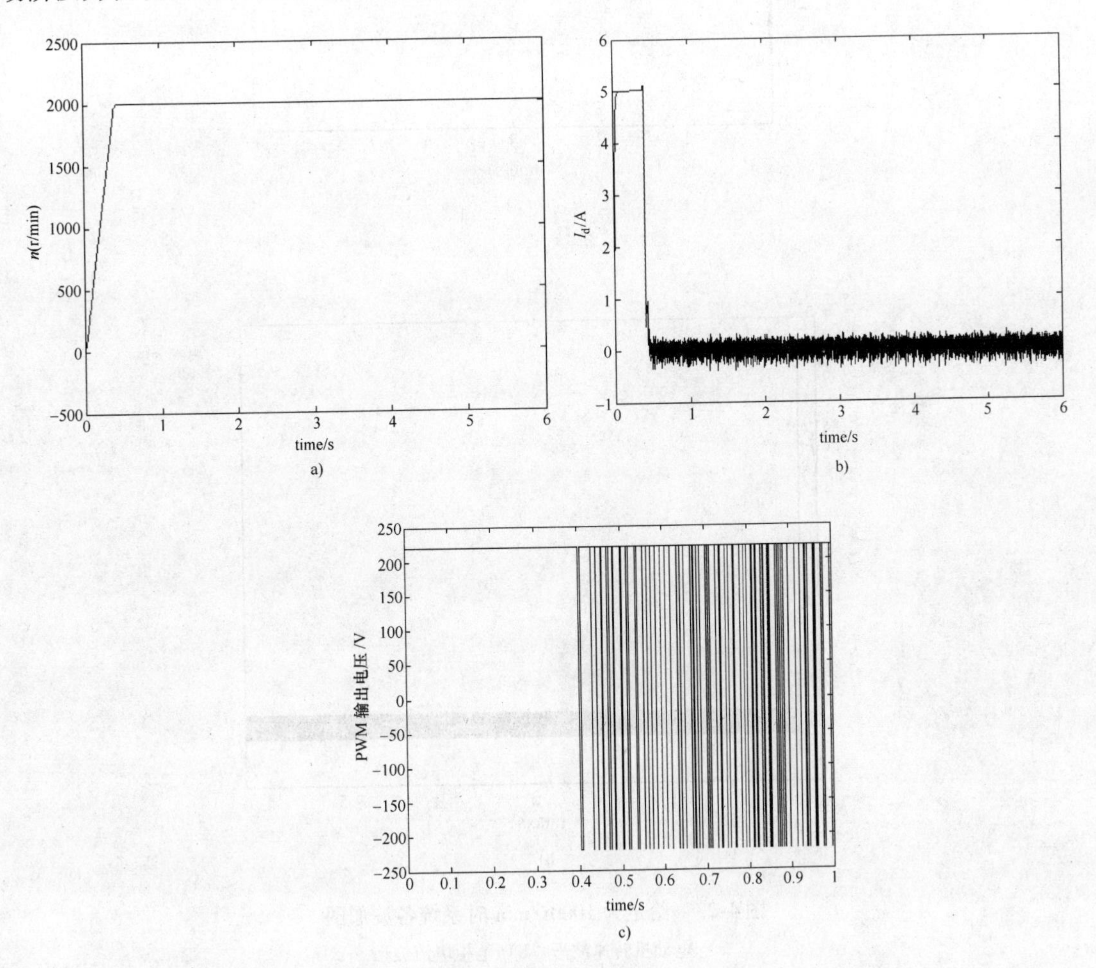

图4-22　给定为2000r/min 时系统各波形图

a）电动机转速波形　b）电动机电枢电流波形　c）PWM 输出电压及其局部展开

图 4-22c为 PWM 的输出电压及其局部展开，因为开关信号频率很高，所以整体看起来很密集，从展开图可以看出，其输出是一系列相同幅值的脉冲，可以达到电压调整的目的，实现调速。

2）给定为 1000r/min 时系统各波形如图 4-23 所示。

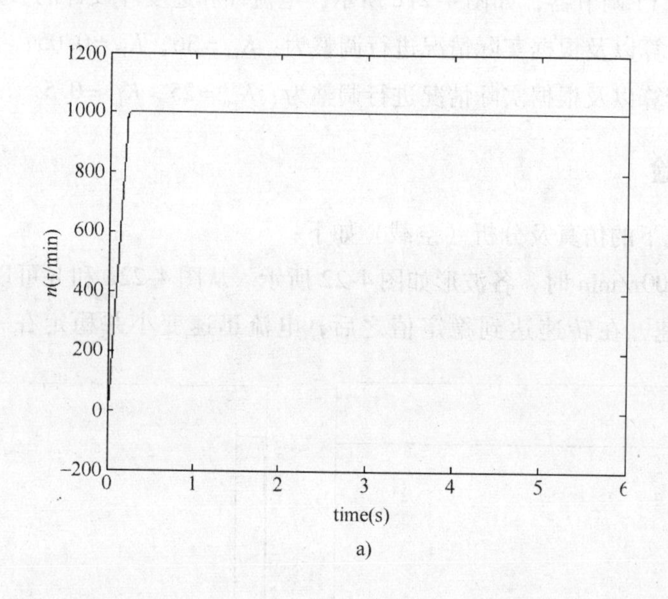

a)

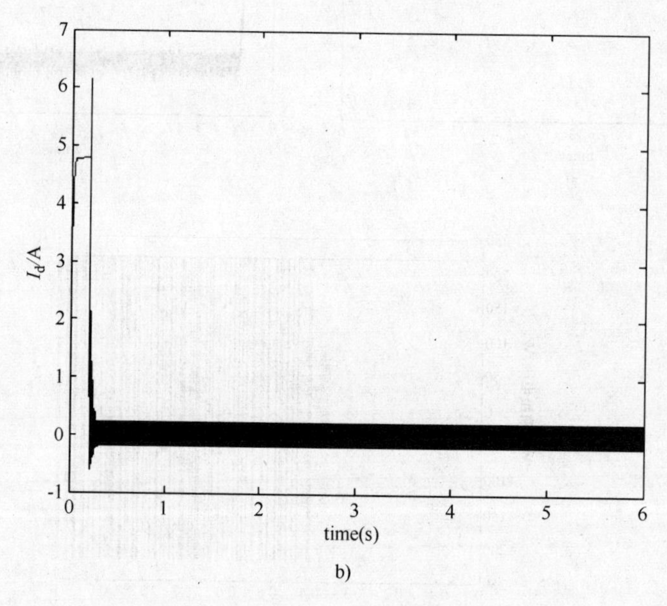

b)

图 4-23　给定为 1000r/min 时系统各波形图

a）电动机转速波形　b）电枢电流波形

3）给定为 500r/min 时系统各波形如图 4-24 所示。

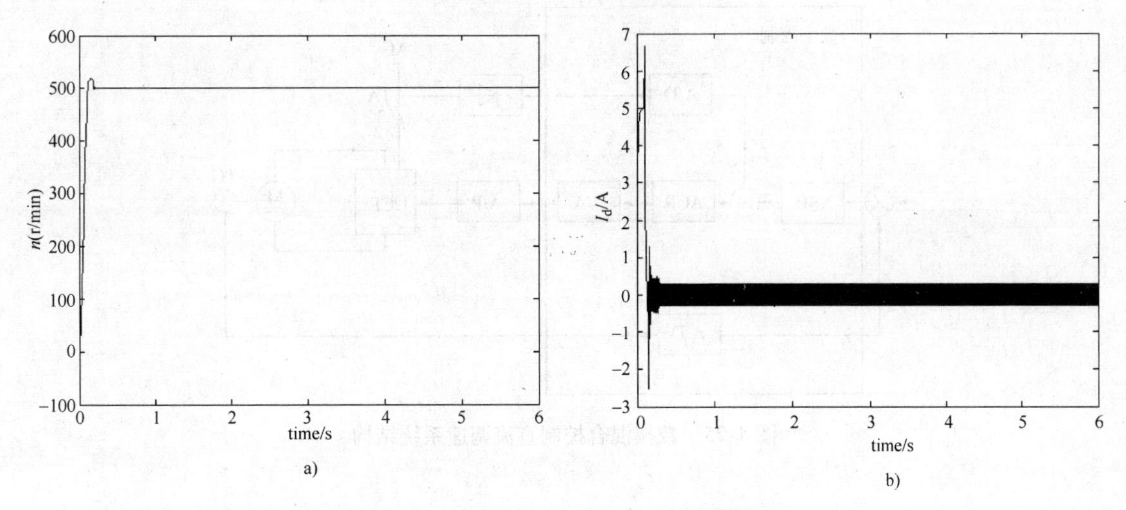

图4-24　给定为500r/min时系统各波形图

a）电动机转速波形　b）电枢电流波形

从以上波形图可以看出，给定越小，转速达到稳态时的时间越短；电流的变化基本与转速的变化趋势保持一致，电动机转速稳定在给定转速附近时，电枢电流也趋于稳定；在给定不同的情况下，稳态时转速基本上能够实现无静差。

*4.6　应用举例——直流调速系统的微机控制

随着计算机技术的发展和普及，以微处理器为核心的数字控制器广泛地应用于电力传动控制系统。采用微机数字控制的电力传动系统的特点是：

1）硬件电路的标准化程度高，制作成本低，且不受器件温度漂移的影响；

2）其控制软件能够进行逻辑判断和复杂运算，可以实现不同于一般线性调节的最优化、自适应、非线性、智能化等控制规律，而且更改起来灵活方便。

但在系统设计中，应针对微机数字控制的主要特点及其负面效应，采取不同于模拟控制的办法来构建系统，研发相应的硬件电路和控制软件。

4.6.1　系统组成方式

数字控制直流调速系统的组成方式大致可分为以下三种：

1. 数模混合控制

早期的电力传动系统往往采用数模混合控制方法。直流调速系统数模混合控制结构如图4-25所示，转速采用模拟调节器，也可采用数字调节器；电流调节器采用数字调节器，脉冲触发装置则采用模拟电路。

2. 数字电路控制

数字电路控制直流调速系统结构如图4-26所示，除主电路和功率放大电路外，转速、电流调节器，以及脉冲触发装置等全部由数字电路组成。

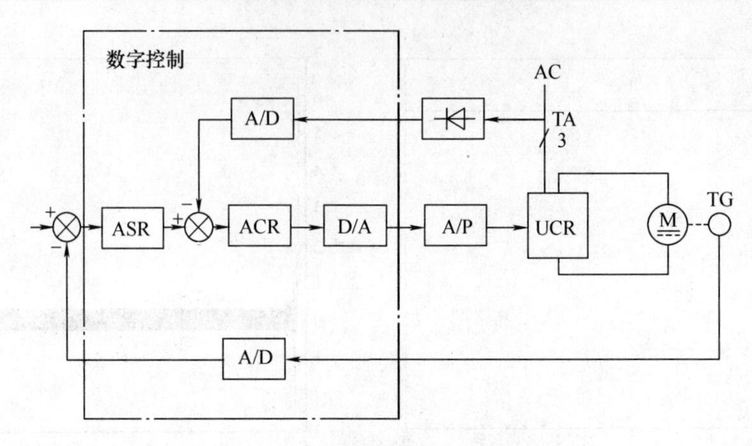

图 4-25　数模混合控制直流调速系统结构

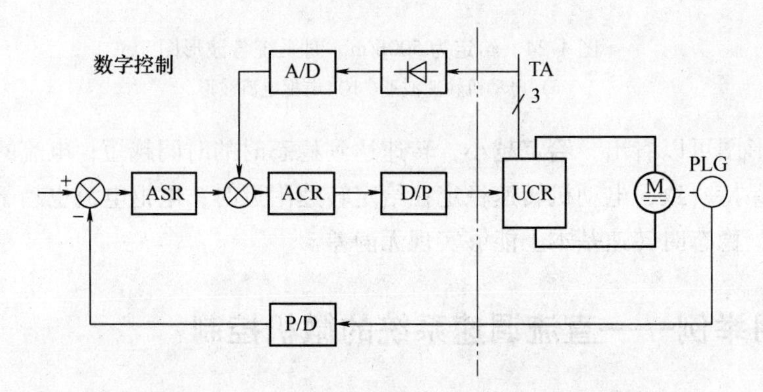

图 4-26　数字电路控制直流调速系统结构

3. 计算机控制

数字计算机控制的直流调速系统结构如图 4-27 所示，系统采用双闭环结构，采用数字 PI 算法，由软件实现转速、电流调节；由全数字电路实现脉冲触发、转速给定和检测。

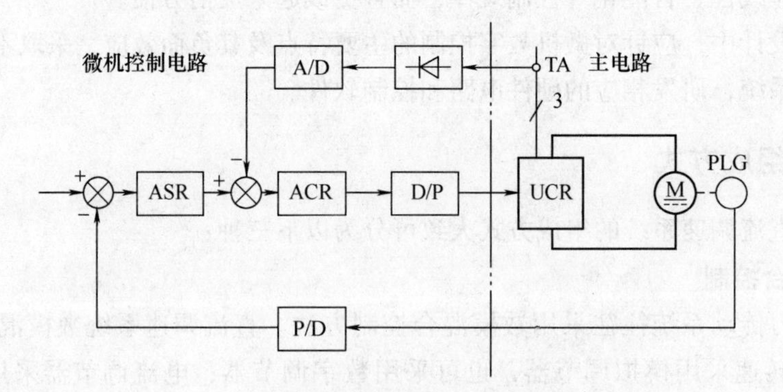

图 4-27　计算机控制的直流调速系统结构

4.6.2　微机控制调速系统的硬件结构

微机数字控制双闭环直流调速系统硬件结构如图 4-28 所示，系统由以下部分组成：主电路、数字触发电路、检测电路、控制电路、给定电路和显示电路。

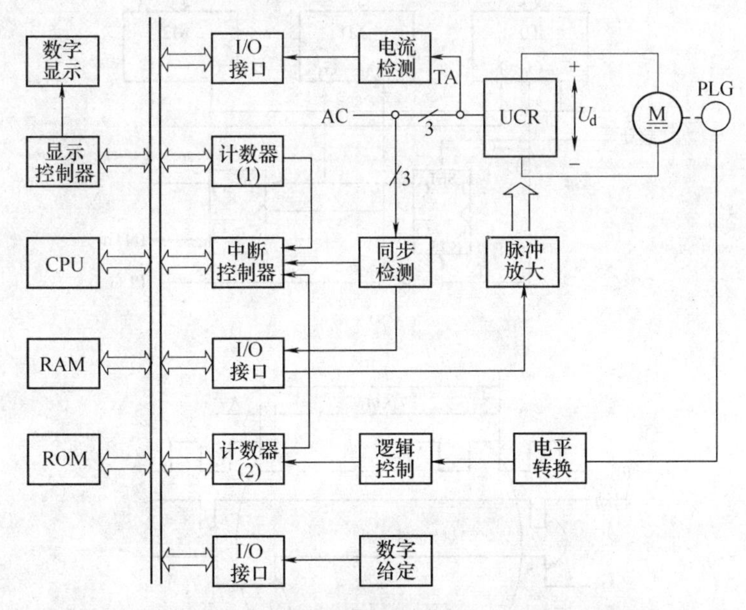

图4-28　计算机控制的直流调速系统的硬件结构

图中CPU可以采用单片机或DSP等微处理器芯片，由CPU与适当的RAM、ROM、中断控制器、计数器、I/O接口及键盘和显示器构成一个最小化微机控制系统。再设计所需的外围电路完成系统驱动、检测和控制等功能。

1. 主电路

直流电动机调压调速系统的主电路采用可关断器件组成的直流斩波器，比如：采用IGBT或Power MOSFET的各种直流PWM整流器。通过PWM调制电路调节整流器输出电压。

对于不同的整流电路，其换流及其控制方式各异，因而计算机控制系统的硬件电路有所不同。实际中，需要针对具体的应用要求，选择主电路拓扑及控制方式，并根据电路需求设计计算机控制系统。

2. 数字测速电路

数字测速的原理已在第1章中有所介绍，这里采用了M/T法来测速。基于M/T法的数字测速电路结构如图4-29a所示，由三个计数器与逻辑电路组成。其工作原理为：T0为定时器控制采样时间，M1计数器记录PLG脉冲，M2计数器记录时钟脉冲。其测速时序如图4-29b所示，由CPU发出测速开始信号Start，计数器M1开始记录转速编码器的脉冲信号PLG，当PLG第一个脉冲前沿到来时，计数器M0和M2也开始分别计数高频脉冲f_c；当T0定时器计数到采样时间时，输出O_0信号来关闭M1计数器，但M2仍在记录f_c，直到随后一个PLG的脉冲前沿到来，关闭M2计数，同时向CPU发出测速中断请求信号INTn。

CPU接收INTn中断请求后，读取M1和M2计数器的记录数据m_1和m_2，由式（4-50）计算出转速值

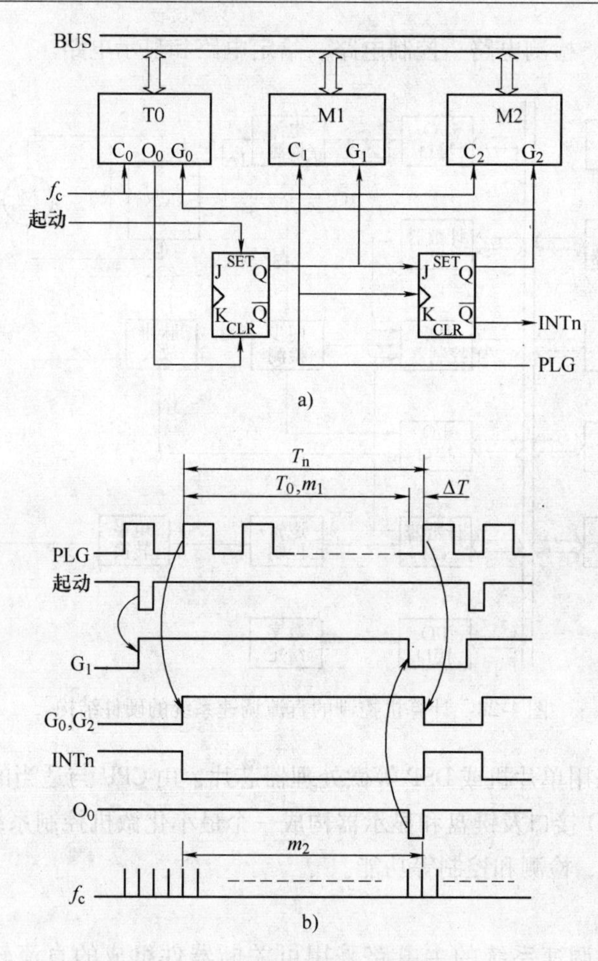

图 4-29　测速电路与工作时序

a）M/T 测速法电路原理　b）M/T 法测速工作时序

$$n = \frac{60 f_c m_1}{p m_2} \tag{4-50}$$

式中　p——脉冲编码器每转输出的脉冲数。

采用 M/T 法测速的分辨率为

$$Q = \frac{60 f_c m_1}{p m_2 (m_2 - 1)} \tag{4-51}$$

例如：选用的脉冲编码器 $p = 3600$，高频脉冲 $f_c = 2\text{MHz}$，$m_1 = 60$，$m_2 = 20000$，那么按式（4-51），可计算出采用 M/T 法测速的分辨率为

$$Q = \frac{60 f_c m_1}{p m_2 (m_2 - 1)} = \frac{60 \times 60 \times 2000000}{3600 \times 20000 \times (20000 - 1)} = \frac{1}{199.99}$$

4.6.3　系统软件设计

1. 系统数学模型

微机控制的直流调速系统也采用转速、电流调节器双闭环结构，控制系统结构如

图4-30所示，调节器均采用数字式PID调节器，数字触发与整流环节用带放大的零阶保持器来表示为

$$K_{\mathrm{a}}\frac{1-\mathrm{e}^{-T_s}}{s} \tag{4-52}$$

式中 T_s——系统采样时间。

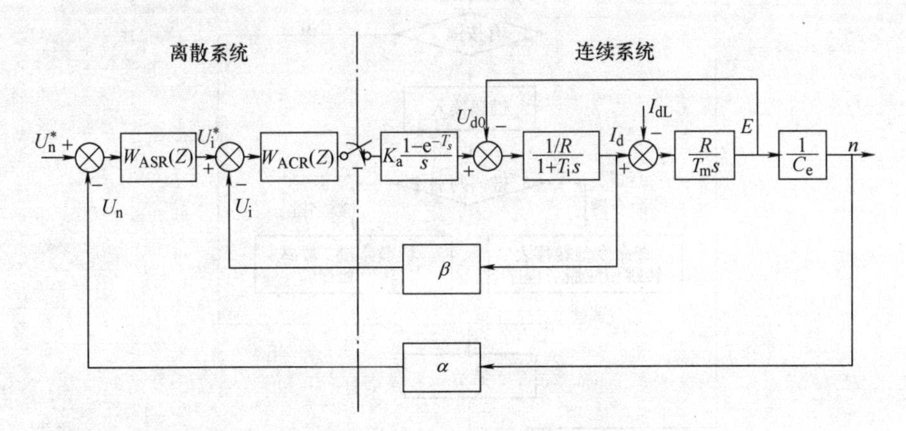

图4-30 数字控制双闭环直流调速系统动态结构图

2. 数字调节器及其设计

设计方法可采用连续系统设计或数字系统设计。

1）连续系统设计方法：先按连续系统设计调节器参数，再将其离散化为数字调节器。

2）数字系统设计方法：先将系统对象离散化，按数字系统直接设计数字调节器。

具体的设计分析及举例在第6章讨论。

3. 控制软件设计

系统软件采用模块化结构，主程序完成系统初始化、键盘扫描与显示。系统控制工作分别由六个中断服务程序完成。

（1）主程序流程 首先是系统初始化：设置中断入口地址，设置堆栈指针，内部RAM清零等；然后是可编程芯片初始化：各中断源、定时器和计数器初始化。完成初始化后开放中断和启动定时器/计数器，系统进入正常工作程序，读取键盘和显示。程序流程如图4-31所示。

（2）控制中断服务程序流程 控制中断服务程序是主要的控制程序，系统要完成转速与电流调节器的计算，以及PWM调制脉冲的计算，程序流程如图4-32所示。系统设置了两个采样时间：转速采样时间为10ms；电流采样时间为3.3ms。

采用计算机控制电力传动系统的优越性在于：

1）可显著提高系统性能。采用数字给定、数字控制和数字检测，系统精度大大提高；可根据控制对象的变化，方便地改变控制器参数，以提高系统抗干扰能力。

2）可采用各种控制策略。除了PID控制外，可选择其他控制方法和策略，比如自适应控制、变结构控制以及智能控制等。

3）可实现系统监控功能。比如状态检测、数据处理、存储与显示；还可越限报警，打印报表等。

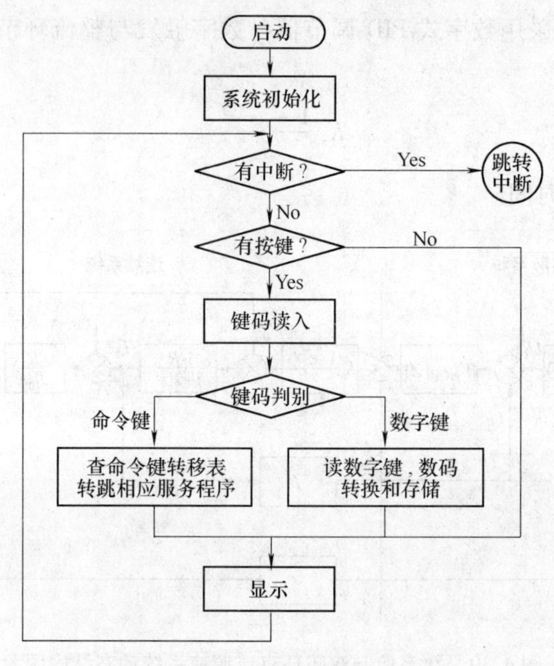

图 4-31　主程序流程图

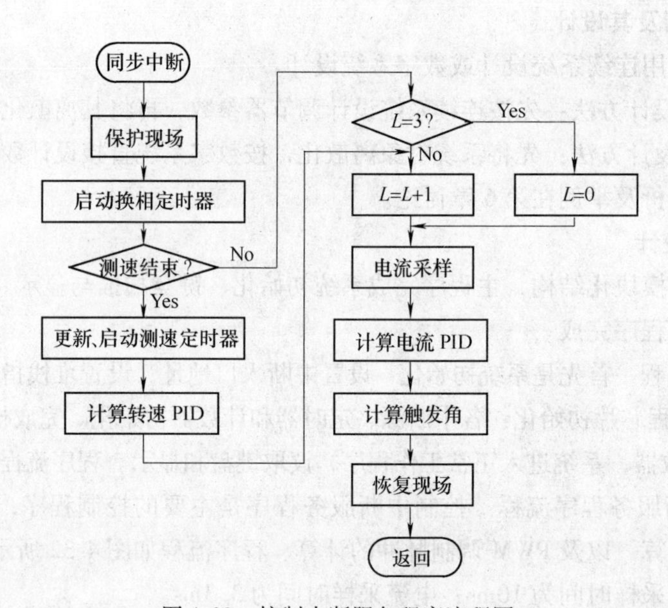

图 4-32　控制中断服务程序流程图

本 章 小 结

这一章介绍了直流调速系统的组成、控制方法和系统性能。首先从开环系统的问题引入转速负反馈，分析了系统的静态和动态性能。其后讨论的转速、电流双闭环直流调速系统是经典的直流调速控制系统方案，曾具有广泛的应用。特别是其转速和电流调节器分别控制与各司其职的思想一直沿用至今，对于其后的电力传动控制系统的构造和实现具有重要影响，也是学习本章的重点。直流电动机的电压和磁场配合控制、可逆运行控制等扩展内容可视需要有选择地学习。

思考题与习题

4-1 直流电动机的开环控制存在哪些问题？如何解决？

4-2 引入转速负反馈后，为何能改善系统性能？试分析比较开环和闭环系统，在那些方面可以改善系统性能？

4-3 转速单闭环调速系统有哪些特点？改变给定电压能否改变电动机的转速？为什么？如果给定电压不变，调节测速反馈电压的分压比是否能够改变转速？为什么？如果测速发电机的励磁发生了变化，系统有无克服这种干扰的能力？

4-4 在转速负反馈调速系统中，当电网电压、负载转矩、电动机励磁电流、电枢电阻、测速发电机励磁各量发生变化时，都会引起转速的变化，问系统对上述各量有无调节能力？为什么？

4-5 有一V-M调速系统：电动机参数 $P_N=2.2kW$，$U_N=220V$，$I_N=12.5A$，$n_N=1500r/min$，电枢电阻 $R_a=1.2\Omega$，整流装置内阻 $R_e=1.5\Omega$，触发整流环节的放大倍数 $K_s=35$。要求系统满足调速范围 $D=20$，静差率 $\delta \leqslant 10\%$。

(1) 计算开环系统的静态速降 Δn_{op} 和调速要求所允许的闭环静态速降 Δn_{cl}；

(2) 采用转速负反馈组成闭环系统，试画出系统的原理图和静态结构图；

(3) 调整该系统参数，使当 $U_n^*=15V$ 时，$I_d=I_N$，$n=n_N$，则转速负反馈系数 K_n 应该是多少？

(4) 计算放大器所需的放大倍数。

4-6 为什么用积分控制的调速系统是无静差的？在转速单闭环调速系统中，当积分调节器的输入偏差电压 $\Delta U=0$ 时，调节器的输出电压是多少？它决定于哪些因素？

4-7 为何要在直流调速转速负反馈系统中引入电流负反馈？在转速、电流双闭环直流调速系统中，转速和电流调节器各起什么作用？

4-8 试从下述五个方面来比较转速、电流双闭环调速系统和带电流截止环节的转速单闭环调速系统：

(1) 调速系统的静态特性；

(2) 动态限流性能；

(3) 起动的快速性；

(4) 抗负载扰动的性能；

(5) 抗电源电压波动的性能。

4-9 在转速、电流双闭环调速系统中，两个调节器ASR、ACR均采用PI调节器。已知参数：电动机 $P_N=3.7kW$，$U_N=220V$，$I_N=20A$，$n_N=1000r/min$，电枢回路总电阻 $R=1.5\Omega$，设 $U_{nm}^*=U_{im}^*=U_{cm}=8V$，电枢回路最大电流 $I_{dm}=40A$，电力电子变换器的放大系数

$K_s=40$。试求：

(1) 电流反馈系数 K_i 和转速反馈系数 K_n；

(2) 当电动机在最高转速发生堵转时的 U_{d0}，U_i^*，U_i，U_c 值。

4-10　对于需要高于直流电动机额定转速运行的场合，如何采用电压与磁场配合控制？试分析两种控制方式的转矩和功率特性。

4-11　采用两组晶闸管装置反并联供电的V-M系统，试分析在四象限运行中，两组整流器的工作在整流和逆变状态的输出电压极性、电流和功率流向，电动机的运行状态及其机械特性。

4-12　试分析无环流可逆系统正向和反向起动、制动的过程。画出各参变量的动态波形，并说明在每个阶段中ASR和ACR各起什么作用。

第5章　交流异步电动机的基本控制方法

交流传动系统是当前主要的电力传动模式，交流电动机的控制方法很多，本章主要论述交流异步电动机的基本调速方法。选择了其中具有典型意义的三种交流传动系统：交流异步电动机的变压控制系统；采用电压源型变频器的变压变频调速系统；采用电流源型变频器的交流调速系统。最后，对矢量控制思想和系统的基本结构作概要的介绍。

5.1　交流异步电动机变压控制系统

交流异步电动机的变压控制最为简单。本节主要讨论变压控制原理、系统组成和性能分析，并介绍了变压控制系统在交流电动机软起动中的应用。

5.1.1　交流异步电动机的变压控制方法

过去改变交流电压的方法多用自耦变压器或带直流励磁绕组的饱和电抗器，自从电力电子技术兴起以后，这些笨重的电磁装置就被晶闸管交流调压器所取代。图5-1给出了一个采用双向晶闸管组成交流调压器TVC，其主电路分别用三个双向晶闸管串接在三相电路中。

其调压方式一般采用相位控制模式，由调压控制信号 U_c 通过脉冲触发电路GT控制TVC的输出交流电压变化[23]。

此外，如果TVC的主电路由可关断的开关器件构成，可采用斩控方式来调节输出交流电压[22]。

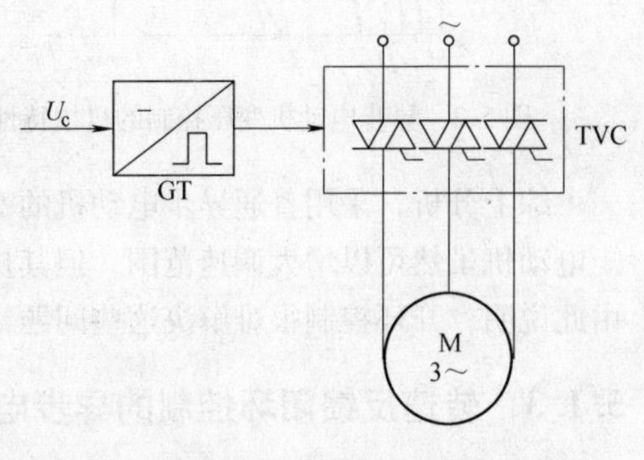

图5-1　利用晶闸管交流调压器变压控制

5.1.2　异步电动机变压控制的静特性分析

从第3章的分析可知，异步电动机的电磁转矩为

$$T_e = \frac{P_{em}}{\omega_m} = \frac{3n_p}{\omega_s} I_r^2 \frac{R_r}{s} = \frac{3n_p U_s^2 R_r / s}{\omega_s \left[\left(R_s + \frac{R_r}{s} \right)^2 + \omega_s^2 (L_{ls} + L_{lr})^2 \right]} \tag{5-1}$$

将式（5-1）对 s 求导，并令 $\mathrm{d}T_e/\mathrm{d}s = 0$，可求出最大转矩及其对应的转差率

$$s_{max} = \frac{R_r}{\sqrt{R_s^2 + \omega_s^2 (L_{ls} + L_{lr})^2}} \tag{5-2}$$

$$T_{\mathrm{emax}}=\frac{3n_{\mathrm{p}}U_{\mathrm{s}}^{2}}{2\omega_{\mathrm{s}}\left[R_{\mathrm{s}}+\sqrt{R_{\mathrm{s}}^{2}+\omega_{\mathrm{s}}^{2}\left(L_{l\mathrm{s}}+L_{l\mathrm{r}}\right)^{2}}\right]}\tag{5-3}$$

由式（5-2）和式（5-3）可见，异步电动机变压控制时，其电磁转矩 T_e 及最大转矩 T_{emax} 随定子电压 U_s 的下降成二次方比下降，而最大转差 s_{max} 则保持不变。根据式（5-1）可得不同电压下的电动机机械特性如图5-2所示。图中，U_N 表示额定定子电压。由图可见，带恒转矩负载 T_L 工作时，普通笼型异步电动机变压时的稳定工作点为A、B、C，转差率 s 的变化范围为 $0\sim s_{max}$，调速范围有限。如果带风机类负载运行，则工作点为D、E、F，调速范围可以稍大一些。为了能在恒转矩负载下扩大调速范围，并使电动机能在较低转速下运行而不至于过热，就要求电动机转子有较高的阻值，这样的电动机在变电压时机械特性如图5-3所示。显然，带恒转矩负载时的调速范围增大了，即使堵转工作也不会烧坏电动机，这种电动机又称作交流力矩电动机。

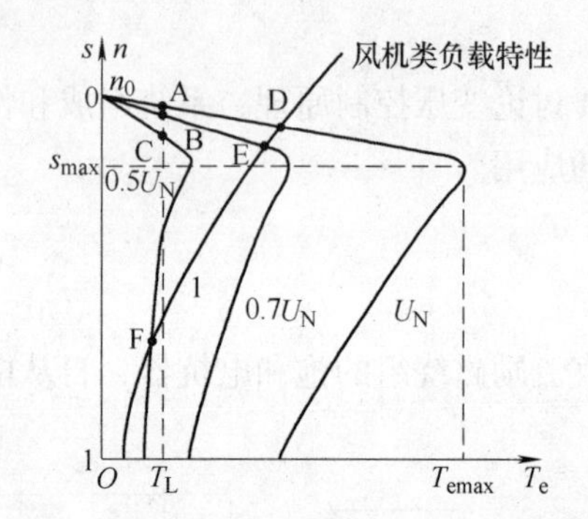

图5-2　异步电动机变压控制的机械特性

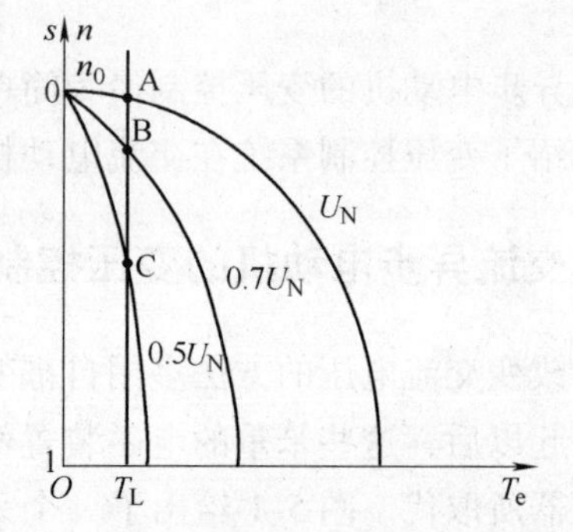

图5-3　高转子电阻电动机变压控制的特性

综上分析，采用普通异步电动机的变电压控制时，调速范围很窄，采用高转子电阻的力矩电动机虽然可以增大调速范围，但其机械特性又变软，因而当负载变化时转速波动很大。由此说明，开环控制很难解决这些问题，为了提高调速精度需要采用闭环控制。

5.1.3　转速反馈闭环控制的异步电动机变压控制系统

1. 系统组成与工作原理

异步电动机变压调速转速反馈闭环控制系统结构如图5-4所示，系统的工作原理是：转速给定信号 U_n^* 与来自测速发电机TG的转速检测信号 U_n 相比较，通过转速调节器ASR进行转速闭环控制。改变转速给定信号 U_n^*，则静特性平行地上下移动，达到调速的目的。

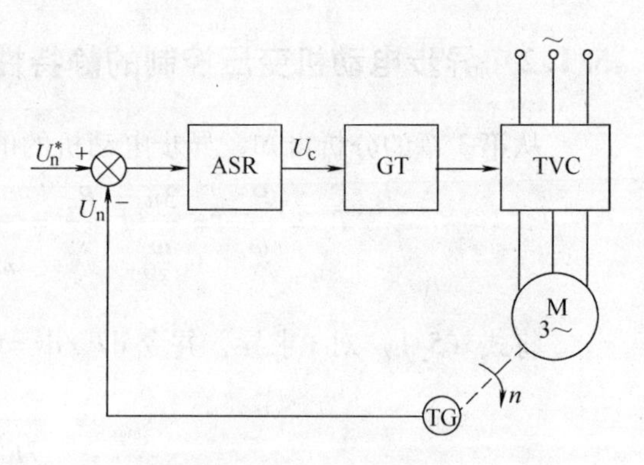

图5-4　转速反馈闭环控制的异步电动机变压控制系统原理图

2. 系统稳态结构与静特性

根据系统原理图，可以画出如图5-5所示的系统稳态结构框图。图中，K_s 为GT和TVC装置的放大系数，且有 $K_s=U_s/U_c$；K_n 为转速反馈系数，即 $K_n = U_n/n$；ASR 根据其采用何种控制策略而定；$n = f(U_s, T_e)$ 由式（5-1）给出，为一非线性函数。

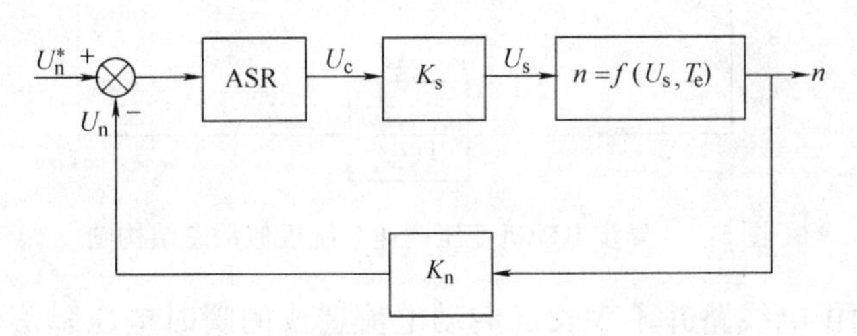

图 5-5　异步电动机变压调速系统稳态结构

当系统带负载 T_L 在 A 点运行时，如果负载增大引起转速下降，反馈控制作用能提高定子电压，从而在右边一条机械特性上找到新的工作点 A′。同理，当负载降低时，会在左边一条机械特性上找到定子电压低一些的工作点 A″。按照反馈控制规律将 A″、A、A′连接起来便是闭环控制系统的静特性，如图 5-6 所示。尽管异步电动机的开环机械特性和直流电动机的开环机械特性差别很大，但是在不同电压的开环机械特性上各取一个相应的工作点，连接起来便得到闭环系统的静特性，这样的分析方法对两种电动机是完全一致的。尽管异步力矩电动机的开环机械特性很软，但由系统放大倍数决定的闭环系统静特性却可以很硬。

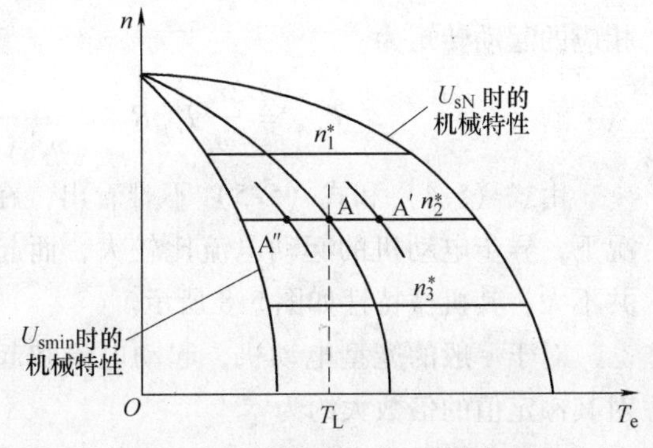

图 5-6　异步电动机变压调速闭环控制系统的静特性

异步电动机闭环变压调速系统不同于直流电动机闭环变压调速系统的地方在于：静特性左右两边都有极限，不能无限延长，它们是额定电压 U_{sN} 下的机械特性和最小输出电压 U_{smin} 下的机械特性。当负载变化时，如果电压调节到极限值，闭环系统便失去控制能力，系统的工作点只能沿着极限开环特性变化。

3. 系统近似动态结构框图

如果对系统进行动态分析和设计，需要给出动态结构框图。这里考虑到异步电动机变压调速适用于性能要求不高的场合，仅采用异步电动机的简化模型式（3-22）。根据系统原理图画出的近似动态结构如图 5-7 所示，图中各个环节的传递函数取自前文介绍，这里 ASR 采用 PI 调节器，交流调压器的传递函数近似为一阶惯性环节。按此动态结构，如果已知系统各个环节的参数，可以进行系统分析；如果给定被控对象参数及系统性能指标，可以设计 ASR 调节器参数以满足系统要求。

5.1.4　变压控制在异步电动机软起动中的应用

除了调速系统外，异步电动机的变压控制在软起动器中也得到了广泛的应用，本节主要介绍它们的基本原理。

对于小容量异步电动机，只要供电网络和变压器的容量足够大（一般要求比电动机容

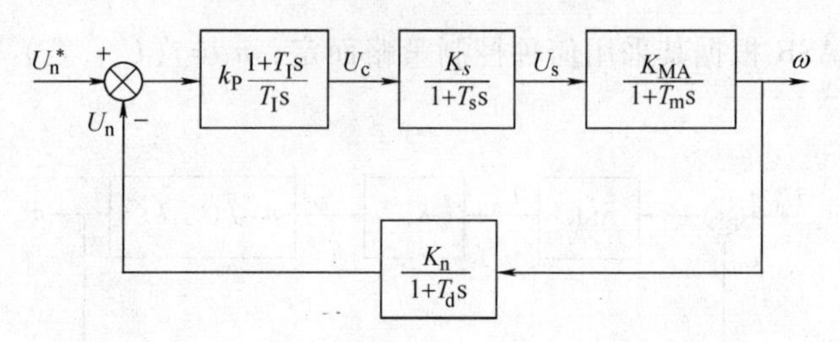

图 5-7　异步电动机变压调速系统近似动态结构图

量大四倍以上），而供电线路并不太长（起动电流造成的瞬时电压降落低于10%～15%），可以直接通电起动，操作也很简便。对于容量大一些的电动机，问题就不这么简单了。

根据式（3-13）和式（3-14）的电流和转矩方程式，异步电动机在工频供电且刚起动时，$s=1$，电流公式可以简化为

$$I_{s\_st} \approx I_{r\_st} = \frac{U_s}{\sqrt{(R_s + R_r)^2 + \omega_s^2 (L_{ls} + L_{lr})^2}} \tag{5-4}$$

相应的起动转矩为

$$T_{e\_st} = \frac{3n_p}{\omega_s} I_{r\_st}^2 R_r = \frac{3n_p U_s^2 R_r}{\omega_s [(R_s + R_r)^2 + \omega_s^2 (L_{ls} + L_{lr})^2]} \tag{5-5}$$

由式（5-4）和式（5-5）不难看出，在一般情况下，异步电动机的起动电流比较大，而起动转矩并不大，其机械特性如图 5-8 所示。

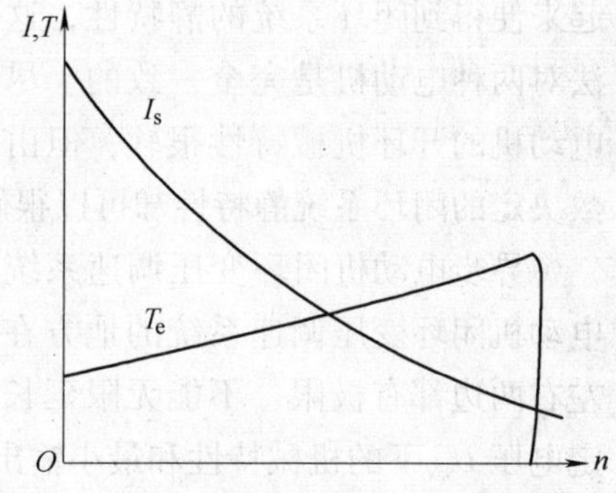

对于一般的笼型电动机，起动电流和起动转矩对其额定值的倍数大约为

起动电流倍数　$K_{Ist} = \frac{I_{s\_st}}{I_{sN}} = 4 \sim 7$　　(5-6)

起动转矩倍数　$K_{Tst} = \frac{T_{e\_st}}{T_{eN}} = 0.9 \sim 1.3$　　(5-7)

图 5-8　异步电动机直接起动时的机械特性

由于中、大容量电动机的起动电流大，使电网压降过大，会影响其他用电设备的正常运行，甚至使该电动机本身根本起动不起来。这时必须采取措施来降低其起动电流，常用的办法是降压起动。

由式（5-4）可知，当电压降低时，起动电流将随电压成正比地降低，从而可以避开起动电流的冲击。但是式（5-5）又表明，起动转矩与电压的二次方成正比，起动转矩的减小将比起动电流的降低更快，降压起动时会出现起动转矩够不够的问题。

传统的降压起动方法有：星-三角（Y-△）起动、定子串电阻起动、自耦变压器降压起动等[43]。它们都是一级降压起动，起动过程中电流有两次冲击，其幅值都比直接起动电流低，而起动时间略长。

现在随着交流调速系统的广泛应用，开发了专门的软起动器来限制起动电流。目前的软起动器一般采用晶闸管交流调压器，完成起动后可用接触器旁路晶闸管，以免晶闸管不必要地长期工作。起动电流可视起动时所带负载的大小进行调整，以获得最佳的起动效果。下面

讲述软起动器常用的几种控制模式。

1. 电压控制模式

电压控制模式是软起动器的基本控制模式，其起动控制过程如图5-9所示。通常设置两个参数：起始电压（或起始转矩）及爬坡时间。这种控制模式是一种开环控制模式。基于电压控制模式的软起动器可以直接利用交流变压器来实现，主电路结构简单且成本低廉，系统控制只需设置不同的调压模式，并按一定的时序给定电压指令，控制简易方便。

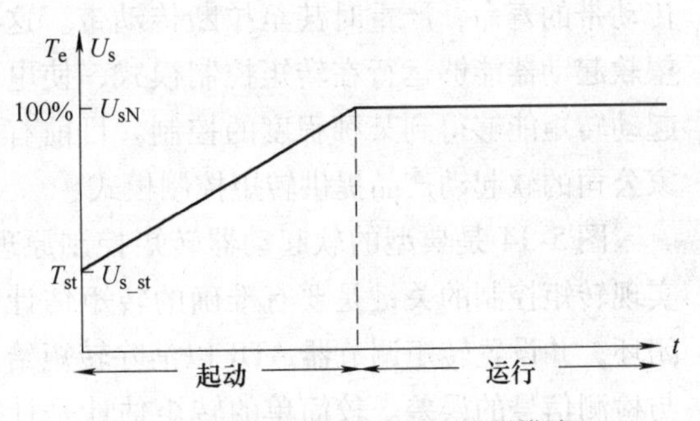

图5-9　软起动器的开环电压控制模式

当负载略重或静摩擦转矩较大时，可在电压控制模式上添加突跳起动，即在刚起动时给电动机施加很高的电压脉冲以缩短起动时间，这种采用强脉冲电压控制模式的起动过程如图5-10所示。有些软起动器还可同时设定两种电压爬坡速率以适应变化的负载，采用双斜坡控制模式的起动过程如图5-11所示。

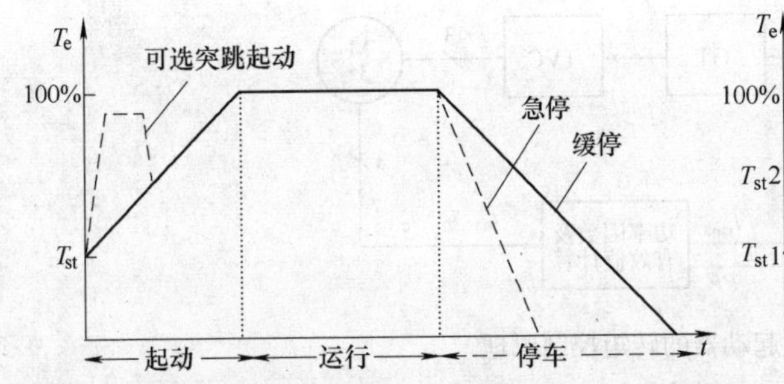

图5-10　软起动器的开环电压控制模式可添加突跳起动

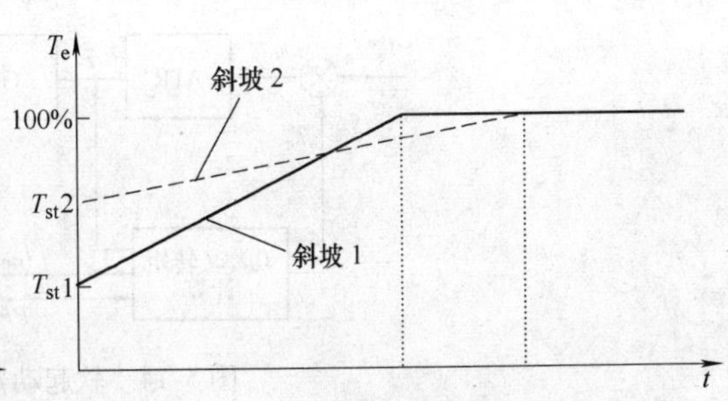

图5-11　软起动器的双斜坡起动

2. 电流控制模式

由于电动机的输入阻抗随转速变化，因此仅靠电压控制不能很好地限制起动电流。为解决这一问题，发展了电流控制模式。目前市场上的大多数软起动器都具有电流闭环控制能力，在起动过程中能控制电流的幅值并保持恒定，其起动过程如图5-12所示。突跳起动也适用于电流控制模式。

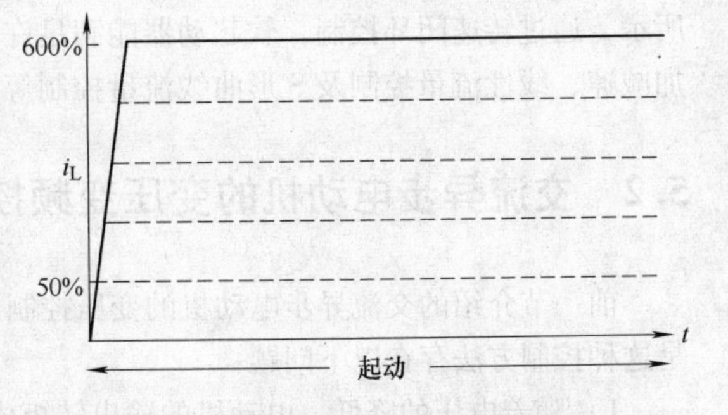

图5-12　软起动器的闭环电流控制模式

电流控制有很多种方法，这里只介绍较简单的一种，其原理如图5-13所示。图中α是晶闸管的触发角，包含一系列的常数段和余弦变化段。I_N为电动机的额定电流，k_i为设定的起动电流倍数。当实际电流小于设定值的0.95倍时（即$I \leqslant 0.95\ k_i I_N$），触发角$\alpha$按余弦规律递减。图中的$t_T$为余弦周期的四分之一。当实际电流大于设定值的0.95倍时（$I > 0.95\ k_i\ I_N$），触发角α保持不变。系数0.95可以调整，该值决定电流幅值的波动范围。

3. 转矩控制模式

在有些应用场合如带式输送，输送机如果承受太大的转矩，会造成传动带内应力过大，从而减少传动带的寿命，严重时甚至拉断传动带。这时候希望软起动器能够运行在转矩控制模式，使电动机的起动转矩能够得到某种程度的控制。目前有少数几家公司的软起动产品提供转矩控制模式。

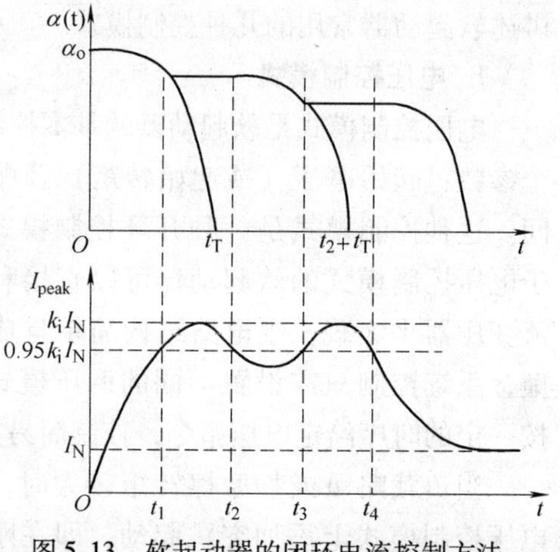

图 5-13 软起动器的闭环电流控制方法

图 5-14 是典型的软起动器转矩控制原理框图，实现转矩控制的关键是要有准确的转矩估计以构成闭环，并设置转矩调节器 ATR 以消除转矩给定信号与检测信号的误差。较简单的转矩估计是计算有功功率，扣除定子损耗后，根据式 $T_e \approx (P_{ac} - 3I_s^2 R_s)/\omega_s$ 计算电动机的平均电磁转矩。更好的方法是根据电动机的磁链模型由转矩方程式计算，在转矩控制模式下，当负载恒定时可以保证净加速转矩近似恒定。

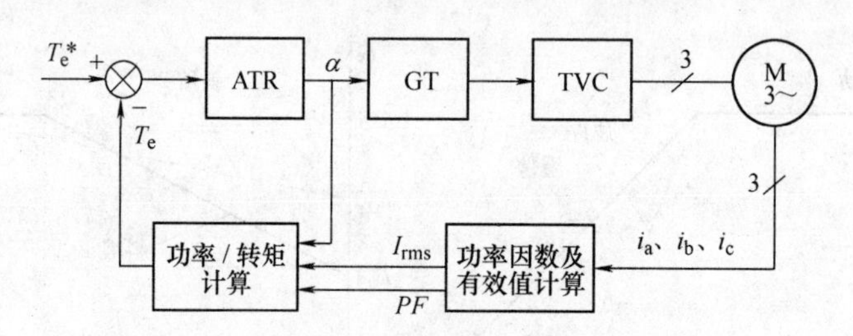

图 5-14 软起动器的转矩控制原理

4. 转速控制模式

上述的带式传输机的最佳解决方案是采用转速闭环控制的起动方案。系统原理如图 5-4 所示，通过转速闭环控制，软起动器能满足许多应用场合的要求，如线性加减速、S 形曲线加减速、线性流量控制及 S 形曲线流量控制等。

5.2 交流异步电动机的变压变频控制系统

前一节介绍的交流异步电动机的变压控制系统虽然结构简单、控制方便、成本低廉，但是这种控制方法存在以下问题：

1）随着电压的降低，电动机的输出转矩成二次方地减少，使系统调速范围小。

2）系统的稳态特性的非线性性质使转速调节器设计困难，影响系统的静态精度。

3）系统采用近似数学模型，工作点范围受限，使固定调节器参数难以满足高动态性能的要求。

为克服上述困难，需要采用变压变频调速方法。本节首先介绍交流异步电动机的变压变频控制的基本模式及其特性，然后论述几种采用电压源型变频器的变压变频调速系统，并给出在风机、水泵类传动系统节能控制的应用实例。

5.2.1　变压变频控制的控制模式及其机械特性

变压变频调速的基本控制策略需根据其频率控制的范围而定，而实现基本的控制策略，又可选用不同的控制模式。类似于他励直流电动机的调速分为基速以下采用保持磁通恒定条件下的变压调速，基速以上采用弱磁升速两种控制策略，异步电动机变压变频调速也划分为基频以下调速和基频以上调速两个范围，采用不同的基本控制策略。

1. 基本思路

异步电动机调速也应保持电动机中每极磁通量为额定值不变。这是因为如果磁通太弱，没有充分利用铁心；如果过分增大磁通，又会使铁心饱和。但是，不同于他励直流电动机励磁回路独立，易于保持其恒定，如何在交流异步电动机控制中保持磁通恒定是实现变频变压调速的先决条件。考虑到三相异步电动机定子每相电动势的有效值与定子频率和每极气隙磁通量的积成正比，即有

$$E_g = 4.44 f_s N_s k_{Ns} \Phi_m \tag{5-8}$$

式中　E_g——气隙磁通在定子每相绕组中感应电动势的有效值（V）；

f_s——定子频率（Hz）；

N_s——定子每相绕组串联匝数；

k_{Ns}——定子基波绕组系数；

Φ_m——每极气隙磁通量（Wb）。

在式（5-8）中N_s和k_{Ns}是常数，因此只要控制好E_g和f_s，便可达到控制磁通Φ_m的目的。对此需要考虑基频（额定频率）以下和基频以上两种情况。

2. 基频以下的恒磁通调速

在基频以下调速时，根据式（5-8），要保持Φ_m不变，当定子频率f_s从额定值f_{sN}向下调节时，必须同时降低E_g，使二者同比例下降，即应采用电动势频率比为恒值的控制方式。然而，从图5-15所示的笼型转子异步电动机等效电路可见，绕组中的感应电动势是难以直接控制的。为达到这一目的有以下三种控制模式：

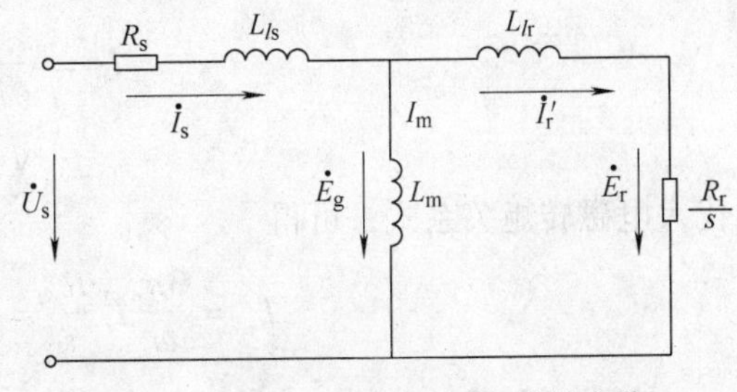

图5-15　笼型转子异步电动机等效电路

（1）恒压频比控制模式　分析图5-15的等效电路可以发现，当电动机的电动势值较高时，可以忽略定子绕组的漏磁阻抗压降，从而认为定子相电压$U_s \approx E_g$，因此可以采用恒压频比的控制模式，即有

$$\frac{U_s}{\omega_s} = 常值 \tag{5-9}$$

恒U_s/ω_s控制模式因需要同时改变异步电动机供电电源的电压和频率，应按照图5-16所示的控制曲线实施控制。图中，曲线1为标准的恒压频比控制模式；曲线2为有定子压降补偿的恒压频比控制模式，通过外加一个补偿电压U_{co}来提高初始定子电压，以克服低频时定

子阻抗上压降所占比重增加而不能忽略的影响。在实际应用中，由于负载的变化，所需补偿的定子压降也不一样，应备有不同斜率的补偿曲线，以供选择。

采用恒压频比控制的电动机特性如图 5-17 所示，正如式（5-1）所描述的那样，由于电磁转矩与定子电压的二次方成正比，随着电压和频率的降低，电动机的输出转矩有较大的减小，因此在低频时需要加定子电压补偿。但是即便如此，恒压频比控制模式在低频时带负载的能力仍然有限，使其调速范围受到限制并影响系统性能。

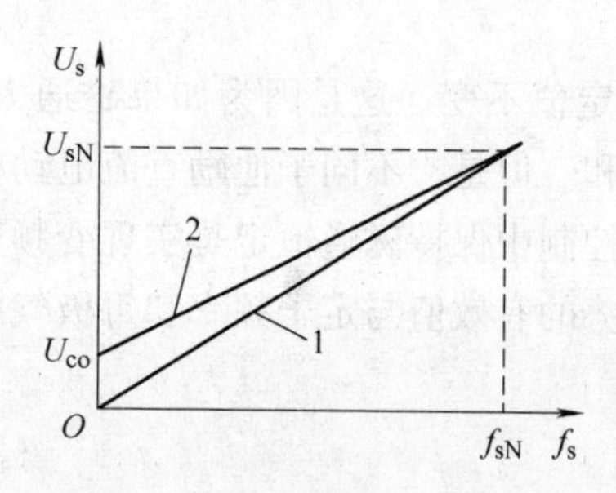

图 5-16　恒压频比模式的控制曲线

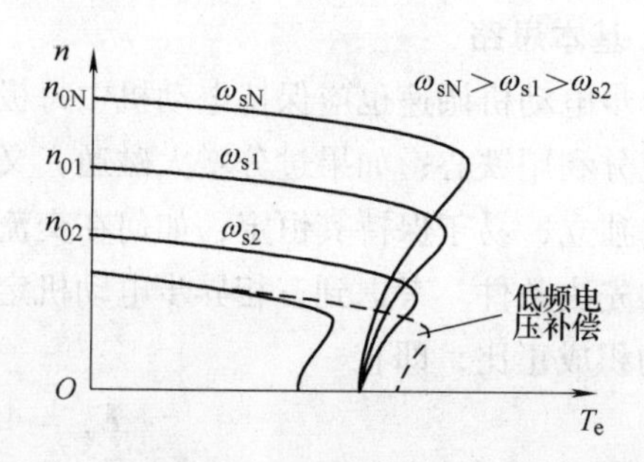

图 5-17　恒压频比控制变频调速的机械特性

（2）恒定子电动势频比控制模式　再次分析图 5-15 的异步电动机的等效电路，可以发现：假如能够提高定子电压以完全补偿定子阻抗的压降，就能实现恒定子电动势频比的控制模式，即有

$$\frac{E_g}{\omega_s}=\text{常值} \tag{5-10}$$

这时，从图 5-15 的电路关系中可得转子电流的表达式

$$I_r=\frac{E_g}{\sqrt{\left(\frac{R_r}{s}\right)^2+\omega_s^2L_{lr}^2}} \tag{5-11}$$

代入电磁转矩关系式，可得

$$T_e=\frac{3n_p}{\omega_s}I_r^2\frac{R_r}{s}=3n_p\left(\frac{E_g}{\omega_s}\right)^2\frac{s\omega_sR_r}{R_r^2+s^2\omega_s^2L_{lr}^2} \tag{5-12}$$

在式（5-12）中对 s 求导，并令 $\mathrm{d}T_e/\mathrm{d}s=0$，可得最大转矩及对应的最大转差率

$$s_{max}=\frac{R_r}{\omega_sL_{lr}} \tag{5-13}$$

$$T_{emax}=\frac{3}{2}n_p\left(\frac{E_g}{\omega_s}\right)^2\frac{1}{L_{lr}} \tag{5-14}$$

由式（5-13）可见，s_{max} 与定子频率 ω_s 成反比，即随着 ω_s 降低，s_{max} 将增大，而式（5-14）表示最大转矩因 E_g/ω_s 保持恒值而不变，这说明特性曲线应从额定曲线平行下移。根据式（5-12）~式（5-14）画出的的机械特性如图 5-18所示，可见采用恒定子电动势频比控制模式的系统稳态性能优于恒压频比控制模式，这也正是在恒压频比控

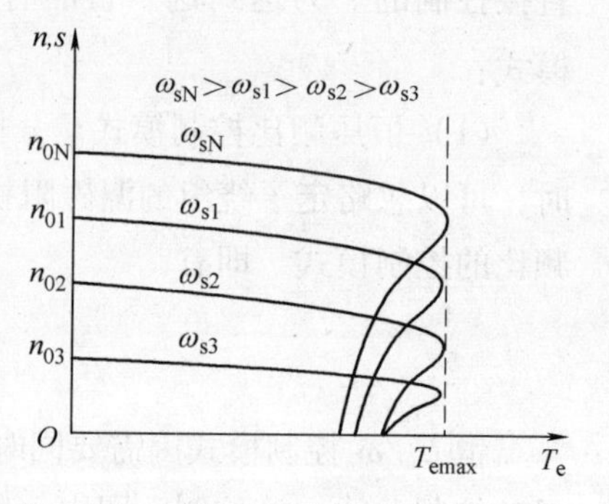

图 5-18　恒定子电动势频比控制模式的系统稳态特性

制模式中采用定子压降补偿所带来的好处。

(3) 恒转子电动势频比控制模式　进一步研究图5-15的等效电路，可以设想如果能够通过某种方式直接控制转子电动势，使其按照恒转子电动势频比进行控制，即有

$$\frac{E_r}{\omega_s} = 常值 \tag{5-15}$$

那么这时的转子电流可以表达为

$$I_r = \frac{E_r}{R_r/s} \tag{5-16}$$

而电磁转矩则变为

$$T_e = \frac{3n_p}{\omega_s} I_r^2 \frac{R_r}{s} = 3n_p \left(\frac{E_r}{\omega_s}\right)^2 \frac{s\omega_s}{R_r} \tag{5-17}$$

由式(5-17)可知，当采用恒E_r/ω_s控制模式时，异步电动机的机械特性$T_e=f(s)$变为线性关系，其特性曲线如图5-19所示，是一条下斜的直线，获得与直流电动机相同的稳态性能。这也正是高性能交流调速系统想要达到的目标。

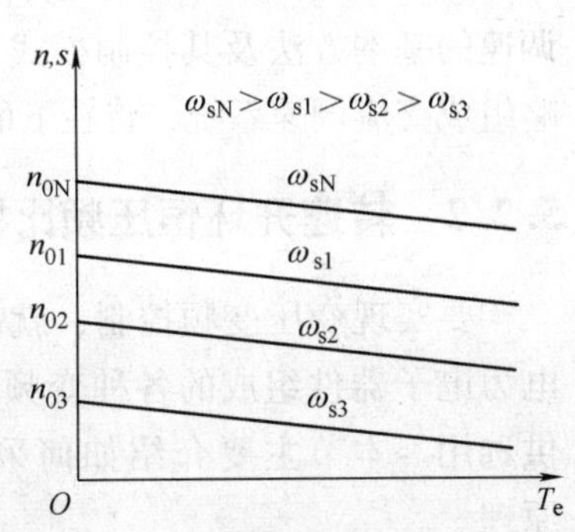

图5-19　恒转子电动势频比控制模式的系统稳态特性

比较三种控制模式，显然恒U_s/ω_s控制模式最容易实现，但系统性能一般，调速范围有限，适用于对调速要求不太高的场合，比如风机、水泵的节能控制等；恒E_g/ω_s控制模式因其定子压降得到完全补偿，在调速过程中最大转矩保持不变，系统性能优于前者，但其机械特性还是非线性的，输出转矩的能力仍受一定限制；恒E_r/ω_s控制模式能获得与直流电动机一样的线性机械特性，其动静态性能优越，适用于各种高性能要求的电力传动场合，但其控制相对复杂。如何实现恒E_r/ω_s控制将在矢量控制章节介绍。

3. 基频以上的恒压变频控制

在基频f_{sN}以上变频控制时，由于定子电压不宜超过其额定电压长期运行，因此一般需采取$U_s=U_{sN}$不变的控制策略。这时，机械特性方程式及最大转矩方程式应写成

$$T_e = 3n_p U_s^2 \frac{sR_r}{\omega_s\left[(sR_s+R_r)^2 + s^2\omega_s^2(L_{ls}+L_{lr})^2\right]} \tag{5-18}$$

$$T_{emax} = \frac{3}{2} n_p U_s^2 \frac{1}{\omega_s\left[R_s + \sqrt{R_s^2 + \omega_s^2(L_{ls}+L_{lr})^2}\right]} \tag{5-19}$$

由式(5-18)和式(5-19)可知，T_e及T_{emax}近似与定子角频率ω_s成反比。当ω_s提高时，同步转速随之提高，最大转矩减小，机械特性上移，而形状基本不变，如图5-20所示。由于频率提高而电压不变，气隙磁通势必减弱，导致转矩的减小，但转速却升高了，可以认为输出功率基本不变。所以基频以上变频调速属于弱磁恒功率调速。

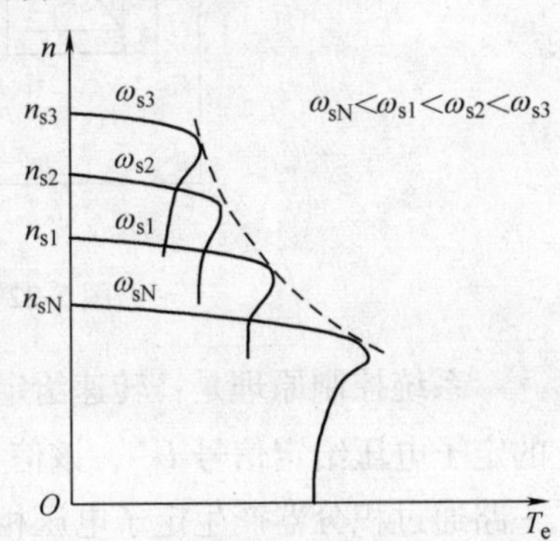

图5-20　基频以上恒压变频调速的机械特性

4. 基频以下和基频以上的配合控制

如果采用笼型转子异步电动机实现大范围的调速，就需要基频以下和基频以上的配合控制，其控制策略是：

1）在基频以下，以保持磁通恒定为目标，采用变压变频协调控制。

2）在基频以上，以保持定子电压恒定为目标，采用恒压变频控制。

配合控制的系统稳态特性如图 5-21 所示，基频以下变压变频控制时，其磁通保持恒定，转矩也恒定，属于恒转矩调速性质；基频以上恒压变频控制时，其磁通减小，转矩也减小，但功率保持不变，属于弱磁恒功率调速性质。这与他励直流电动机的配合控制相似。

综上所述，本节概要地介绍了异步电动机变压变频调速的基本方法及其控制模式，如何应用上述方法和策略组成交流调速系统，将在下面几节详细讨论。

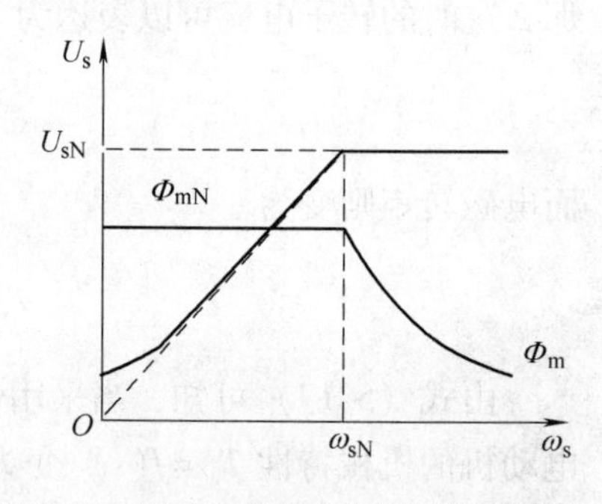

图 5-21　异步电动机变频调速控制特性

5.2.2　转速开环恒压频比控制系统

要实现变压变频控制，就需要有能够调压和调频的交流电源。在第 2 章中已介绍了由电力电子器件组成的各种变频器的原理和调制方法，目前市场上又有多种通用变频器可供选用。本节主要介绍如何采用通用变频器构成一个转速开环的交流调速系统与控制原理。

一个转速开环的交流调速系统[44]如图 5-22 所示，该系统由电压型 PWM 变频器作为供电电源，采用恒 U_s/ω_s 控制模式。

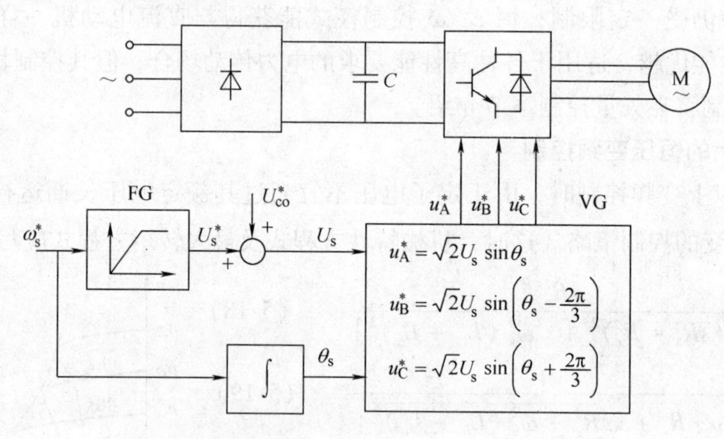

图 5-22　转速开环的恒压频比控制调速系统结构

系统控制原理是：转速给定信号 ω_s^* 一路经函数发生器 FG 产生由恒 U_s/ω_s 控制曲线决定的定子电压给定信号 U_s^*，该信号与定子压降补偿电压 U_{co} 相加形成定子电压有效值 U_s；另一路通过积分器产生定子电压相位给定信号 θ_s，再将所得的定子电压的幅值和相位信号传送给电压发生器 VG，算出三相电压给定信号 u_A^*、u_B^*、u_C^* 作为通用变频器的控制信号。电压型 PWM 变频器根据电压控制信号输出电压和频率可调的交流电，驱动异步电动机运行。由此，只要改变转速指令 ω_s^*，异步电动机就会按恒 U_s/ω_s 控制模式调速。

转速开环的恒压频比控制调速系统具有系统结构简单、便于控制的优点，采用通用变频器选型方便，价格低廉，系统可靠。但是由于是开环控制，系统的动静态性能有限，适用于对调速指标要求不太高的场合，比如风机和泵类负载的节能控制等。

5.2.3　转速闭环恒定子电动势频比控制系统

为了克服开环控制的不足，提高系统性能，需引入转速反馈控制。采用转速反馈控制的交流调速方案很多，本节主要介绍一种基于转差频率控制的转速闭环变压变频调速系统。

1. 系统组成和控制原理

一个转速闭环定子电动势频比控制的调速系统如图5-23所示，该系统仍选用电压型PWM变频器作为异步电动机的供电电源，变压变频采取恒 E_g/ω_s 控制模式，并引入了转速反馈。其控制原理是：由转速编码器SE检测电动机的转速 ω_r，一路与转速给定信号 ω_r^* 相比较，转速误差经转速调节器ASR产生转差信号 ω_{sl}^*，再与另一路转速检测信号 ω_r 相加后形成定子给定频率 ω_s^*，然后通过函数发生器FG，按恒 E_g/ω_s 控制曲线产生相应的定子电压幅值给定信号 U_s^*，最终由同时输出的定子电压幅值 U_s^* 和频率 ω_s^* 指令，去控制PWM变频器改变其输出的电源电压和频率，达到调速的目的。

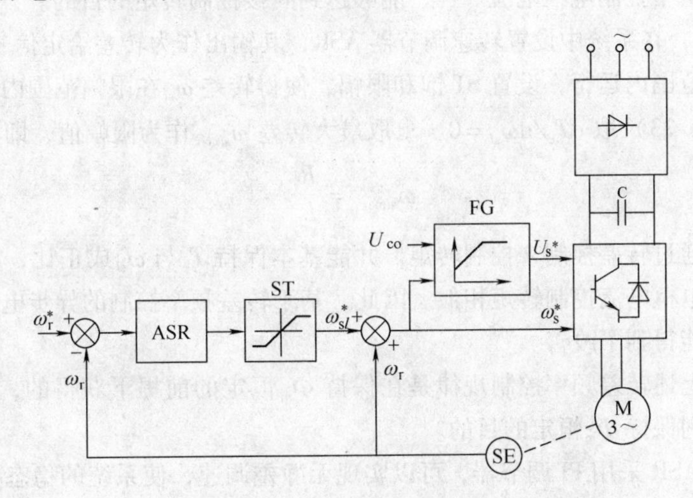

图5-23　转速闭环的恒压频比控制调速系统结构

2. 转差频率控制策略

（1）恒 E_g/ω_s 控制算法　利用函数发生器或算法恒 E_g/ω_s 控制模式，即

$$\frac{E_g}{\omega_s}=\text{常值} \tag{5-20}$$

其目的是为了保持异步电动机定子气隙磁通 Φ_m 恒定。

（2）转差频率限幅控制　由于调速系统的动态性能取决于对转矩控制的能力，类似于直流电动机利用控制电枢电流来控制电磁转矩的思路，考虑到采用恒 E_g/ω_s^* 控制模式，根据

式（4-24）计算电磁转矩

$$T_{e} = 3n_{p}\left(\frac{E_{g}}{\omega_{s}}\right)^{2}\frac{s\omega_{s}R_{r}}{R_{r}^{2}+s^{2}\omega_{s}^{2}L_{lr}^{2}} \tag{5-21}$$

再将 $E_{g}=4.44f_{s}N_{s}k_{Ns}\Phi_{m}=4.44\frac{\omega_{s}}{2\pi}N_{s}k_{Ns}\Phi_{m}=\frac{1}{\sqrt{2}}\omega_{s}N_{s}k_{Ns}\Phi_{m}$ 代入上式，得

$$T_{e} = \frac{3}{2}n_{p}N_{s}^{2}k_{Ns}^{2}\Phi_{m}^{2}\frac{s\omega_{s}R_{r}}{R_{r}^{2}+s^{2}\omega_{s}^{2}L_{lr}^{2}} \tag{5-22}$$

令 $K_{m}=\frac{3}{2}n_{p}N_{s}^{2}k_{Ns}^{2}$ 为电动机结构常数，且有 $s\omega_{s}=\omega_{sl}$ 为转差角频率，则

$$T_{e} = K_{m}\Phi_{m}^{2}\frac{\omega_{sl}R_{r}}{R_{r}^{2}+\omega_{sl}^{2}L_{lr}^{2}} \tag{5-23}$$

当电动机稳态运行时，因 s 值很小，ω_{sl} 也很小，这时可以认为 $\omega_{sl}L_{lr}\ll R_{r}$，则转矩公式可以近似为

$$T_{e} \approx K_{m}\Phi_{m}^{2}\frac{\omega_{sl}}{R_{r}} \tag{5-24}$$

式（5-24）表明，当异步电动机在 s 值很小的稳态运行范围内，如果能够保持定子气隙磁通 Φ_{m} 不变，其电磁转矩 T_{e} 与转差角频率 ω_{sl} 成正比。这意味着在异步电动机中控制 ω_{sl}，就像在直流电动机中控制电枢电流一样，能够达到间接控制转矩的目的。

为了控制 ω_{sl}，在系统中设置转速调节器 ASR，其输出作为转差给定信号 ω_{sl}^{*}；为限制异步电动机在稳态范围内运行，设置 ST 饱和限幅，使得转差 ω_{sl} 在限幅范围内与电磁转矩成正比[2]，并对式（5-23）取 $\mathrm{d}T_{e}/\mathrm{d}\omega_{sl}=0$，求取最大转差 ω_{slmax} 作为限幅值，即有

$$\omega_{slmax} = \frac{R_{r}}{L_{lr}} \tag{5-25}$$

这样就可以通过转差控制来控制转矩，并能基本保持 T_{e} 与 ω_{sl} 成正比，其作用就像在直流调速系统中用电枢电流控制转矩相似。因此，基于转差频率控制的异步电动机转速闭环调速系统的动态性能得到了改善。

必须指出，上述转差频率控制规律是在保持 Φ_{m} 恒定的前提下获得的，而采用恒 E_{g}/ω_{s} 控制就是为了达到保持 Φ_{m} 恒定的目的。

如果系统中 ASR 采用 PI 调节器，可以实现无静差调速，使系统的稳态精度有较大的提高。又因采用了恒定子电动势频比控制模式，即满足恒 E_{g}/ω_{s} 控制特性，因此，系统的稳态性能如图 5-18 所示，其输出的最大转矩在调速过程中保持不变，具有低频带负载的能力，扩大了调速范围。

3. 转差频率控制系统近似模型与动态结构图

对于图 5-23 所示的异步电动机转差频率控制系统，假定满足其稳态模型的条件，且在调速过程中 Φ_{m} 保持恒定。

另假设：忽略异步电动机定子电阻与漏感的压降，即 $E_{g}\cong U_{s}$，且电压型变频器的输出电压幅值与其频率给定成正比，并考虑变频器控制信号与输出电压的滞后效应，将变频器的传递函数近似为一个带放大作用的一阶惯性环节，即

$$G_{\mathrm{PWM}}(s)=\frac{U_{\mathrm{s}}(s)}{\omega_{\mathrm{s}}^{*}(s)}=\frac{K_{\mathrm{s}}}{1+T_{\mathrm{s}}s} \tag{5-26}$$

式中　K_s——电压型通用变频器的放大系数；

T_s——电压型通用变频器的滞后时间。

采用式（3-22）给出的异步电动机稳态模型，由此，可画出转差频率控制系统近似动态结构，如图5-24所示。

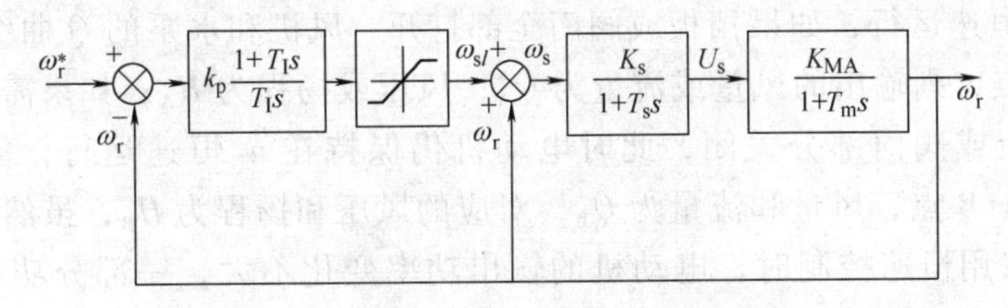

图5-24　转差频率控制系统近似动态结构

利用图5-24可以近似分析转差频率控制系统的动态性能和粗略估算其转速调节器参数。不过，由于该模型做了较大的近似和忽略，其分析和设计精度大受影响。仅能用作初步的理论分析，实际应用需要进行现场系统调试，以达到所需的技术要求和性能。

由上分析，尽管转速闭环恒定子电动势频比控制的调速系统具有较好的动、静态性能，但是还不能完全达到直流双闭环系统的水平，具有一定的局限性。其主要原因在于：

1）采用FG实现恒 E_g/ω_s 控制算法依赖于定子压降补偿 U_{co}^*，但其大小与定子电流有关，固定的 U_{co}^* 设置会带来补偿误差，可采用动态补偿方法[2]。

2）转差频率控制的系统分析和设计是基于稳态模型的，因此保持 Φ_m 恒定只有在系统稳态时成立，在动态过程中的变化会影响系统的实际动态性能。

3）在频率控制环节，定子频率由转子和转差频率合成，即 $\omega_s^*=\omega_r+\omega_{sl}^*$，但是由于转速检测的误差会造成频率控制信号的误差。

如果需要进一步提高系统性能，则应采用动态模型来描述系统，并设法采用恒 E_r/ω_s 控制模式，这就是矢量控制要讨论的问题。

5.2.4　采用电压源变频器的交流调速系统应用举例

能源和环境是目前全球经济发展中倍受关注的两大问题。电气传动系统是能源的消耗大户，据报道，我国发电总量的60%以上是通过电动机消耗的。风机和泵类是长期以来最为常用的生产设备，其电气传动装置的容量约占工业电气传动总容量的50%。

传统上，风机和泵类的电气传动装置多采用恒速控制，其电气传动系统较为简单，一般采用三相交流母线供电、电器控制、笼型异步电动机恒速传动。通常做工厂设计时，按生产中可能需要的最大风量与流量选择风机和泵，并留有一定的裕量。拖动风机和泵类的电动机实际传动功率为

$$P_m=\lambda QH \tag{5-27}$$

式中　λ——功率系数，包括风机和水泵的效率、传动机构效率和功率裕度系数；

Q——风机的风量或水泵的流量；

H——风机的风压或水泵的扬程，有

$$H = H_0 - (H_0 - 1)Q^2 \tag{5-28}$$

其中 H_0 为风机和水泵流量为零时的扬程，即有 $Q=0$，$H=H_0$。

在实际生产中，由于电动机恒速运行，工作在满速，所以只能通过挡板或阀门来调节风量和流量。风机和泵类负载采用恒速拖动的工作特性曲线如图 5-25a 所示，电动机以额定转速 n_N 恒速运行，如果挡板或阀门全部打开，风机和水泵的 Q 曲线为 C1，系统稳定工作于 A 点，则输出的风量或流量为 Q_A，风压或扬程为 H_A；如果需要减少风量或流量，则将挡板或阀门部分关闭，此时电动机仍保持在 n_N 恒速运行，但 Q 曲线改为 C2，系统工作于 B 点，风量和流量为 Q_B，对应的风压和扬程为 H_B，虽然 Q 减小，但 H 增加。因此，采用恒速控制时，电动机的输出功率变化不大，一部分功率被白白浪费了，致使能源利用率降低。

近年来，为了节约能源和提高效率，将风机和泵类机械改用能够调速的电气传动装置，通过改变电动机的速度来调节风量和流量，达到节能的目的[45]。例如，采用笼型异步电动机变压调速或变频调速、绕线转子异步电动机串级调速，以及大功率同步电动机的多电平高压变频调速等。

采用异步电动机变压变频开环调速的节能控制原理如图 5-25b 所示，为了减小风量和流量，现只要通过变压调速，将电动机转速降低到 n'，使风机和水泵运行于工作点 A′，此时，风量和流量为 $Q_{A'}=Q_B$，但风压和扬程也同时降低为 $H_{A'}<H_A$，由式（5-27）分析可知，调速控制可以减少输出功率，达到节能的目的。

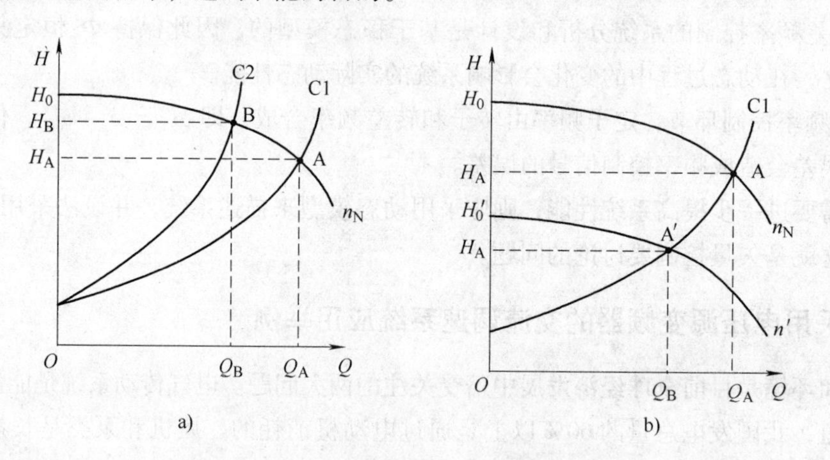

图 5-25　风机和泵类的传动控制曲线

a）恒速控制的 Q-H 曲线　b）调速控制的 Q-H 曲线

例题 5-1　现有一风机，额定传动功率 P_{mN} 为 1000kW，其特性为 $H_0=1.4$，假定要求风机的排风量从 100% 到 70% 变化时，如果采用变压变频调速，调速系统效率为 $\eta=95\%$，计算可节省的功率。

解：设额定风量时 $Q=1$，额定扬程 $H=1$，额定传动功率 $P_{mN}=1000\text{kW}$，这里为计算简便忽略风机的效率和传输损耗，取 $\lambda=1$。

若采用恒速控制，风量100%时，电网输入功率为

$$P_{e1} = P_{mN}/\eta = 1000\text{kW}/0.95 = 1052.6\text{kW}$$

风量70%时，$P_{e0.7} = P_{mN}Q_{0.7}H_{0.7}/\eta = 1000\text{kW} \times 0.7 \times [1.4 - (1.4 - 1) \times 0.7^2]/0.95 = 887.2\text{kW}$。

若采用变压变频开环调速控制，风量100%时，电网功率同上，$P_{e1} = 1052.6\text{kW}$，风量70%时，在图5-25b中设电动机以转速 n'运行时，$H_0' = 0.7$，则有

$$P'_{e0.7} = P_{mN}Q_{0.7}H'_{0.7}/\eta = 1000\text{kW} \times 0.7 \times [0.7 - (0.7 - 1) \times 0.7^2]/0.95 = 361.1\text{kW}$$

采用调速控制节省功率

$$P_{e0.7} - P'_{e0.7} = 887.2\text{kW} - 361.1\text{kW} = 526.1\text{kW}$$

综上所述，如果用调速传动代替原来用挡板或阀门对流量和压力的调节，平均可节电30%～40%，估计全年可节电数百亿千瓦时，因此风机、泵类的节能问题越来越受到重视[45]。

5.3 交流同步电动机的负载换流传动控制系统

同步电动机的转速与其电源频率成正比，变频调速是其唯一的改变转速的办法。早期的同步电动机变频调速采用晶闸管交-直-交电流源变频器和晶闸管交-交变频器，控制系统则采用基于稳态模型的控制方法。

虽然晶闸管逆变器存在关断困难问题，但是，采用晶闸管电流源型变频器（CSI）给凸极式同步电动机供电，在网侧和负载侧都利用晶闸管自然换向的换流方式，可避免晶闸管强迫换流的困难。电动机侧（负载侧）逆变器利用定子感应电动势波形过零实现换向，称作负载换相逆变器（Load Commutated Inerter，LCI）。由于晶闸管仍是目前容量最大的电力电子器件，因此，采用LCI变频器的同步电动机传动系统常应用于一些大功率传动系统[27]。

5.3.1 采用LCI逆变器供电的同步电动机及其负载换流模式

在交-直-交变频器中，整流器采用晶闸管的调压控制，直流回路采用电感器作为储能元件，逆变器也采用三相桥式电路，图5-26为六个晶闸管 VT_1～VT_6组成的三相CSI主电路拓扑。图中FC为频率控制器，根据输入的频率控制信号 U_{fr}^*，产生一定频率的脉冲，并分别去触发相应的晶闸管。

CSI逆变器采用120°导通型换流模式，逆变器中的晶闸管按同步电动机的感应电动势（EMF）变化进行换流，由同步电动机提供换向电动势，比如：当 VT_1与 VT_3换流时，因 VT_3触发导通，电动机的A相绕组与B相绕组之间的线电压为

$$u_{AB} = e_A - e_B \tag{5-29}$$

式中 e_A，e_B——电动机A相与B相的感应电动势。

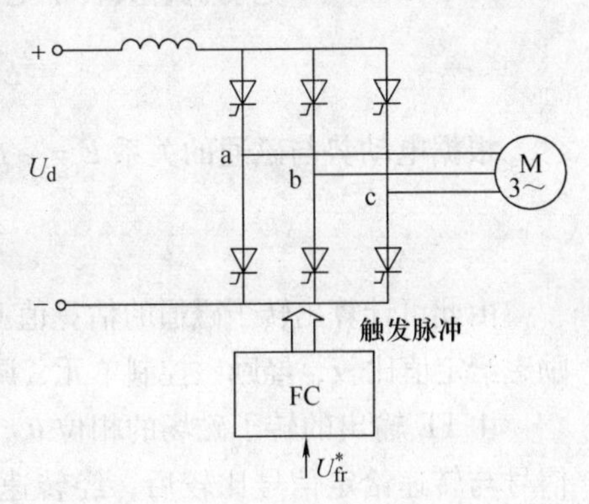

图5-26 三相桥式CSI逆变器主电路

如果在 $e_A > e_B$时触发 VT_3，使 VT_1承受反向电压，并在 VT_1与 VT_3之间流过一个反向电流，将迫使 VT_1关断，电流自动换相到 VT_3的桥臂。这样，通过负载换流模式实现逆变。

这种同步变流器与同步电动机组合的电力传动方式，具有简单可靠、输出转矩大、动态响应快的特点，适用于低速大功率的传动系统[3]。

5.3.2 采用 CSI 变频器的同步电动机调速控制系统

1. 系统组成

一种基于 V/F 控制的同步电力传动控制系统如图 5-27 所示[44]，采用由晶闸管整流器 UR 和逆变器 CSI 组成的电流型变频器，故又称为同步变流器（Synchro Converter）[3]。

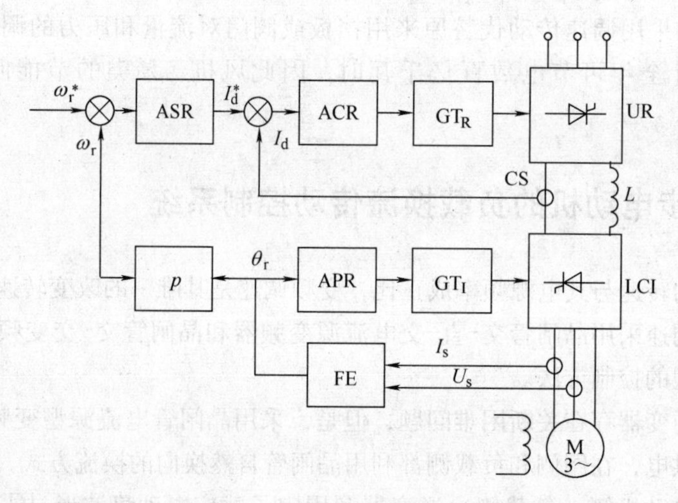

图 5-27 一种基于 V/F 控制的同步电动机传动控制系统

2. 控制策略

系统的 VVVF 控制策略是：对晶闸管整流器通过转速和电流双闭环，进行电流控制，实现调压；对逆变器通过相位调节器 APR 实现 LCI 换流。其控制原理是：LCI 换流需要检测转子的位置，即转子与定子的相位 θ_r，这里采用磁场状态估计器，通过检测定子电压和电流，再计算出转子磁通和相位。

对于凸极同步电动机，其转子电动势为：

$$E_r = U_s - Ri_s - L\frac{di_s}{dt} \tag{5-30}$$

根据电动势与磁通的关系 $E = -d\Phi/dt$，可得

$$\Phi_r = \int E_r dt \tag{5-31}$$

由此可计算出转子磁通的估算值 $\hat{\Phi}_r$，作为转子励磁的反馈值与来自于函数发生器的转子励磁给定值比较，经励磁控制单元，调节励磁电源的输出，在转子绕组上产生所需直流励磁。

由 FE 输出的转子磁场的相位 θ_r，一路经微分环节输出转速估算值 $\omega_r = p\theta_r$作为转速反馈信号与转速给定信号比较后，经转速调节器 ASR 和电流调节器 ACR 控制整流器 UR 调压，并由电感 L 储能，为逆变器提供恒流源。

另一路 θ_r 作为相位调节器 APR 的输入，经 APR 合成计算出 LCI 换流所需的控制角 α_I，触发逆变器 I 相应的晶闸管导通，为同步电动机定子提供交流输出。控制角 α_I 的计算有多种方法，详见有关文献［44］。

3. 动态分析

根据式（3-27）表示的同步电动机感应电动势的幅值

$$E_{fm} = K_f I_f \omega_r \tag{5-32}$$

如果同步电动机的转子励磁电流保持恒定，则式（5-32）与他励直流电动机的感应电动势相似，即

$$E_{fm} = K_e \omega_r \tag{5-33}$$

例如：直流无刷同步电动机是一种特殊的永磁同步电动机，在家用电器中有广泛的应用。其独特的绕组分布方式使得永磁铁产生的气隙磁场及反电动势呈梯形波分布，而非正弦分布，如图 5-28 所示，为三相在空间彼此间隔 120°的梯形波。这样，在一个换流区间，就类似于直流电动机电枢反电动势，可用式（5-33）表示。

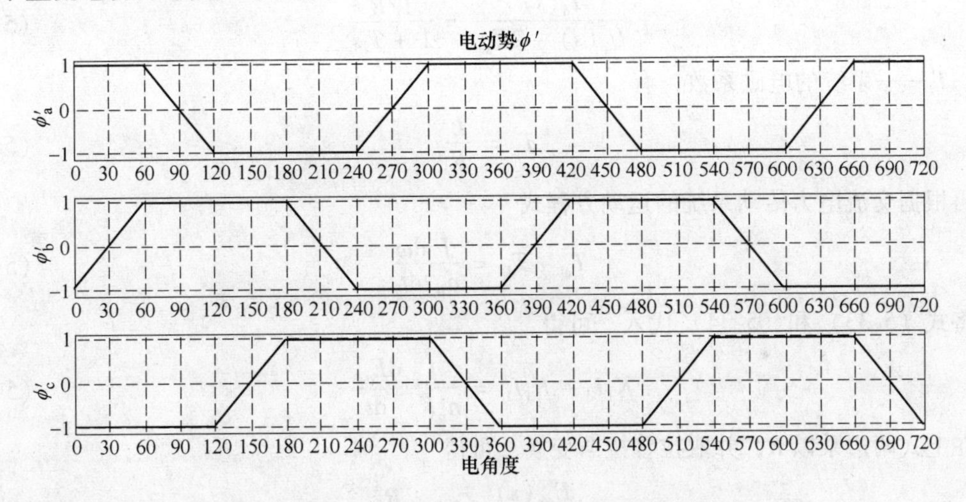

图 5-28　直流无刷同步电动机的气隙呈梯形波分布

按照图 5-26 所示的 LCI 逆变电路与同步电动机的定子绕组换流关系，因在 120°导通期间，只有两相绕组通电，例如：如图 5-29a 所示，当 VT_1 与 VT_2 导通 120°时，$i_A = I_d$，$i_C = -I_d$，$i_B = 0$；同理，可分析其他两相导通的情况。考虑到三相绕组对称，可以画出系统直流回路的等效电路，如图 5-29b 所示。

再假定电磁转矩与直流侧电流成正比，即有

$$T_e = K_T I_d \tag{5-34}$$

根据近似等效电路（见图 5-29），其电压方程为

$$U_d = RI_d + L\frac{dI_d}{dt} + 2E_{fsm} \tag{5-35}$$

式中　R，L——等效电路的总电阻及电感，即

$$R = R_d + 2R_s \tag{5-36}$$

$$L = L_d + 2L_s \tag{5-37}$$

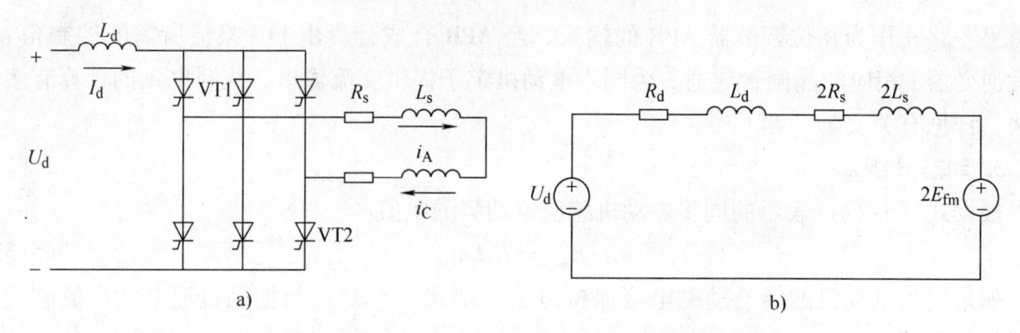

图 5-29　逆变器同步电动机负载换流等效电路

a）LCI 逆变器换流电路　b）LCI 供电的同步电动机近似等效电路

式中　R_d——变频器直流回路电阻；

　　　L_d——变频器直流滤波电感。

在等式（5-35）两边取拉普拉斯变换，可得

$$\frac{I_d(s)}{U_d(s) - 2E_{sm}} = \frac{1/R}{1 + T_l s} \tag{5-38}$$

式中　T_l——系统的电磁系数，有

$$T_l = \frac{L}{R} \tag{5-39}$$

再根据交流电力传动系统的运动方程式

$$T_e - T_L = \frac{J}{n_p}\frac{d\omega}{dt} \tag{5-40}$$

将式（5-33）和（5-34）代入，可得

$$K_T I_d - K_T I_L = \frac{J}{n_p K_e}\frac{dE_{sm}}{dt} \tag{5-41}$$

在上式两边乘以 R，并取拉普拉斯变换，可得

$$\frac{E_{sm}(s)}{I_d(s) - I_L(s)} = \frac{R}{T_m s} \tag{5-42}$$

式中　T_m——系统的机电时间常数，有

$$T_m = \frac{JR}{n_p K_e K_T} \tag{5-43}$$

由此，根据系统结构与式（5-38）和式（5-42），采用 LCI 变流的同步电动机调速系统在一个换流期间的近似动态结构如图 5-30 所示，G_{ASR} 和 G_{ACR} 分别为转速与电流调节器的传递函数，K_n 和 K_i 分别为转速与电流反馈系数。类似于直流调速系统，利用图 5-30 的系统近似模型，可以分析系统的动态特性。

4. 四象限运行

如果需要可逆运行或制动，由于 CSI 在功率交换时电流方向不变，容易实现电动机能量的回馈，从而便于四象限运行，并具有快速的动态响应。CSI 变频器的四象限运行工作过程如下：

（1）正向电动运行　当整流器 UR 工作于整流状态，$\alpha < 90°$；逆变器 CSI 工作于逆变状态，变频器输出频率大于电动机转速 $\omega_s > \omega$，电动机正向运行，电能从电网流向电动机，其

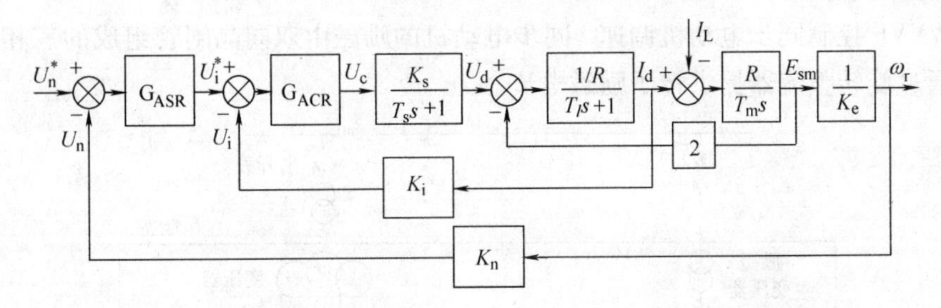

图5-30　LCI变频器供电的同步电动机电力传动系统近似动态结构图

各变量的方向如图5-31a所示。

（2）回馈制动　如果降低变频器频率，使 $\omega_s < \omega$，电动机进入发电状态；如果控制UR的触发角 $\alpha > 90°$，直流电压 U_d 反向，而电流方向不变，这时，UR处于有源逆变状态，CSI处于整流状态，电动机的动能变为电能回馈给电网。系统各变量的的方向如图5-31b所示。

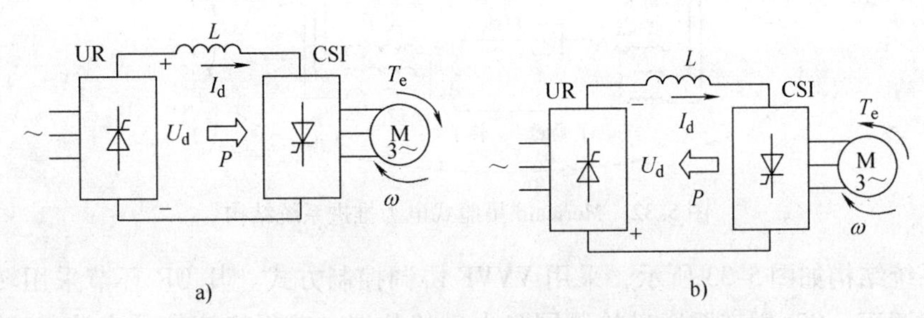

图5-31　电流源变频调速系统的工作状态

a）电动运行　b）回馈制动

（3）反向运行　只需要改变逆变器的触发时序，使逆变器输出相序相反的交流电，即可使交流电动机反向运行。

虽然CSI变频器可以通过UR的有源逆变将电动机的再生制动产生的电能回馈给电网，但由于电动机快速回馈制动时，有大量动能转化为电能，需要快速释放，所以往往在直流环节设置动态制动电阻，通过制动开关或直流斩波器的控制，将直流回路上的电能转化为制动电阻上的热能消耗掉，以避免直流回路的泵升电压。

5.3.3　应用举例

采用CSI变频器主要用于动态响应要求不高的大功率交流电力传动系统，例如大型矿井提升机、卷扬机、船舶电力推进系统等。

典型案例是Celebrity系列豪华游轮，船长294m，宽32.2m，排水量8500DWT。电力推进系统安装了两台由Rolls-Royce与Converteam公司联合研制的Mermaid吊舱式推进器，推进功率2×19500kW，额定转速150r/min。采用两台Converteam公司的同步推进电动机，额定功率2×20.1MW；配备了两台LCI型变频器。

Mermaid吊舱式电力推进系统结构如图5-32所示，同步电动机的定子绕组采用LCI型变频器供电，变频器的UR由两个串联晶闸管整流器组成，通过变压器两组二次绕组的Y形与△形接法相差30°相位角，整流器串联输出12脉波的直流；逆变电路采用晶闸管CSI逆变器，通过 VVVF 控制同步电动机调速。同步电动机的励磁由双向晶闸管组成的三相交流调压器供电，通过旋转整流器提供转子励磁电流。

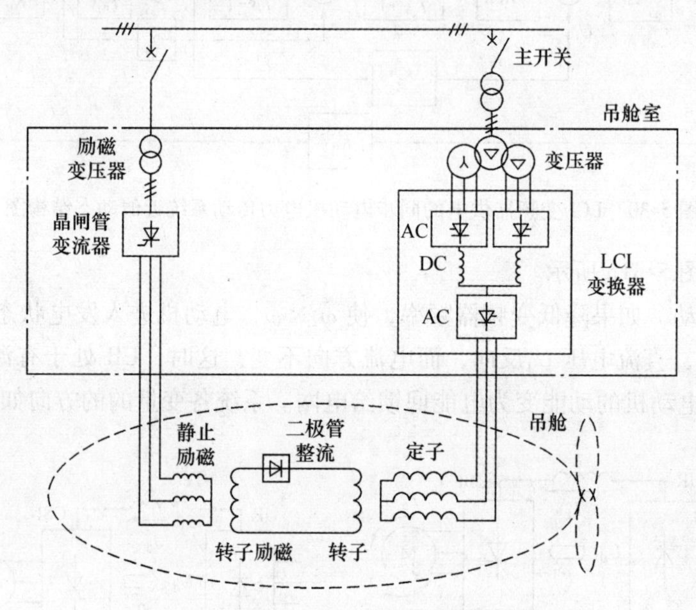

图 5-32　Mermaid 吊舱式电力推进系统结构

控制系统结构如图 5-33 所示，采用 VVVF 协调控制方式。其 UR 环节采用转速与电流双闭环控制调压；CSI 逆变器通过检测同步电动机位置，获得换流信号来控制 CSI 的变频，以实现电动机的变压变频调速。

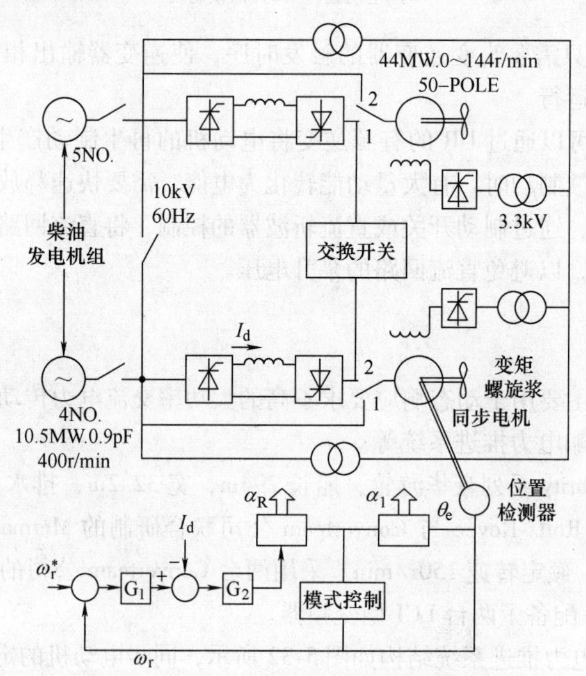

图 5-33　Mermaid 吊舱式推进控制系统结构

（来源 Converteam）

5.4　交流电动机矢量控制系统

交流电动机在本质上是一个高阶、非线性、强耦合的多变量系统，因而采用稳态电路建模虽然简化了系统模型，便于控制系统设计，但系统性能并不能满足高性能控制的要求。

为了解决交流电动机的非线性和多变量控制问题，使之易于控制并提高性能，许多专家学者进行了不懈的努力，终于在上世纪70年代初提出了矢量控制（VC）概念，其后经过不断发展，基于矢量控制的变频调速系统成为今天高性能交流电动机转速控制的主流方案之一。

VC控制的基本思路是：针对交流电动机的动态数学模型是一个高阶、非线性、强耦合的多变量系统的特点，通过坐标变换将三相电动机的模型转换到两相直角旋转坐标系（d-q坐标系），并通过磁场定向进一步简化系统模型，使之易于控制并提高性能。

5.4.1　电动机的等效变换概念

交流电动机的基本原理是由旋转磁场产生旋转磁动势来驱动转子旋转，而且，定子任意的对称绕组施加相应对称的交流电压，其绕组中流过的对称交流电流就会形成旋转磁场。

根据交流电动机的基本原理，在三相交流电动机的对称定子绕组中的三相对称正弦电流所产生的旋转磁动势为$\vec{F}_3$。同理，在两相交流电动机的对称定子绕组中的两相对称正弦电流所产生的旋转磁动势为$\vec{F}_2$。

如果上述两个电动机所产生的旋转磁动势相等，即有

$$\vec{F}_3 = \vec{F}_2 \tag{5-44}$$

也就是，两个旋转磁动势的幅值和转速相等。若两个电动机的功率也相等，即

$$P_3 = P_2 \tag{5-45}$$

对于同时满足式（5-44）和式（5-45）条件的两台电动机，具有相同的功能和性能，则认为两台电动机是等效的。

利用电动机等效的概念，可以通过等效变换，将一台三相交流电动机模型等效为一台两相交流电动机，如图5-34所示。

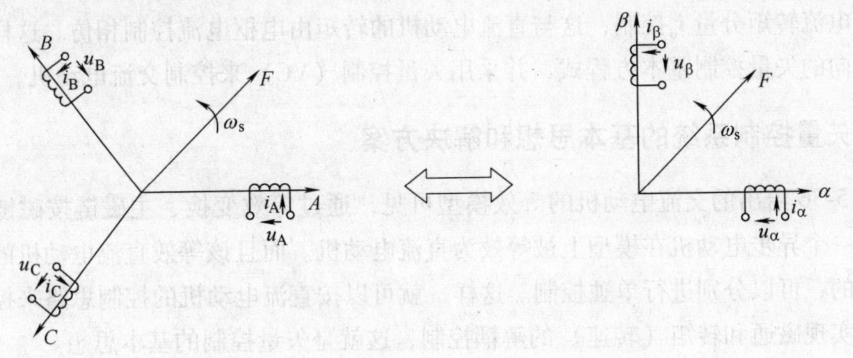

图5-34　三相与两相交流电动机的等效变换图

这种等效变换被称为静止 3/2 变换，记为 $\boldsymbol{C}_{3s/2s}$。同样，也可将两相交流电动机等效为三相交流电动机，称为 2/3 变换，记为 $\boldsymbol{C}_{2s/3s}$。

按照等效电动机的概念，一台两相交流电动机也可等效为一台直流电动机，只要使直流电动机的两相绕组本身按旋转磁动势的同步转速旋转，如图 5-36 所示，称其为同步旋转变换，记为 $\boldsymbol{C}_{2s/2r}$，其反变换记为 $\boldsymbol{C}_{2r/2s}$。

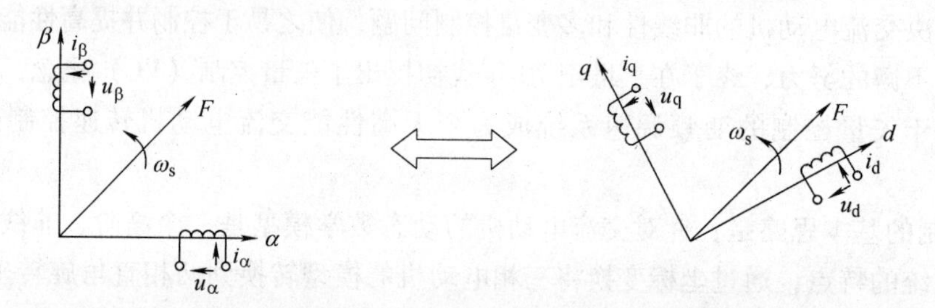

图 5-35　两相交流电动机与直流电动机的等效变换图

上述等效变换是通过不同绕组坐标系之间的坐标变换实现的，其详细的推导和变换公式这里不做深入讨论，请见本书下册提高篇或相关的参考文献。

5.4.2　电动机的等效模型与解耦

通过等效变换，可以将三相交流电动机等效为一台直流电动机，其等效模型如图 5-36 所示，输入为三相交流电流 i_A、i_B、i_C，经等效变换环节输出两相直流电流 i_d和 i_q，两相直流电动机的输出为磁链 $\boldsymbol{\Psi}$ 和电磁转矩 T_e。

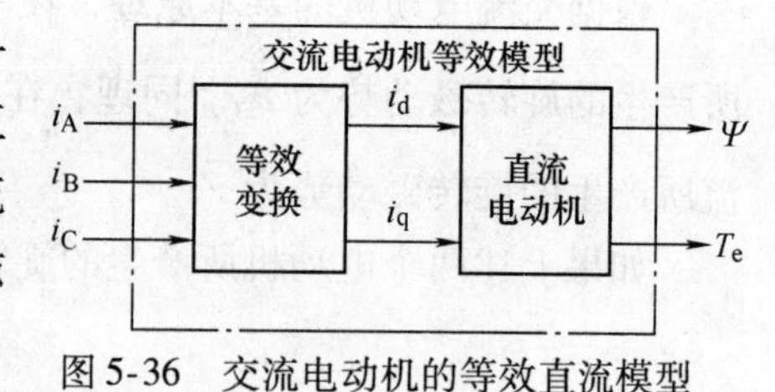

图 5-36　交流电动机的等效直流模型

图中交流电动机模型通过等效变换，将定子电流分解成 i_d和 i_q两个分量，分别对应于励磁电流分量和转矩电流分量。如果电动机的磁链 $\boldsymbol{\Psi}$ 保持恒定，则系统被分成 $T_e(\omega_r)$ 和 $\boldsymbol{\Psi}$ 两个子系统，就像直流电动机分为励磁和电枢两个子系统一样，因而又称为等效直流电动机模型。

再通过适当的系统解耦，使磁链 $\boldsymbol{\Psi}$ 仅由定子电流励磁分量 i_d产生，与转矩分量 i_q无关，即定子电流的励磁分量与转矩分量是解耦的。由此，如果能保持磁链 $\boldsymbol{\Psi}$ 恒定，则电磁转矩就由定子电流转矩分量 i_q控制，这与直流电动机的转矩由电枢电流控制相仿。这样就可构成按磁场定向的矢量控制基本方程式，并采用矢量控制（VC）来控制交流电动机。

5.4.3　矢量控制系统的基本思想和解决方案

由图 5-36 给出的交流电动机的等效模型可见，通过等效变换、主磁链按磁链定向等计算处理，一个异步电动机在模型上被等效为直流电动机。而且该等效直流电动机的磁通和转矩是分离的，可以分别进行单独控制。这样，就可以按直流电动机的控制思路来控制交流电动机，并实现磁通和转矩（转速）的解耦控制，这就是矢量控制的基本思想。

按照矢量控制的基本思想，异步电动机的矢量控制系统的实现方案如图 5-37 所示，采用电流型PWM变频器来直接构建矢量控制系统。

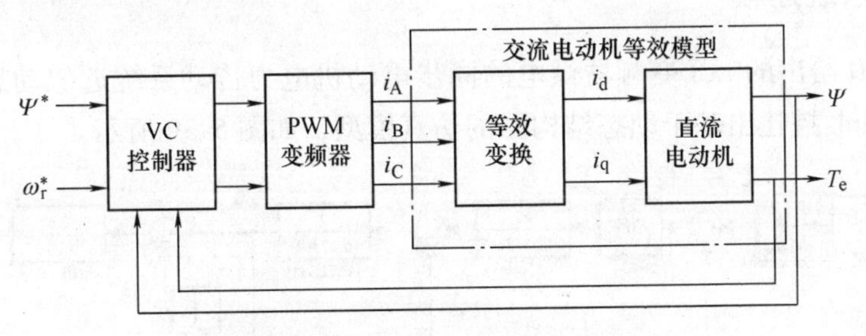

图5-37　矢量控制系统的基本结构

图中的VC控制器，可根据图5-36的交流电动机的电流解耦模型，将系统解耦成转速和磁通两个独立的子系统，分别设置转速调节器ASR和磁链调节器AψR对转速和磁通进行解耦控制。其系统结构如图5-38所示，其中转速子系统如图5-38a所示，磁链子系统由图5-38b给出。

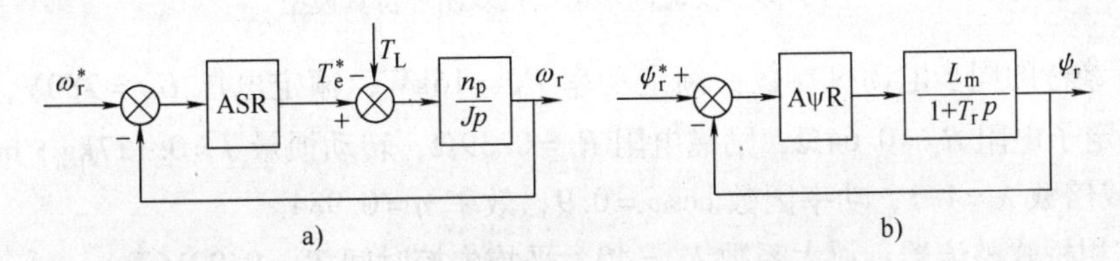

图5-38　矢量控制系统的两个等效线性子系统

由此可见，所给出的矢量控制系统可以看成是两个独立的线性子系统，可以采用经典控制理论的单变量线性系统综合方法或相应的工程设计方法来设计两个调节器A ψR和ASR。具体设计可见第6章。

5.4.4　矢量控制系统的性能和应用

矢量控制系统与基于稳态模型的标量控制相比，具有如下优点：

1）矢量控制系统采用动态数学模型，较好地反映了电动机的本质特征。

2）通过等效变换，将交流电动机模型转换成等效直流电动机模型，可实现系统解耦。

3）经系统解耦，可分解为转速和磁链两个独立子系统，便于控制器的设计和参数调试。

4）由矢量控制进行两个子系统的分别控制，系统性能得到很大提高，能实现高性能控制和快速动态响应。

由上分析，矢量控制被广泛应用于高性能的电力传动控制系统，例如轧钢机、机床的主轴驱动、电动车辆的电力驱动等要求控制精度高，动态响应快速的场合。

5.5　交流传动系统仿真举例

本节以交流同步电动机负载换流调速系统为例，介绍基于稳态模型的交流传动的仿真模型建立与试验。

5.5.1　仿真系统建模

根据图 5-30 给出的 LCI 变频器供电的同步电动机电力传动系统近似动态结构图，利用 MATLAB/Simulink 搭建出基于动态结构图的仿真模型，如图 5-39 所示。

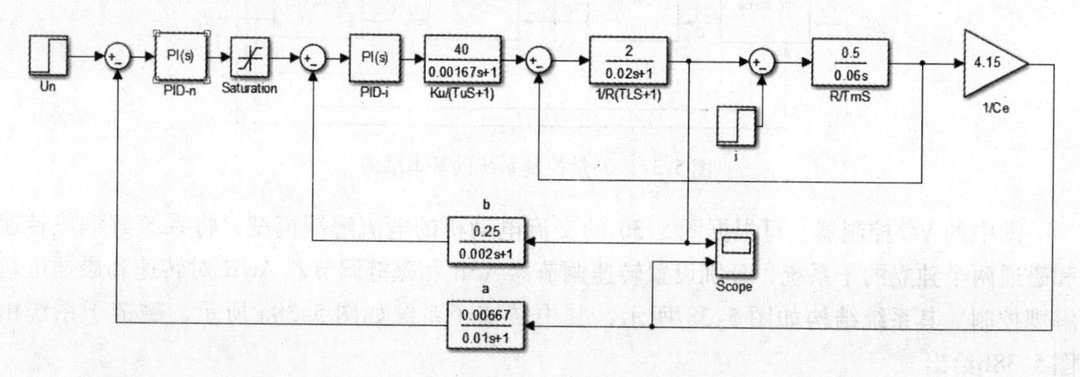

图 5-39　交流同步电动机双闭环仿真模型

仿真所参考的同步电动机参数：额定功率 $P_N=16\text{kW}$，额定电压 $U_N=380\text{V}$，额定频率 $f_N=50\text{Hz}$，定子电阻 $R_s=0.64\Omega$，励磁电阻 $R_f=0.39\Omega$，转动惯量 $J=0.127\text{kg}\cdot\text{m}^2$，极对数 $n_p=2$，过载倍数 $\lambda=1.5$，功率因数 $\cos\varphi=0.9$，效率 $\eta=0.984$。

选用三相桥式整流器：放大系数 $K_u=40$，平均失控时间 $T_s=0.00167\text{s}$。

通过系统设计和 PI 调节器参数调试，使其满足一定要求。

5.5.2　系统仿真结果分析

实验针对模型在不同工况条件下进行，给定不同的转速电压，采取突加负载的方式，观察其运行状况。

（1）给定转速为 1500r/min 时，在 5s 时突加 $0.6I_N$ 的负载　仿真结果如图 5-40 所示，系统在空载时实现了快速动态响应，电流以极快的响应速度上升，在略微有超调后保持恒电流升速；到了大约 1.5s 时转速到达了给定转速值并有少许超调量，转速进入稳态运行；在 5s 时，电动机出现加载，转速开始下降引起了电流的迅速上升，经过少量调节之后，转速几乎完全恢复到给定值，静差较小。

（2）给定转速为 900r/min 时，在 5s 时突加 $0.6I_N$ 的负载　仿真结果如图 5-41 所示，0～0.1s时由于偏差的转速电压较大，电流被强迫着快速上升，ASR 从没有饱和快速达到接近饱和，ACR 此时不在饱和状态，以确保电流环迅速起到使电流提升的效果；0.1s～0.9s 时电流已经升到最大值，ASR 一直为饱和状态，转速环相当于开环，恒流升速，ACR 为了保证调节作用依旧不能为饱和状态；0.9s 之后，转速已经到了给定值，由于 ASR 的输出还维持在限幅值，导致转速出现超调量，然后由于速度给定值与实际值的关系，ASR 输入变为负值，强迫其退出饱和状态。在突加负载之后电动机转速下降，在之后的调节过程中 ASR 与 ACR 都不能达到饱和，需要同时对系统进行调节。由于外环为转速调节，所以 ASR 在调速系统起到主导作用，ACR 的主要任务则是保证电流紧紧跟随 ASR 的输出变化而产生相应变化。

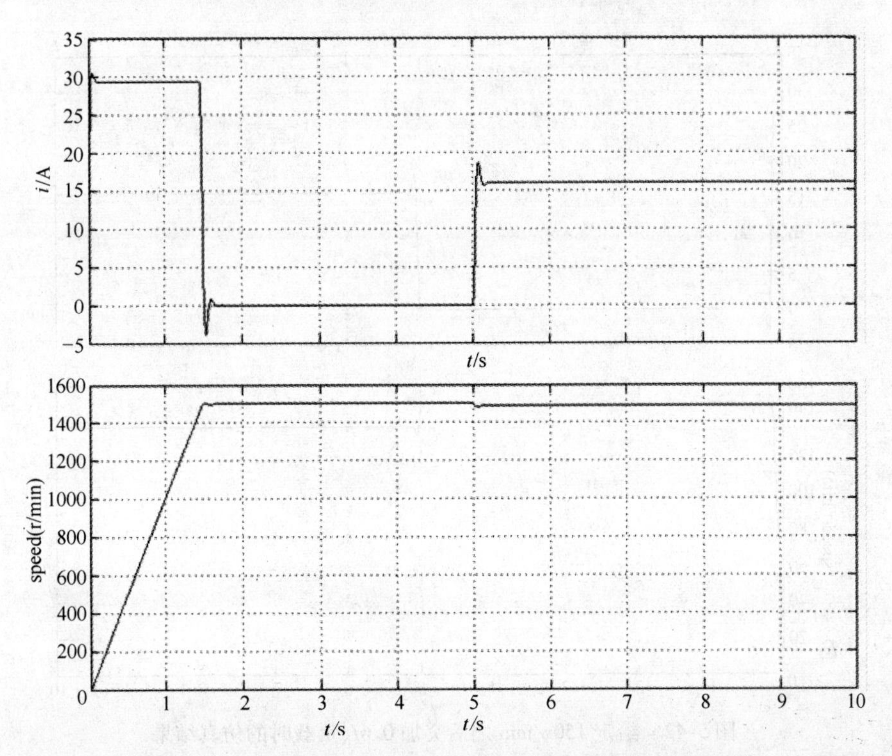

图 5-40 给定 1500r/min 之后突加 $0.6I_N$ 负载时的仿真结果

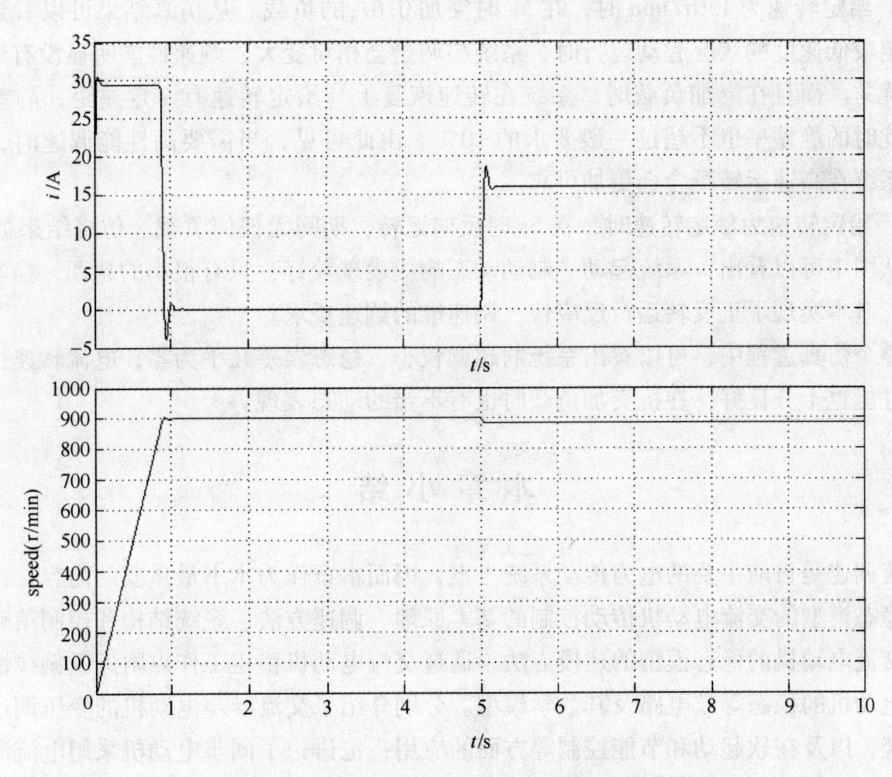

图 5-41 给定 900r/min 之后突加 $0.6I_N$ 负载时的仿真结果

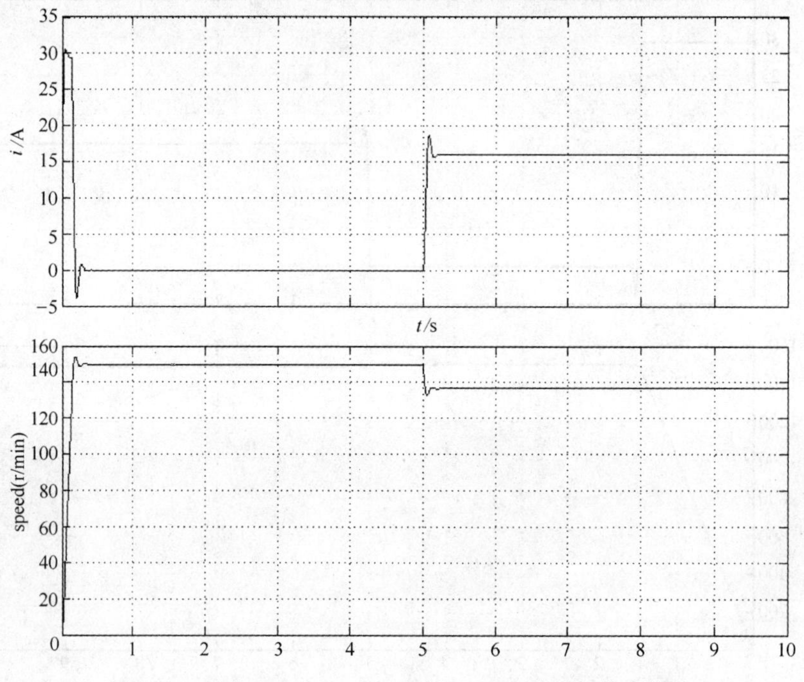

图 5-42　给定 150r/min 之后突加 $0.6I_N$ 负载时的仿真结果

（3）给定转速为 150r/min 时，在 5s 时突加 $0.6I_N$ 的负载　从仿真结果可以看到，在系统以给定较低速度的状况起动运行时，系统超调量会相对变大，调速性能明显没有给定高速时表现优秀。而且在突加负载时，系统在转速恢复上与给定转速有一定差距，静差相对较大，但此时的静差率也不超过一般要求的 10%。由此可见，当需要高性能调速时，负载换流调速系统在高速运转场合会更加可靠。

（4）给定转速为额定转速时，在 5s 时反向运转，期间无任何负载　仿真结果如图 5-43 所示，从图中可以看出，系统起动、制动动态响应表现较好，只有很小的超调，稳态误差几乎为零，基本实现了正反转运行反应快、调速准的调速要求。

在整个仿真过程中，可以看出系统的超调较小，稳态误差几乎为零，电流转速控制的动态跟随性能也十分良好，在抗突加负载时也有不错的动态表现。

本 章 小 结

交流调速是目前主要的电力传动系统方案，因而本章作为本书最重要的内容，详细介绍了基于稳态模型的交流电动机传动控制的基本原理、调速方法、系统结构和控制策略。详细阐述了交流电动机的稳态模型的建模方法，通过交流电动机稳定工作点附近微偏线性化，建立各类电动机的稳态等效电路及其数学模型。分别介绍了交流异步电动机的变压调速与变压变频系统，以及在软起动和节能控制等方面的应用；也讨论了同步电动机采用电流源变频器负载换流的系统方案及控制策略；最后概要地介绍了矢量控制的基本思想与方案。读者可根据需要选择学习内容。

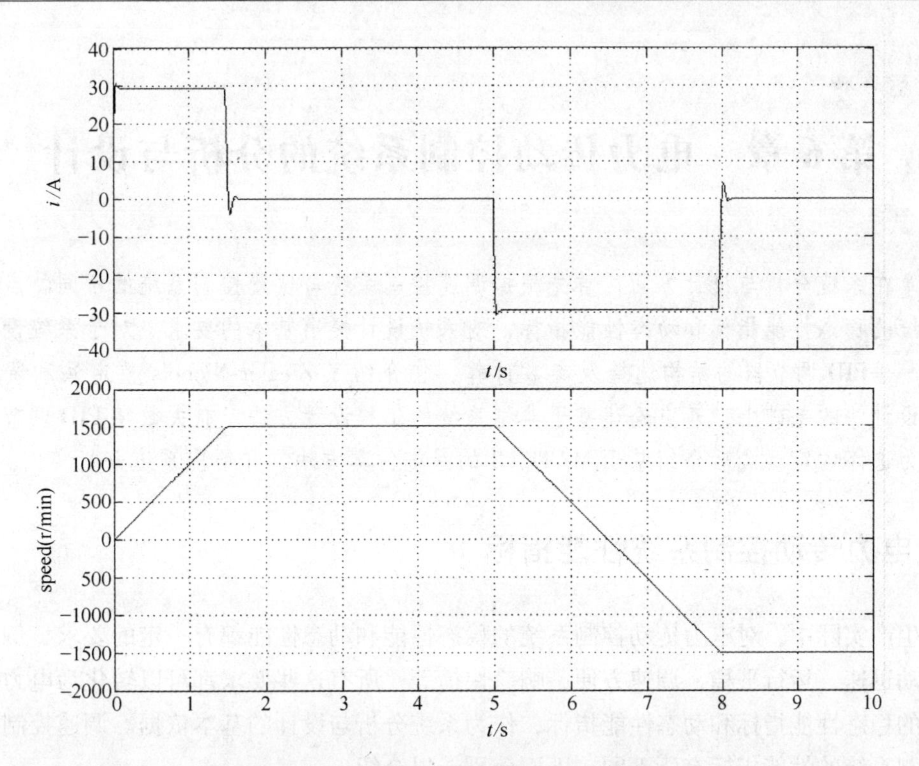

图5-43　电动机正反转实验仿真结果

思考题与习题

5-1　什么是交流异步电动机的动态等效电路和稳态等效电路？两者之间有何不同？

5-2　异步电动机的变压调速需要何种交流电源？有哪些交流调压方法？

5-3　异步电动机的变压调速开环控制系统和闭环控制系统性能有何不同？

5-4　从异步电动机等效电路分析变压变频调速有哪几种控制模式？其各自的机械特性有何不同？

5-5　分析异步电动机采用电压源变频器的系统结构与控制原理，如何进行闭环控制？

5-6　同步电动机有哪两种基本控制方式？其主要区别在何处？

5-7　分析梯形波永磁同步电动机自控变频调速系统的组成结构、稳态模型及控制原理，与他励直流电动机的调速系统相比，有何相似和区别？

5-8　某交流变压调速系统，其系统结构如图5-8所示，已知：异步电动机稳态模型的参数为 $K_{MA}=7.1\text{r/min}\cdot\text{V}$，$T_M=0.58\text{s}$；交流调压器的参数为 $K_s=38\text{s}$，$T_s=0.01\text{s}$；转速反馈环节的参数为 $K_n=0.004\text{V}\cdot\text{min/r}$，$T_d=0.01\text{s}$。试设计转速调节器，使闭环系统稳定，并达到动态超调量小和稳态无静差的要求。

第6章　电力传动控制系统的分析与设计

本章在系统分析与设计方面，首先根据调速控制系统与位置控制系统的不同特点，分别定义系统的稳态性能指标和动态性能指标，对系统设计提出基本的要求。对于系统设计的核心问题——PID调节器的结构选择及参数计算，在介绍了Ziegler-Nichols整定法和调节器最佳整定设计法的基础上，着重论述基于典型系统的工程设计方法，有关数字PID调节器的设计可作为选修内容。最后介绍基于MATLAB的系统仿真方法，并给出系统分析实例。

6.1　电力传动控制系统性能指标

在生产实际中，对电力传动控制系统的稳态性能和动态性能都有一定的要求，例如要求系统起动迅速，运行平稳，调速方便，响应快捷等。所有这些要求都可以转化为电力传动控制系统的稳态性能指标和动态性能指标，作为系统分析与设计的基本依据。调速控制系统和位置控制系统的性能指标有所不同，下面分别予以介绍。

6.1.1　电力传动系统的控制要求

1. 调速控制的基本要求

各种生产机械对调速控制系统都有一定的要求，归纳起来可分为以下三个方面：

（1）调速　在一定的最高速度与最低速度范围之内，能够分档（有级）地或平滑（无级）地调节速度。

（2）稳速　以一定的精度在所需速度上稳定地运行，不因各种可能的外来干扰（如负载突变、电网电压波动等）而产生过大的速度波动。

（3）加、减速　对频繁起、制动的生产机械要求尽快地加、减速，缩短起、制动时间，提高生产率；对不宜经受剧烈速度变化的生产机械，则要求起、制动尽量平稳。

以上三个方面有时都必须具备，有时只要求满足其中两项或一项，并且其中有些方面还可能是相互制约的，应根据具体应用场合来定。为了定量地分析问题，需要定义相应的性能指标。

2. 位置控制的基本要求

位置控制系统的根本任务就是使输出量快速而又准确地跟随给定量的变化，其基本要求主要包括以下三个方面：

（1）快速性　输出量应快速地响应给定指令。

（2）准确性　输出量应控制在目标值所允许的误差范围之内。

（3）稳定性　当受到各种外部干扰时，系统应能保持稳定工作的状态。

6.1.2　电力传动控制系统的稳态性能指标

1.　调速控制的稳态指标

稳态指标又称为静态指标，调速控制系统的稳态指标包括调速范围与静差率，由第1章的式（1-48）和（1-49）表示。而且，调速范围 D 与静差率 δ 两项性能指标是互相制约的，其相互关系如式（1-50）所述，即

$$D=\frac{n_N\delta}{\Delta n_N(1-\delta)} \tag{6-1}$$

例题6-1　某一开环控制的变压调速系统电动机的额定转速为1500r/min，额定速降 $\Delta n_N=$ 100r/min，当要求静差率 $\delta\leqslant30\%$ 时，允许多大的调速范围 D 是多少？当要求静差率 $\delta\leqslant20\%$ 时，允许多大的调速范围 D 是多少？如果希望调速范围为10，所能满足的静差率是多少？

解：当要求静差率 $\delta\leqslant30\%$ 时，调速范围为

$$D=\frac{n_N\delta}{(1-\delta)\Delta n_N}=\frac{0.3\times1500}{(1-0.3)\times100}\approx6.43$$

当要求静差率 $\delta\leqslant20\%$ 时，调速范围为

$$D=\frac{0.2\times1500}{(1-0.2)\times100}=3.75$$

若调速范围达到10，则静差率只能是

$$\delta=\frac{D\Delta n_N}{n_N+D\Delta n_N}=\frac{10\times100}{1500+10\times100}=40\%$$

2. 位置控制的稳态指标

位置控制系统的稳态指标主要是指控制精度或控制误差。假定输出量跟踪给定指令的过渡过程结束后进入稳态，在输出量与给定量之间所具有的恒定偏差，就是控制精度的度量，称为控制误差，用字母 e_{sx} 表示，即

$$e_{sx}=U_x^*-U_x \tag{6-2}$$

式中　U_x^*，U_x——位置变量 x 的给定电压和输出电压。

对于位置控制系统，当然是希望控制误差越小越好。

6.1.3　电力传动控制系统的动态指标

电力传动控制系统对系统在动态过程中的系统响应要求称为动态性能指标，其衡量标准大致分为系统跟随性能指标和抗扰性能指标两类。

1. 跟随性能指标

一般来说，系统的动态指标是指动态过程在给定输入时，随时间变化的系统输出状态，通常用系统对单位阶跃输入信号的动态响应来衡量。对图6-1所示的典型单位阶跃响应曲线，电力传动系统的动态性能指标包括上升时间、超调量和调

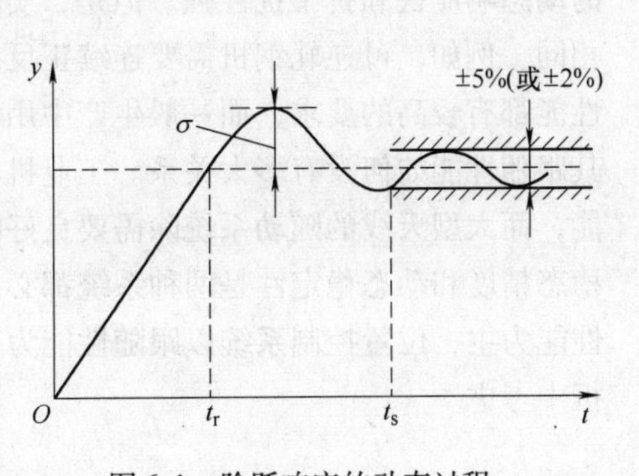

图6-1　阶跃响应的动态过程

节时间等。

（1）上升时间　指电力传动系统输出量（转速或位置）从零起始第一次上升到稳态值所经过的时间，记作 t_r，它表示系统动态响应的快速性。

（2）超调量　电力传动系统输出量的最大值与稳态值相对差值的百分数称为超调量，记作 σ，即

$$\sigma = \frac{y_{max} - y_{\infty}}{n_{\infty}} \times 100\% \tag{6-3}$$

超调量反映系统的相对稳定性，超调量越小，相对稳定性越好。

（3）调节时间　指电力传动系统输出量到达并保持在稳态值 ±5% 或更小范围内所需的时间，记作 t_s。调节时间又称为过渡过程时间，它衡量输出量整个调节过程的快慢，且又包含系统的稳定性。

2. 抗扰性能指标

除此以外，电力传动控制系统的动态指标还需考虑系统在外加扰动情况下的抗扰性能，设系统稳定运行时，突加一个扰动量 F，如果系统的动态响应曲线如图 6-2 所示，其动态降落和恢复时间定义为：

（1）动态降落　当系统稳定运行时，突加扰动后所引起的系统的输出量（转速或位置）的最大降落值称为动态降落，记作 Δy_{max}。一般用 Δy_{max} 占输出量原稳态值 $y_{\infty 1}$ 的百分数来表示，即

$$\Delta y_{max} = \frac{|y_{max} - y_{\infty 1}|}{y_{\infty 1}} \times 100\% \tag{6-4}$$

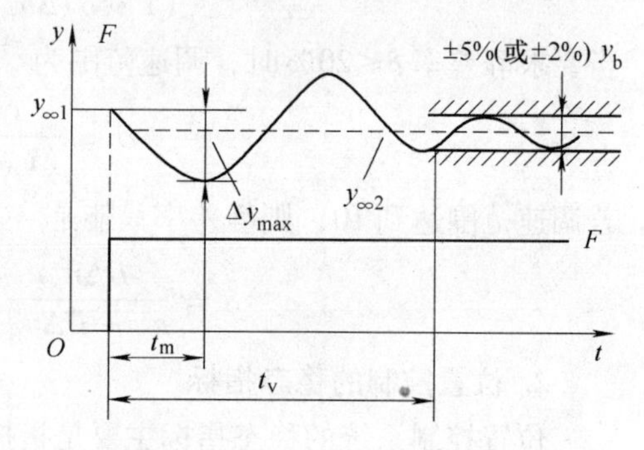

图 6-2　突加扰动的动态过程

（2）恢复时间　指从阶跃扰动作用开始，到输出量恢复稳态，达到新的稳态值 $y_{\infty 2}$ 的系统调节时间，记作 t_v。一般以系统输出 $y(t)$ 进入 $y_{\infty 2}$ 或某基准值 y_b 的 ±5% 或更小范围之内所需的时间，基准值 y_b 的选择视对系统稳态精度的要求情况而定。

上述动态性能指标对于调速控制和位置控制都能适用，只是输出量 $y(t)$ 所代表的实际物理量不同而已。一般而言，要求系统的 t_r、σ 和 t_s 要小，且 Δy_{max} 及 t_v 也要小，这说明系统的动态响应快和抗干扰性强。但是，实际控制系统对于各种稳态和动态性能指标的要求各不相同。例如，可逆轧钢机需要连续正反向轧制许多道次，因而对转速的动态跟随性能和抗扰性能都有较高的要求，而一般生产中用的不可逆调速系统则主要要求一定的转速抗扰性能，其跟随性能如何没有多大关系。工业机器人和数控机床用的位置控制系统需要很强的跟随性能，而大型天线的随动系统除需要良好的跟随性能外，对抗扰性能也有一定的要求。总之，稳态精度和动态稳定性是两种系统都必须具备的。而在动态指标方面，调速控制系统以抗扰性能为主，位置控制系统以跟随性能为主。不过有时系统的稳态和动态指标是矛盾的，需要折中考虑。

6.2　电力传动控制系统的设计方法

从例6-1可知，采用开环控制的电力传动系统往往不能满足生产工艺的要求，解决问题的办法就是采用反馈控制。但是，为了使反馈控制的闭环系统满足所需的静、动态性能指标，必须正确设计调节器。这是因为在设计电力传动控制系统时，往往会遇到稳态、动态性能指标之间发生矛盾的情况，这时需要选择合适的调节器类型和整定控制参数，通过动态校正来改造被控系统，使之同时满足各项指标的要求。

6.2.1　系统设计的基本原理和方法

电力传动控制系统设计的基本过程是，根据实际的生产工艺需求、系统被控对象的结构和参数，通过分析各环节的传递函数，设计调节器结构和参数，使系统的稳态和动态性能指标达到要求。因此，系统设计的关键就是调节器的设计。

控制理论与控制技术今天已取得了令人瞩目的成就，特别是随着计算机技术和信息技术的飞速发展，一些先进控制策略不断推出，过去难以实现的复杂算法得到应用。尽管如此，PID调节器控制仍然是迄今为止最基本和最常用的控制方法，也是电力传动控制系统中实际应用最多、最广泛的控制方案。

基于PID控制的电力传动系统如图6-3所示，这里将电动机和电力电子变换器等装置都看作系统的被控对象$G(s)$，PID调节器的传递函数$C(s)$可表示为

$$C(s)=\frac{U(s)}{E(s)}=K_P\left(1+\frac{1}{T_I s}+T_D s\right) \tag{6-5}$$

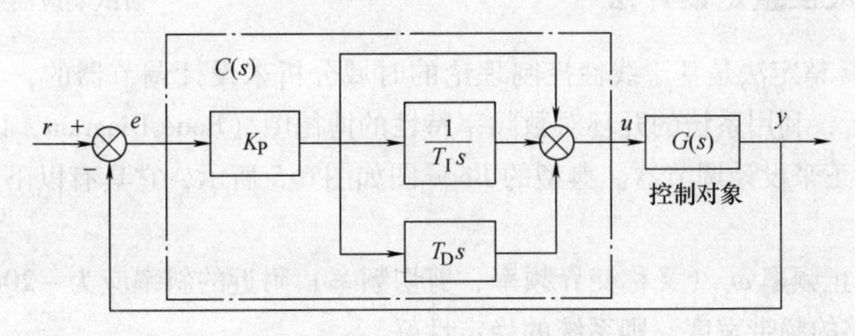

图6-3　基于PID控制的电力传动系统

在实际应用中，根据控制对象的特性和要求，可以灵活选择调节器结构，取其中一部分环节构成控制规律，如比例（P）调节器、比例积分（PI）调节器、比例积分微分（PID）调节器等。这样，系统设计的基本问题就是选择调节器结构和确定控制参数：比例系数K_P、积分时间常数T_I或微分时间常数T_D。

然而，由于PID调节器的三个参数存在多种的组合可能，相互之间又有影响，使得参数整定过程复杂繁琐，一直困扰着工程技术人员，因此寻求简洁的PID参数整定方法具有十分重要的工程实际意义。

为此，Ziegler和Nichols于1942年首先提出了一种求解方法，现被称为Ziegler-Nichols

整定法[46]。该方法的设计要点是：如果假定系统被控对象可以近似为一阶惯性加延时环节，其传递函数表示为

$$G(s) = \frac{K\mathrm{e}^{-\tau s}}{1+Ts} \tag{6-6}$$

式中　K——被控系统开环增益；

τ——被控系统延时时间常数；

T——被控系统的惯性时间常数。

若采用PID调节器，其传递函数由式（6-5）表示，则可按Ziegler-Nichols整定公式来选取PID调节器参数，即有

$$\begin{cases} K_{\mathrm{P}} = \dfrac{1.2T}{K\tau} \\ T_{\mathrm{I}} = 2\tau \\ T_{\mathrm{D}} = 0.5\tau \end{cases} \tag{6-7}$$

在实际使用时，通常根据被控系统的阶跃响应曲线（见图6-4），从图中测量出被控系统参数K、T和τ，然后按式（6-7）计算PID调节器参数K_{P}、T_{I}和T_{D}。如果利用计算机进行辅助设计，则可以通过系统辨识确定被控系统的参数。

此后，许多学者相继研究和发展了众多的PID调节器参数设计方法[47]。

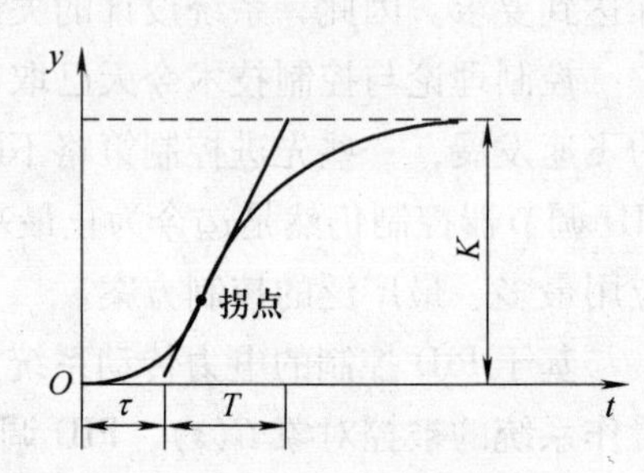

图6-4　一阶惯性加延时环节的阶跃响应曲线

6.2.2　调节器最佳整定设计法

Ziegler-Nichols整定法是基于线性控制理论的时域分析来设计调节器的，另一种解决方法是基于频域分析，利用系统的开环对数频率特性的博德图（Bode Diagram，以下称为Bode图），通过系统校正来设计调节器。典型的Bode图如图6-5所示，它具有以下反映系统性能的特征：

1）中频段截止频率ω_{c}（又称交界频率、剪切频率）附近的斜率应为-20dB/dec，而且这一斜率具有足够的频带宽度，则系统的稳定性好。

2）ω_{c}越大，系统的快速性越好。

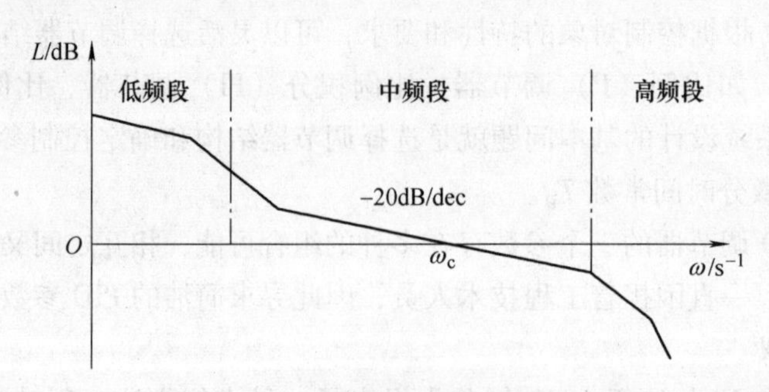

图6-5　反馈控制系统的典型Bode图

3）低频段的斜率陡、增益高，表示系统的稳态精度好。

4）高频段衰减得越快，则系统抗高频噪声干扰的能力越强。

在实际系统中，上述四方面往往是互相矛盾的，设计时需用多种手段，反复试凑，才能获得比较满意的结果。

工程界针对这类系统的调节器设计提出了各种简便的设计方法，在已知控制对象数学模型及其参数的前提下，只要进行简单的分析和计算，就可以确定调节器的类型和参数，从而避免了繁琐的绘图与试凑。在这方面，Siemens 公司早在 20 世纪 60 年代提出了“调节器最佳整定设计法”，作为其工程设计人员的设计与调试准则，该方法简单好记，使用方便，至今仍在沿用。

在最佳整定设计法中，作为设计标准的系统也分为两类，即：①模最佳整定（二阶最佳系统）；②对称最佳整定（三阶最佳系统）。所谓“最佳”，在德文原文中的含义是：调节器参数的“最佳整定”，与控制理论中的“最佳（最优）控制”的意义完全不同。

1. 模最佳（二阶最佳）整定

模最佳整定法的基本原理是设计调节器，使得闭环系统的幅频特性 $G_{cl}(\mathrm{j}\omega)$ 的模 $M(\omega)$ 恒等于1，即

$$M(\omega) = |G_{cl}(\mathrm{j}\omega)| \equiv 1 \tag{6-8}$$

对于标准的二阶系统，它的闭环传递函数为

$$G_{cl}(s) = \frac{\gamma(s)}{r(s)} = \frac{\omega_n^2}{s^2 + 2\xi\omega_n + \omega_n^2} \tag{6-9}$$

式中 ω_n——无阻尼自然振荡角频率，或称固有角频率；

ξ——阻尼比，或称衰减系数。它的幅频特性的模为

$$M(\omega) = |G_{cl}(\mathrm{j}\omega)| = \frac{\omega_n^2}{\sqrt{(\omega_n^2 - \omega^2)^2 + 4\xi^2\omega_n^2\omega^2}}$$

上式可写成

$$M(\omega) = \frac{1}{\sqrt{1 + (4\xi^2 - 2)^2\dfrac{\omega^2}{\omega_n^2} + \dfrac{\omega^4}{\omega_n^4}}} \tag{6-10}$$

显然，要使式（6-10）在低频带内趋近于1的条件是：$\omega \ll \omega_n$，$4\xi^2 - 2 = 0$，即

$$\xi = \frac{1}{\sqrt{2}} = 0.707 \tag{6-11}$$

当闭环系统的模恒为1时，系统的输出与输入相等，这表明系统动态误差为零，跟随性能最好，这就是二阶系统参数的模最佳整定原理。然而实际系统总有惯性或滞后，不可能完全满足这个条件，只能是在频率较低时使 $M(\omega)$ 趋近于1。

2. 对称最佳（三阶最佳）整定

对于标准的三阶系统，其传递函数写成

$$G(s) = \frac{K(\tau s + 1)}{s^2(Ts + 1)} \tag{6-12}$$

对称最佳整定法是以开环对数频率特性的相角稳定余量最大 γ_{max} 作为调节器的设计准则。为此，对式（6-12）表示的三阶系统求其开环对数频率特性的相角稳定余量，有

$$\gamma = \mathrm{arctg}\omega_c\tau - \mathrm{arctg}\omega_c T \tag{6-13}$$

再令 $d\gamma/d\omega_c = 0$，解出满足 γ_{max} 的截止频率 ω_c 为

$$\omega_c = \frac{1}{\sqrt{\tau T}} \tag{6-14}$$

式（6-14）表明，此时 ω_c 恰好位于开环对数幅频特性两个转折频率 $1/\tau$ 和 $1/T$ 的中点，也就是说，在 Bode 图上的系统开环对数幅频特性的两个拐点在 ω_c 左右对称，所以按 γ_{max} 的参数整定叫做“对称最佳整定”。进一步推导可得“对称最佳整定”参数关系为[46]

$$\tau = 4T \tag{6-15}$$

$$K = \frac{1}{8T^2} \tag{6-16}$$

由式（6-12）所表示的标准三阶系统在“对称最佳整定”参数关系下的阶跃响应跟随性能可经计算求得：超调量 $\sigma = 43.4\%$，上升时间 $t_r = 3.1T$。这样的超调量显然太大，于是，对称最佳整定法在闭环系统前面再加入一个给定滤波环节，并取其传递函数为

$$G_F(s) = \frac{1}{\tau s + 1} = \frac{1}{4Ts + 1} \tag{6-17}$$

接入此给定滤波环节后恰好把原系统分子中的比例微分项消掉，从而降低了超调量，计算后得：$\sigma = 8.1\%$，$t_r = 3.1T$。

最佳整定法把种类繁多的控制系统概括为简单的二阶和三阶系统，意义明确；把计算复杂的频率法转变成简单的代数公式，简明好记。这些优点是它能够得到广泛应用的主要原因。但是，最佳整定法也存在一些缺陷，设计结果只有一种参数是“最佳”，使实际应用时无法按照工艺要求有不同的选择；只按线性系统规律进行分析，没有考虑饱和非线性问题，使设计的调节器参数往往到实际应用时还要重新进行试凑性的整定，增加了现场调试工作量。

6.2.3 基于典型系统的工程设计方法[3]

针对“最佳整定法”的一些不足，陈伯时教授等学者在实践的基础上进行了研究和改进，在 20 世纪 80 年代提出了“基于典型系统的工程设计方法”，具有更切合实际、更有效的设计效果，在理论上也得到更清晰的阐述。

1. 典型系统的概念

一般来说，许多控制系统的开环传递函数都可表示为如下通用形式

$$G(s) = \frac{K\prod_{j=1}^{m}(\tau_j s + 1)}{s^r \prod_{i=1}^{n}(T_i s + 1)} \tag{6-18}$$

在式（6-18）的分子和分母中还可能含有复数零点和复数极点诸项，分母中 s^r 项表示该系统在原点处有 r 重极点，或者说，系统含有 r 个积分环节。通常按 $r = 0$、1、2、3……来

区分系统，分别称作0型、Ⅰ型、Ⅱ型、Ⅲ型……系统。0型系统稳态精度低，而Ⅲ型及其以上的系统很难稳定。因此，为了确保稳定性并具有较好的稳态精度，多用Ⅰ型和Ⅱ型系统。

基于典型系统的工程设计方法是在Ⅰ型和Ⅱ型系统中各选择一种系统作为典型，保证典型系统是稳定的，并有足够的稳定余量。设计时，首先选择调节器的结构，使闭环系统的开环传递函数校正成典型系统，然后再确定调节器的参数，以满足系统的各项动态性能指标。这样做相当于把四方面的矛盾关系分两步来解决，第一步先解决动态稳定性和稳态精度这一主要矛盾，第二步再进一步满足其他动态性能指标。

（1）典型Ⅰ型系统　在Ⅰ型系统中，选择一个结构简单的只包含一个积分环节和一个惯性环节的二阶系统作为典型Ⅰ型系统，其开环传递函数为

$$G(s)=\frac{K(\tau s+1)}{s(Ts+1)} \tag{6-19}$$

典型Ⅰ型系统的开环对数频率特性如图6-6所示，由特性可知$K=\omega_c$，当$\omega_c<1/T$，或$\omega_c T<1$时，对数幅频特性中频段以-20dB/dec的斜率穿越零分贝线，而且宽度极大，系统稳定。

典型Ⅰ型系统是一阶无差系统，$K=\omega_c<1/T$，稳定余量大，超调量小。调速系统的电流环和简单的定位伺服系统经简化后都能等效成典型Ⅰ型系统。

（2）典型Ⅱ型系统　在各种Ⅱ型系统中，现选择包含两个积分环节、一个惯性环节和一个比例微分环节的三阶系统作为典型的Ⅱ型系统，其开环传递函数为

$$G(s)=\frac{K(\tau s+1)}{s^2(Ts+1)} \tag{6-20}$$

典型Ⅱ型系统的开环对数频率特性如图6-7所示，只要$1/\tau<\omega_c<1/T$，或$\tau>T$，就可保证中频段以-20dB/dec斜率穿越零分贝线，具有相当大的相角稳定裕度。

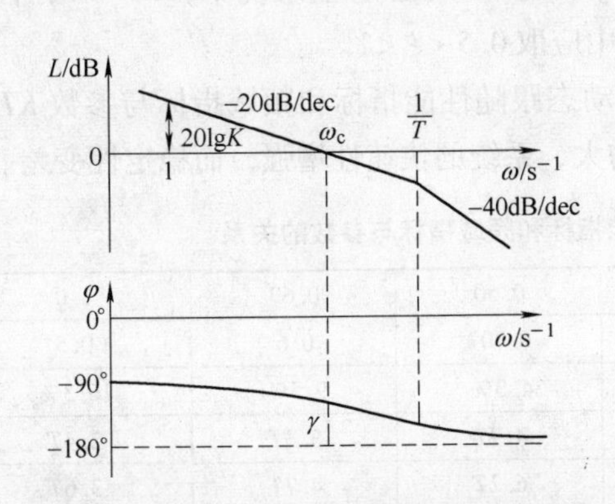

图6-6　典型Ⅰ型系统的开环对数频率特性

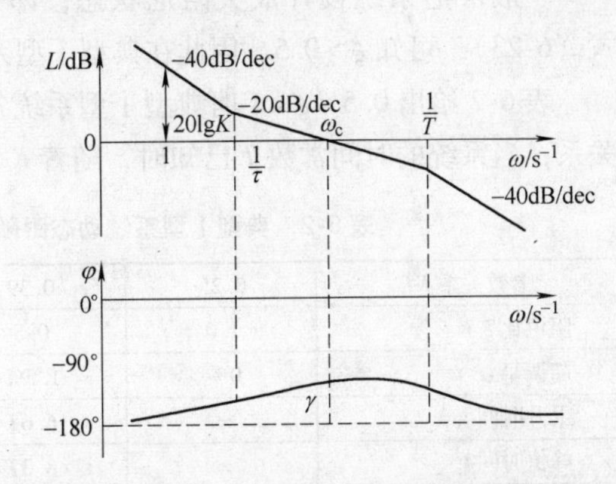

图6-7　典型Ⅱ型系统的开环对数频率特性

典型Ⅱ型系统的结构虽然比典型Ⅰ型系统复杂一些，但属于二阶无差系统，稳态精度高，而且抗扰性能好，只是阶跃响应的超调量略大。调速系统的转速环和许多伺服系统经简化后都能等效成典型Ⅱ型系统。

2. 典型系统性能指标与参数的关系

（1）典型Ⅰ型系统性能指标与参数的关系

1）稳态跟随性能指标。表6-1给出了Ⅰ型系统在不同输入信号作用下的稳态误差，在阶跃输入下的Ⅰ型系统稳态时是无差的，在斜坡输入下则有与K值成反比的恒值稳态误差，在加速度输入下稳态误差为∞。因此，Ⅰ型系统不能用于具有加速度输入的伺服系统。

表6-1 Ⅰ型系统在不同典型输入信号作用下的稳态误差

输入信号	阶跃输入 $R(t)=R_0$	斜坡输入 $R(t)=v_0t$	加速度输入 $R(t)=\frac{a_0t^2}{2}$
稳态误差	0	v_0/K	∞

2）动态跟随性能指标。由式（6-19）可知，典型Ⅰ型系统是二阶的，按式（6-9）表示的典型Ⅰ型系统的闭环传递函数为

$$G_{cl}(s)=\frac{G(s)}{1+G(s)}=\frac{\frac{K}{T}}{s^2+\frac{1}{T}s+\frac{K}{T}} \tag{6-21}$$

比较式（6-9）和式（6-21），可得参数K、T与标准形式中的参数ω_n、ξ之间的换算关系为

$$\omega_n=\sqrt{\frac{K}{T}} \tag{6-22}$$

$$\xi=\frac{1}{2}\sqrt{\frac{1}{KT}} \tag{6-23}$$

一般常把系统设计成欠阻尼状态，即$0<\xi<1$。在典型Ⅰ型系统中，$KT<1$，代入式（6-23），可知$\xi>0.5$，因此在典型Ⅰ型系统中应取$0.5<\xi<1$。

表6-2给出$0.5<\xi<1$时典型Ⅰ型系统各项动态跟随性能指标和频域指标与参数KT的关系，当系统的时间常数T已知时，随着K的增大，系统的快速性增强，而稳定性变差。

表6-2 典型Ⅰ型系统动态跟随性能指标和频域指标与参数的关系

参数关系 KT	0.25	0.39	0.50	0.69	1.0
阻尼比 ξ	1.0	0.8	0.707	0.6	0.5
超调量 σ %	0%	1.5%	4.3%	9.5%	16.3%
上升时间 t_r	∞	6.6T	4.7T	3.3T	2.4T
峰值时间 t_p	∞	8.3T	6.2T	4.7T	3.6T
相角稳定裕度 γ	76.3°	69.9°	65.5°	59.2°	51.8°
截止频率 ω_c	0.243/T	0.367/T	0.455/T	0.596/T	0.786/T

3）动态抗扰性能指标。当扰动作用点不同时，系统的抗扰性能也不一样。文献［3］给出了一种典型Ⅰ型系统动态抗扰性能指标与参数的关系，见表6-3。

表6-3　典型Ⅰ型系统动态抗扰性能指标与参数的关系

$m=\frac{T_1}{T_2}=\frac{T}{T_2}$	$\frac{1}{5}$	$\frac{1}{10}$	$\frac{1}{20}$	$\frac{1}{30}$
$\frac{\Delta C_{max}}{C_b}\times 100\%$	55.5%	33.2%	18.5%	12.9%
t_m/T	2.8	3.4	3.8	4.0
t_v/T	14.7	21.7	28.7	30.4

由上述分析，综合典型Ⅰ型系统动、静态性能指标，将系统校正到 $KT=0.5$ 左右，能获得较好的性能。

（2）典型Ⅱ型系统性能指标与参数的关系　典型Ⅱ型系统的待定参数有两个：K 和 τ，为了分析方便起见，引入一个新的变量 h：

$$h=\frac{\tau}{T}=\frac{\omega_2}{\omega_1} \tag{6-24}$$

h 是斜率为 -20dB/dec 的中频段的宽度（对数坐标），称作"中频宽"。

根据振荡指标法中的闭环幅频特性峰值 M_r 最小准则，可以找到 h 和 ω_c 两个参数之间的一种最佳配合。这一准则表明，对于一定的 h 值，只有一个确定的 ω_c（或 K），可得到最小的闭环幅频特性峰值 M_{rmin}。在 M_{rmin} 准则下的最佳频比是

$$\frac{\omega_2}{\omega_c}=\frac{2h}{h+1} \tag{6-25}$$

$$\frac{\omega_c}{\omega_1}=\frac{h+1}{2} \tag{6-26}$$

对应的最小闭环幅频特性峰值是

$$M_{rmin}=\frac{h+1}{h-1} \tag{6-27}$$

表6-4列出了不同中频宽 h 值时，M_{rmin} 值和对应的最佳频比。

表6-4　不同 h 值时的 $M_{r\,min}$ 值及最佳频比

h	3	4	5	6	7	8	9	10
M_{rmin}	2	1.67	1.5	1.4	1.33	1.29	1.25	1.22
ω_2/ω_c	1.5	1.6	1.67	1.71	1.75	1.78	1.80	1.82
ω_c/ω_1	2.0	2.5	3.0	3.5	4.0	4.5	5.0	5.5

由 h 的定义可知

$$\tau=hT \tag{6-28}$$

由图6-7可以看出

$$20\lg K=40(\lg\omega_1-\lg 1)+20(\lg\omega_c-\lg\omega_1)=20\lg\omega_1\omega_c$$

因此

$$K=\omega_1\omega_c=\frac{h+1}{2h^2T^2} \tag{6-29}$$

式（6-28）和式（6-29）是计算典型Ⅱ型系统参数的公式。

1）稳态跟随性能指标。Ⅱ型系统在不同输入信号作用下的稳态误差见表6-5。由此可见，在阶跃输入和斜坡输入下，Ⅱ型系统在稳态时都是无差的，在加速度输入下，稳态误差的大小与开环增益 K 成反比。

表6-5 Ⅱ型系统在不同的典型输入信号作用下的稳态误差

输入信号	阶跃输入 $R(t)=R_0$	斜坡输入 $R(t)=v_0t$	加速度输入 $R(t)=\dfrac{a_0t^2}{2}$
稳态误差	0	0	a_0/K

2）动态跟随性能指标。以 T 为时间基准，典型Ⅱ型系统的阶跃输入跟随性能指标见表6-6。

表6-6 典型Ⅱ型系统阶跃输入跟随性能指标（按 M_{rmin} 准则确定参数关系）

h	3	4	5	6	7	8	9	10
$\sigma\%$	52.6%	43.6%	37.6%	33.2%	29.8%	27.2%	25.0%	23.3%
t_r/T	2.40	2.65	2.85	3.0	3.1	3.2	3.3	3.35
t_s/T	12.15	11.65	9.55	10.45	11.30	12.25	13.25	14.20
k	3	2	2	1	1	1	1	1

从表中可见，由于过渡过程的衰减振荡性质，调节时间随 h 的变化不是单调的，$h=5$ 时的调节时间最短。此外，h 减小时，上升时间快，h 增大时，超调量小，把各项指标综合起来看，以 $h=5$ 的动态跟随性能比较适中。

3）动态抗扰性能指标。文献［3］给出了不同 h 值时典型Ⅱ型系统的动态抗扰性能指标，见表6-7，表中最大动态降落用的基准值为

表6-7 典型Ⅱ型系统动态抗扰性能指标与参数的关系

h	3	4	5	6	7	8	9	10
$\Delta y_{max}/y_b$	72.2%	77.5%	81.2%	84.0%	86.3%	88.1%	89.6%	90.8%
t_m/T	2.45	2.70	2.85	3.00	3.15	3.25	3.30	3.40
t_v/T	13.60	10.45	8.80	12.95	16.85	19.80	22.80	25.85

由表6-7可见，h 值越小，$\Delta y_{max}/y_b$ 也越小，t_m 和 t_v 都短，因而抗扰性能越好。但是，当 $h<5$ 时，由于振荡次数的增加，h 再小，恢复时间 t_v 反而拖长了。由此可见，$h=5$ 是较好的选择，这与跟随性能中调节时间 t_s 最短的条件是一致的。

在具体设计工作中，实际控制对象的结构是多种多样的，有时在配上调节器后，并不能校正成典型系统的形式，需要对控制对象的传递函数做近似处理后，才能选择适当的调节器，使整体系统构成典型Ⅰ型系统或典型Ⅱ型系统。如何进行近似处理，请参见文献[3]。

3. 调节器的设计步骤

采用基于典型系统的工程设计方法进行电力传动系统调节器的设计步骤如下：

1）根据生产工艺对系统性能的要求，确定典型系统的类型和期望参数，比如：典型Ⅰ型系统的 KT 或典型Ⅱ型系统的 h 值。

2）被控对象数学模型的近似处理，通过高频段小惯性环节的近似处理、高阶系统的降阶近似处理、低频段大惯性环节的近似处理以及纯滞后环节的近似处理等措施，将被控对象的传递函数近似为易于被调节器校正成典型系统的形式。

3）调节器结构设计，针对不同的被控对象模型结构，设计调节器的类型，可选择P调节器、PI调节器、PD调节器或PID调节器。

4）调节器参数选择，通过选择适合的参数，用调节器的零、极点对消掉被控对象的零、极点，将非典型系统校正成典型系统；几种校正成典型Ⅰ型系统和典型Ⅱ型系统的控制对象和相应的调节器传递函数见表6-8和表6-9，表中还给出了参数配合关系。

表6-8　校正成典型Ⅰ型系统的调节器选择和参数配合

控制对象	$\frac{K_2}{(T_1s+1)(T_2s+1)}$ $T_1>T_2$	$\frac{K_2}{Ts+1}$	$\frac{K_2}{s(Ts+1)}$	$\frac{K_2}{(T_1s+1)(T_2s+1)(T_3s+1)}$ T_1、$T_2>T_3$	$\frac{K_2}{(T_1s+1)(T_2s+1)(T_3s+1)}$ $T_1>>T_2$、T_3
调节器	$\frac{K_{pi}(\tau s+1)}{\tau s}$	$\frac{1}{T_is}$	K_p	$\frac{(\tau_1s+1)(\tau_2+1)}{\tau s}$	$\frac{K_{pi}(\tau s+1)}{\tau s}$
参数配合	$\tau=T_1$			$\tau_1=T_1$，$\tau_2=T_2$	$\tau=T_1$ $T_\Sigma=T_2+T_3$

表6-9　校正成典型Ⅱ型系统的调节器选择和参数配合

控制对象	$\frac{K_2}{s(Ts+1)}$	$\frac{K_2}{(T_1s+1)(T_2s+1)}$ $T_1>>T_2$	$\frac{K_2}{s(T_1s+1)(T_2s+1)}$ T_1，T_2 相近	$\frac{K_2}{s(T_1s+1)(T_2s+1)}$ T_1，T_2 都很小	$\frac{K_2}{(T_1s+1)(T_2s+1)(T_3s+1)}$ $T_1>>T_2$、T_3
调节器	$\frac{K_{pi}(\tau s+1)}{\tau s}$	$\frac{K_{pi}(\tau s+1)}{\tau s}$	$\frac{(\tau_1s+1)(\tau_2+1)}{\tau s}$	$\frac{K_{pi}(\tau s+1)}{\tau s}$	$\frac{K_{pi}(\tau s+1)}{\tau s}$
参数配合	$\tau=hT$	$\tau=hT_2$，$\frac{1}{T_1s+1}\approx\frac{1}{T_1s}$	$\tau_1=hT_1$，$\tau_2=T_2$ 或$\tau_1=hT_2$，$\tau_2=T_1$	$\tau=h(T_1+T_2)$	$\tau=h(T_2+T_3)$，$\frac{1}{T_1s+1}\approx\frac{1}{T_1s}$

5）调节器参数计算，根据调节器参数与典型系统参数的关系，计算出相应的调节器参数值；

6）系统性能的校核，将已设计好的调节器及其参数组成的闭环系统进行性能校核，以检验所设计的调节器是否能控制电力传动系统达到生产工艺要求。

对于多环的电力传动控制系统，系统设计和校正往往遵循先内环后外环的原则，即先设计内环的调节器，将系统内环校正成较低阶的典型系统；再设计外环的调节器，将整个系统校正成典型系统，并满足系统性能指标要求。

4. 系统设计举例

例题6-2　现以图5-37所示的基于电压型逆变器的直接转子磁场定向的矢量控制系统为例，按照基于典型系统的工程设计方法进行设计。

（1）系统结构分析　该系统在转速环和磁链环内各带一个电流内环，以改善电流控制性能。如果忽略逆变器和电流环小时间常数的影响，T_e^* 后面的“$\div\psi_r$”可以和电动机模型中固有的“$\times\psi_r$”对消，实现了转矩与转子磁链的动态解耦。于是整个矢量控制系统可以解耦成转速和磁链两个线性子系统，其结构如图5-38所示。图中，近似认为电流闭环是一阶惯性环节，$T_{\Sigma i}$是其等效的小时间常数，采用电流闭环控制的 PWM 变频器-异步电动机数学模型近似看成是两个电流分量输入的数学模型。

（2）磁链调节器的设计　按图 5-38，将磁链子系统画成如图 6-8 所示的结构，图中暂不考虑给定和反馈的滤波，将电流闭环近似认为是一阶惯性环节，$T_{\Sigma i}$是其等效的小时间常数。

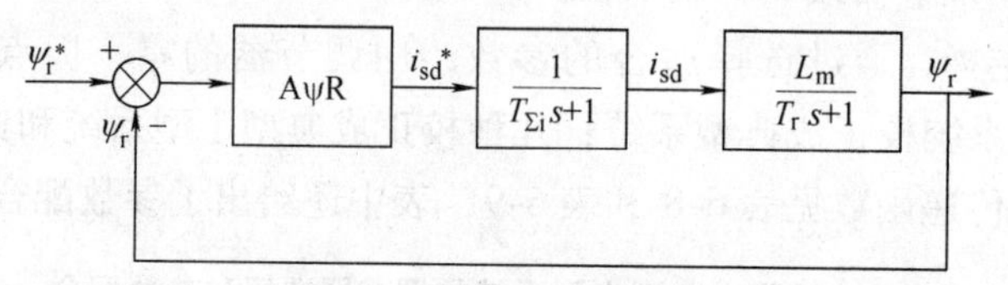

图 6-8　矢量控制系统解耦后的磁链子系统结构图

对磁链环的要求是超调小和无静差，因此 AΨR 也应采用 PI 调节器，并把磁链环校正成典型Ⅰ型系统。AΨR 的传递函数为

$$G_{A\Psi R}(s) = \frac{K_{\psi}(\tau_{\psi}s + 1)}{\tau_{\psi}s} \tag{6-30}$$

磁链环的开环传递函数为

$$G_{\psi}(s) = \frac{K_{\psi}(\tau_{\psi}s + 1)}{\tau_{\psi}s}\frac{L_{m}}{(T_{\Sigma i}s + 1)(T_{r}s + 1)} = \frac{K_{\Psi}(\tau_{\psi}s + 1)}{s(T_{\Sigma i}s + 1)(T_{r}s + 1)} \tag{6-31}$$

其中，磁链环开环增益 K_{Ψ} 为

$$K_{\Psi} = \frac{K_{\psi}L_{m}}{\tau_{\psi}} \tag{6-32}$$

按照典型Ⅰ型系统的参数关系，取$\tau_{\psi} = T_{r}$，$K_{\Psi} = \dfrac{1}{2T_{\Sigma i}}$，于是 $K_{\psi} = \dfrac{T_{r}}{2L_{m}T_{\Sigma i}}$，且开环传递函数可简化为

$$G_{\psi}(s) = \frac{K_{\Psi}}{s(T_{\Sigma i}s + 1)} \tag{6-33}$$

这正是典型Ⅰ型系统。

（3）转速调节器的设计　同样，按图 5-38 可将转速子系统画成图 6-9 所示的结构，图中也暂不考虑给定和反馈的滤波，将电流闭环近似认为是一阶惯性环节，$T_{\Sigma i}$是其等效的小时间常数。

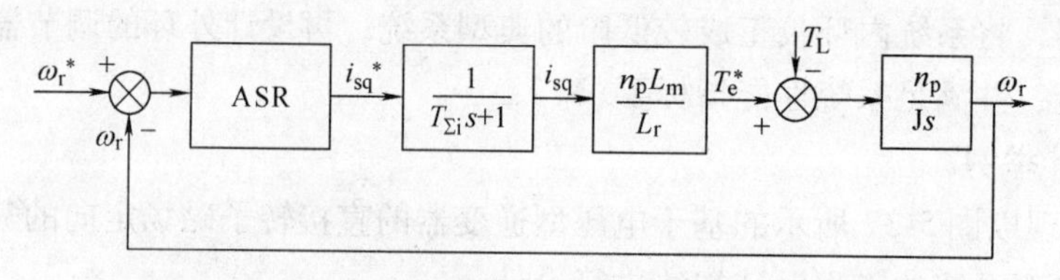

图 6-9　矢量控制系统解耦后的转速子系统结构图

在高性能的矢量控制系统中，对转速环的主要要求和直流调速系统中一样，即转速无静差、抗负载扰动能力强，许多系统还希望有快速的动态转速响应。因此，应该把转速环校正成典型Ⅱ型系统，ASR 应采用 PI 调节器，其传递函数为

$$G_{ASR}(s) = \frac{K_{\omega}(\tau_{\omega}s+1)}{\tau_{\omega}s} \tag{6-34}$$

于是转速环的开环传递函数为

$$G_{\omega}(s) = \frac{K_{\omega}(\tau_{\omega}s+1)}{\tau_{\omega}s}\frac{n_p^2L_m}{JL_rs(T_{\Sigma i}s+1)} = \frac{K_{\Omega}(\tau_{\omega}s+1)}{s^2(T_{\Sigma i}s+1)} \tag{6-35}$$

其中，转速环开环增益 K_{Ω} 为

$$K_{\Omega} = \frac{K_{\omega}n_p^2L_m}{JL_r\tau_{\omega}} \tag{6-36}$$

按照典型Ⅱ型系统的参数关系，取 $h=5$，则$\tau_{\omega}=5T_{\Sigma i}$，$K_{\Omega}=\frac{6}{50T_{\Sigma i}^2}$，因此 $K_{\omega}=\frac{0.6JL_r}{n_p^2L_mT_{\Sigma i}}$。

*6.2.4　数字控制系统的设计方法

前述的几种系统设计都是针对线性连续控制系统的设计和校正方法，随着计算机技术的广泛应用，基于微机控制或 DSP 控制的电力传动系统已成为今天实际应用系统的主流。对于数字控制系统的设计，主要有模拟化设计和离散化设计两类方法：

1）模拟化设计方法是把控制系统进行模拟化处理，将数字环节转化为等效的模拟环节，然后按连续系统方法设计调节器，再将所设计的调节器数字化。但是，在离散化过程中会引起调节器的脉冲响应和频率响应失真等问题，使得由连续方法设计的参数一般要经过反复修正才能在数字控制系统中使用。

2）离散化设计方法是把控制系统直接进行离散化处理，求出系统的脉冲传递函数，然后按离散系统理论设计数字控制器。由于在设计过程中不需要进行离散化和反离散化处理，因而这种直接数字设计方法计算简单、结果精确，且可以实现复杂的控制策略，更适用于数字控制系统的设计。常用的离散化设计方法有：最少拍系统设计法、无波纹最少拍系统设计法等[18]。

但是，如果采用通常的离散化设计方法来设计电力传动系统的调节器，往往难以把设计好的数字控制器从结构到参数与实际的调节器联系起来，这给系统的实现带来困难。因此，如何寻求一种像连续系统那样简单实用的工程设计方法，以简化调节器设计，减少系统调试工作，是值得探讨的问题。笔者曾在这方面有所尝试，采用数字频域法，研究一种类似于连续系统工程设计方法的离散系统工程设计法[48]。

1. 数字频域法概要[49]

数字频域法的基本思想是将基于 z 域分析的离散系统变换到一种虚拟的数字频域进行分析和设计，这样就可以应用类似于连续系统的频域分析和设计方法，以获得简单实用的调节器设计方法。

从 z 域变换到虚拟的数字频域的基本变换为 w 变换，其定义为

$$z = \frac{1+w}{1-w} \tag{6-37}$$

其反变换为

$$w = \frac{z-1}{z+1} \tag{6-38}$$

由 w 表示的双线性变换将原在 z 平面的系统转换到 w 平面，其映射关系如图 6-10 所示。原来处于 z 平面上单位园内的点被映射到 w 平面的左半平面，而在 z 平面单位圆外的点被映射到 w 平面的右半平面。

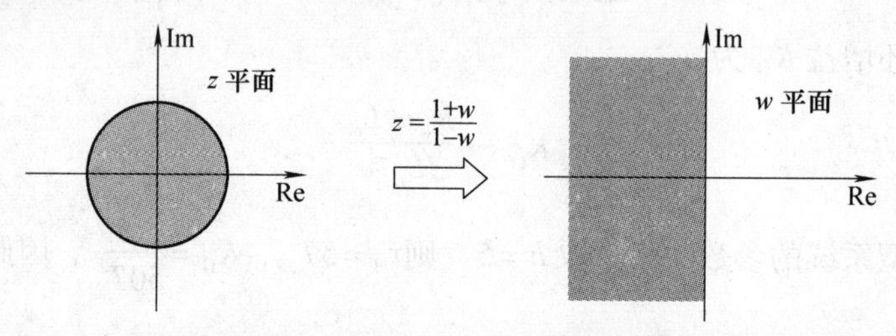

图 6-10　从 z 域到 w 域的变换映射关系

经过 w 变换，可以看出离散系统得到了类似于连续系统在 s 平面的表示形式，比如：稳定系统的根轨迹位于 w 域的左半平面，不稳定系统的根轨迹位于 w 域的右半平面。但是，在 s 域与 w 域之间虽然幅值特性相似，它们的频率响应却因发生了畸变而不同。因而要利用数字频域进行系统分析和设计，必须在虚拟频率 ω_w 与实际频率 ω 之间进行适当的匹配。为此，对 w 变换进行改进，引入一个新的变换，记为 v 变换。令

$$w = \frac{T_s}{2}v \tag{6-39}$$

式中　T_s——离散系统的采样时间。

将式（6-39）代入式（6-38）可推导出 v 变换与 z 变换之间的关系，即有

$$z = \frac{1+\frac{T_s}{2}v}{1-\frac{T_s}{2}v} \tag{6-40}$$

其反变换为

$$v = \frac{2}{T_s}\frac{z-1}{z+1} \tag{6-41}$$

经过新的 v 变换，同样可实现从 z 平面上的单位圆到 v 平面的左半平面的映射，且使虚拟的数字频率 ω_v 与实际频率 ω 在高采样频率和低角频率情况下近似相等[49]。也就是说，v 平面相对于 s 平面，系统不仅在几何上是相似的，而且在数值上也是相近的。这样就可以在 v 平面上采用类似于连续系统在 s 域的频域设计来设计数字调节器，所得结果也接近实际应用。

2. 基于 v 域的数字调节器设计[48]

现以电力传动控制系统常用的 PI 调节器为例来说明如何用数字频域法进行调节器设计。根据式（6-5），PI 调节器的传递函数可写成

$$G_{PI}(s) = K_P + \frac{K_I}{s} \tag{6-42}$$

式中　K_I——积分系数，$K_I = K_P/T_I$。

利用 Tustin 变换

$$s = \frac{2}{T_s}\frac{1 - z^{-1}}{1 + z^{-1}} \tag{6-43}$$

可得数字 PI 调节器的脉冲传递函数

$$G_{PI}(z) = K_P + K_I \frac{T_s}{2}\frac{z + 1}{z - 1} \tag{6-44}$$

再进行 v 变换，将数字 PI 调节器表示为

$$G_{PI}(v) = K_P + \frac{K_I}{v} \tag{6-45}$$

比较式（6-45）与式（6-42），可以发现数字 PI 调节器在 v 域的表达式与模拟 PI 调节器在 s 域的表达式在形式上是相同的。因此，可以采用类似的方法进行参数整定。

现令 $v = j\omega_v$ 并代入式（6-45），就得到 PI 调节器在 v 平面上的频域响应函数为

$$G_{PI}(j\omega_v) = K_P - j\left(\frac{K_I}{\omega_v}\right) = A(\omega_v)e^{-j\varphi(\omega_v)} \tag{6-46}$$

式中 $A(\omega_v)$——幅频特性，或称为增益响应，$A(\omega_v) = |G_{PI}(j\omega_v)|$；

$\varphi(\omega_v)$——相频特性，或称为相位响应。

设系统被控对象的传递函数在 v 平面可表示为 $G(v)$，则系统的特征方程为

$$1 + G_{PI}(v)G(v) = 0 \tag{6-47}$$

假定系统采用了 PI 调节器后在某一频率 ω'_v 上使系统的开环频率响应函数满足

$$G_{PI}(j\omega'_v)G(j\omega'_v) = 1\angle 180° + \gamma_{max} \tag{6-48}$$

则该系统是稳定的，且有稳定的相位裕量 γ_{max}。由式（6-48），PI 调节器的设计应满足

$$|G_{PI}(j\omega'_v)| = \frac{1}{|G(j\omega'_v)|} \tag{6-49}$$

$$\varphi(\omega'_v) = 180° + \gamma_{max} - \angle G(j\omega'_v) \tag{6-50}$$

由于式（6-46）又可写成

$$K_P - j\left(\frac{K_I}{\omega_v}\right) = |G_{PI}(j\omega_v)|(\cos\varphi + j\sin\varphi)$$

由此可推出 PI 调节器的参数设计的计算公式为

$$K_P = |G_{PI}(j\omega'_v)|\cos\varphi(j\omega'_v) = \frac{\cos\varphi(j\omega'_v)}{|G(j\omega'_v)|} \tag{6-51}$$

$$K_I = -\frac{\sin\varphi(j\omega'_v)}{|G(j\omega'_v)|}\omega'_v \tag{6-52}$$

综上分析，可以根据给定的系统相位稳定裕量指标 γ_{max}，利用 Bode 图，由式（6-42）、式（6-51）和式（6-52）求得系统调节器的参数 K_P 和 K_I。这就是数字频域法设计的基本原理。

3. 系统设计步骤

根据上述原理，可总结出采用数字频域法设计的步骤：

1）连续系统的被控对象离散化，即

$$G(z) = Z\{G(s)\} \tag{6-53}$$

2）对离散系统进行 v 变换，即

$$G(v) = G(z)\Big|_{z=\frac{1+(T_s/2)v}{1-(T_s/2)v}} \tag{6-54}$$

3）按式（6-50）、式（6-51）和式（6-52）数字频域法设计调节器参数。

4）系统性能校核。

按上述设计步骤可编制出 CAD 设计软件，进行系统分析和设计。

4. 设计举例

例题 6-3　设一微机控制的直流调速系统的结构如图 6-11 所示，系统采用数字 PI 调节器构成转速闭环控制，系统的被控对象的参数为：$R=3\Omega$，$T_l=0.05\text{s}$，$T_m=0.13\text{s}$；直流变换器参数为 $K_u=4.28$，$T_u=0.0033\text{s}$；设系统的采样时间为 $T_s=0.0033\text{s}$，假定要求设计数字 PI 调节器参数，使系统有大于 35°的相位裕量。

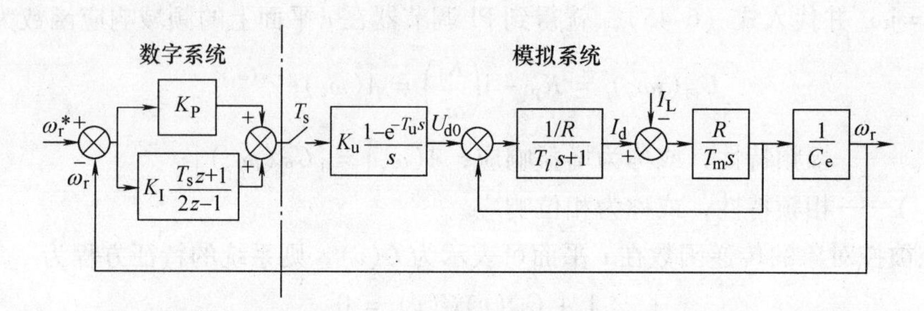

图 6-11　基于微机控制的转速单闭环直流调速系统

现按数字频域法设计系统调节器。

1）连续系统的被控对象离散化，根据系统结构图可求得被控对象的传递函数

$$G(s) = \frac{1-e^{-0.0033s}}{s} \times \frac{35.1}{1+0.13s+0.0065s^2}$$

再由式（6-53）可得系统被控对象的离散模型

$$G(z) = Z\{G(s)\} = 35.1 \times \frac{0.0009z+0.0006}{z^2-1.9345z+0.936}$$

2）按式（6-54）进行离散系统的频域变换，得

$$G(v) = G(z)\Big|_{z=\frac{1+(T_s/2)v}{1-(T_s/2)v}} = 35.1 \times \frac{(1-0.0017v)(1+0.00033v)}{1+0.141v+(0.084v)^2}$$

3）数字调节器设计，若选取 $j\omega'_v=25$，可算得

$$|G(j\omega'_v)| = 5.6, \angle G(j\omega'_v) \approx -142°$$

由式（6-50）可得系统的相位角为

$$\varphi(\omega'_v) = 180° + 35° + 142° = 357°$$

由式（6-51）和式（6-52）可求出数字 PI 调节器的参数为

$$K_P = \frac{\cos\varphi(j\omega'_v)}{|G(j\omega'_v)|} = \frac{\cos357°}{5.6} \approx 0.18$$

$$K_I = -\frac{\sin\varphi(j\omega'_v)}{|G(j\omega'_v)|}\omega'_v = -\frac{\sin357°}{5.6} \times 25 \approx 0.234$$

系统校正前的Bode图如图6-12所示，系统的对数频率特性的截止频率为$\omega_c=66.7$，对应的相位裕量为24.9°。

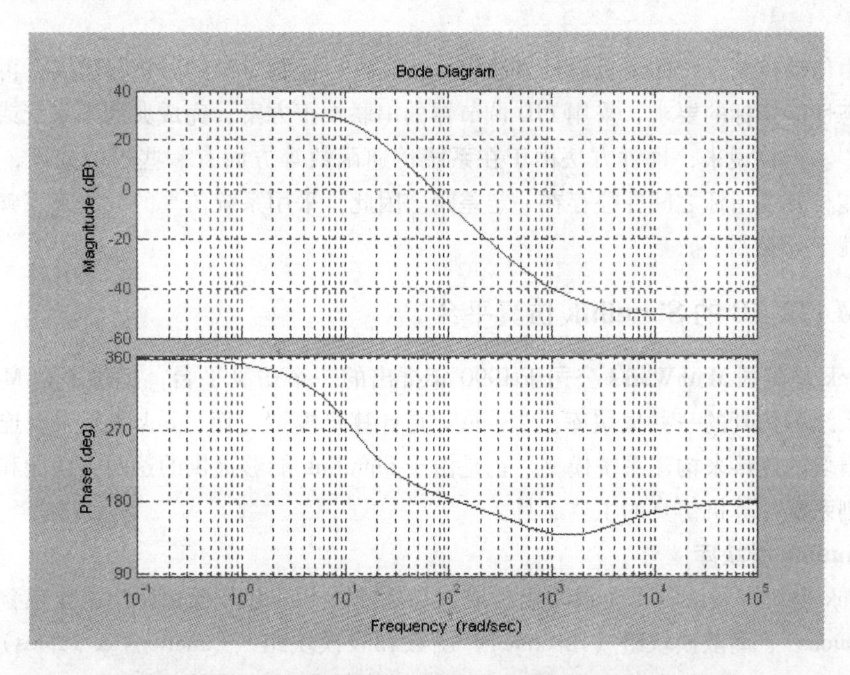

图6-12　微机控制转速单闭环直流调速系统校正前的Bode图

校正后系统的Bode图由图6-13所示，其对数频率特性的截止频率为$\omega_c=27.2$，对应的相位裕量为37°。

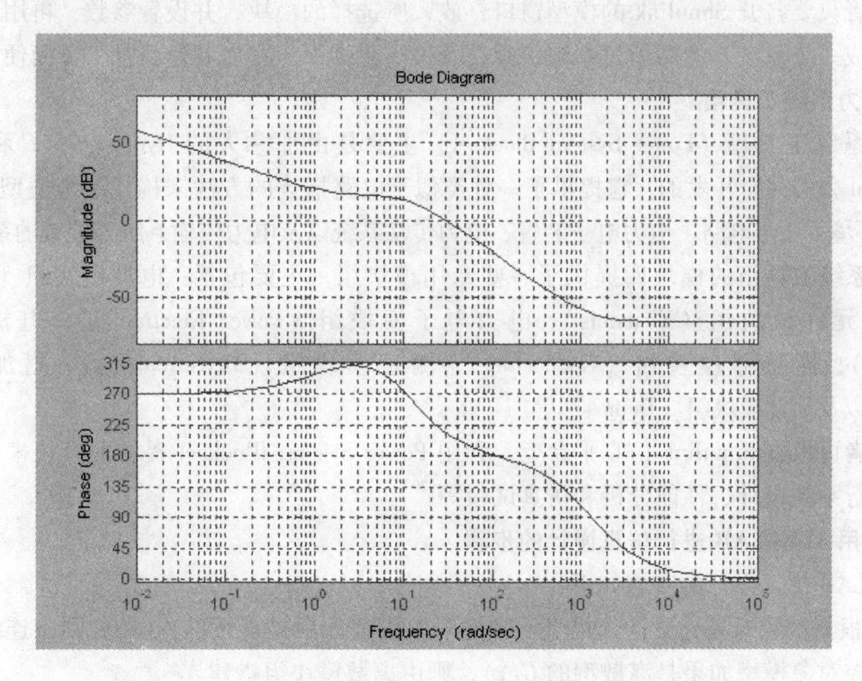

图6-13　微机控制转速单闭环直流调速系统校正后的Bode图

6.3 基于 MATLAB 的电力传动系统仿真

在电力传动控制系统的工程设计方法中，首先进行控制对象的分析与建模，再根据系统稳态和动态性能指标的要求，采用 PID 调节器的串联校正方案，完成典型Ⅰ系统或典型Ⅱ系统的设计[3]。严格说来，这种方法由于在系统传递函数等方面有一些近似处理，实际系统的运行性能与要求指标之间往往存在一定差距。因此，采用系统仿真的方法来完善调节器的参数设计就十分必要了。

6.3.1 MATLAB 的 Simulink 仿真平台

Simulink 是美国 MathWorks 公司于 1990 年推出的一个仿真平台，提供了在 MATLAB 环境下建立系统和仿真的一些模块库。“Simu” 是计算机模拟，而 “link” 是系统连接，即通过系统各模块的连接来构建系统模型。正是由于 Simulink 能够提供的这两大功能和特点，使其成为控制系统计算机仿真的主要工具。

1. Simulink 模块库

Simulink 模块库是由若干个模块组构成，在标准的 Simulink 模块库中主要包含连续模块组（Continuous）、离散模块组（Discrete）、函数和表模块组（Functions & Tables）、数学运算模块组（Math）、非线性模块组（Nonlinear）、信号与系统模块组（Singnal & Systems）、输出模块组（Sinks）、输入源模块组（Sources）和子系统模块组等。通过模块库浏览器可以查看、选用和设置各个模块。

设计者只要打开 Simulink 的模型窗口，放入所选择的模块，并设置参数，再用连接线将各模块组成一个系统，然后通过系统仿真，获得实验结果。操作和运行都十分简便。

2. 电力系统工具箱

电力系统工具箱（Power System Blockset）主要是由加拿大的 Hydro Quebec 和 TECSIM International 公司共同开发的，它提供了一种类似于电路搭建的方法来构建系统模型，可以在 Simulink 环境下用于电路、电力电子装置、电力传动系统以及电力传输系统等领域的系统仿真。

电力系统工具箱的模块库提供了一些专用模块组，主要包括：电源模块组（Electrical sources）、元件模块组（Elements）、电力电子模块组（Power Electronics）、电机模块组（Machines）、连接器模块组（Connectors）、测量模块组（Measurements）、附加模块组（Extras）以及演示模块组（Demos）等。

设计者可以在 Simulink 仿真平台上，利用 Power System Blockset 提供的模块来构建系统模型，进行系统设计、性能分析和仿真试验等[20]。

3. 采用 MATLAB 进行仿真设计的步骤

MARLAB 仿真设计的步骤如下：

（1）根据被控对象建立仿真模型　被控对象模型如果是连续的 $G(s)$，则由连续模块组搭建；被控对象模型如果是离散型的 $G(z)$，则由离散模块组搭建。

（2）设计 PID 调节器　通过 Simulink 搭建 PID 或者用其自带的 PID 调节器，同样要区分连续模型和离散模型。然后把调节器的参数设定为初步设计的参数。

（3）建立系统反馈　设置反馈为 -1，也可以根据实际的反馈对象建立模型，连接仿真系统。

（4）仿真实验　通过仿真的结果修改 PID 调节器的参数，以选择合适的参数。

6.3.2　电力传动控制系统的 MATLAB 仿真举例

1. PID 调节器的仿真

图 6-14 给出了在 MATLAB/Simulink 环境下闭环控制系统的仿真模块以及单位阶跃响应的仿真结果，其中 PID 调节器的参数为 $K_P = 1.5$，$K_I = 1.0$，$K_D = 0.5$；曲线 1 是只有比例部分，曲线 2 是有比例、积分部分，曲线 3 则是完整的 PID 控制。由图可见：

1）采用比例控制时，系统响应速度较快，但稳态时存在较大静差。

2）采用比例积分控制时，稳态误差被完全消除，但超调量剧增。

3）采用 PID 控制时，不仅系统响应速度快，稳态无静差，而且超调量也得到了有效的控制。

改变调节器的相关参数，还可以对系统的控制规律做进一步的分析。

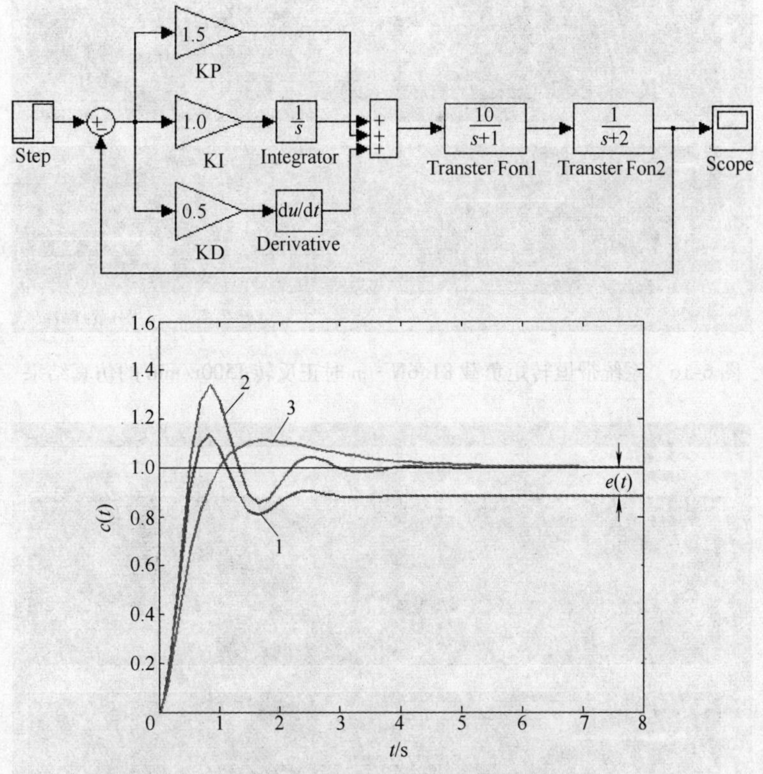

图 6-14　PID 控制系统的仿真模块与响应曲线

2. 转速、电流直流双闭环可逆调速系统仿真

现以例 4-6 给出的晶闸管供电的双闭环可逆直流调速系统为例，在 Simulink 仿真平台上，采用 Power System 工具箱来构建系统模型。所建立的仿真系统如图 6-15 所示，系统中

电动机、晶闸管整流器、控制器等各环节都由 Power System Blockset 提供的模块来搭建。按图 6-15 所建系统进行系统设计、性能分析和仿真实验，其结果如图 6-16 ~ 图 6-18 所示。

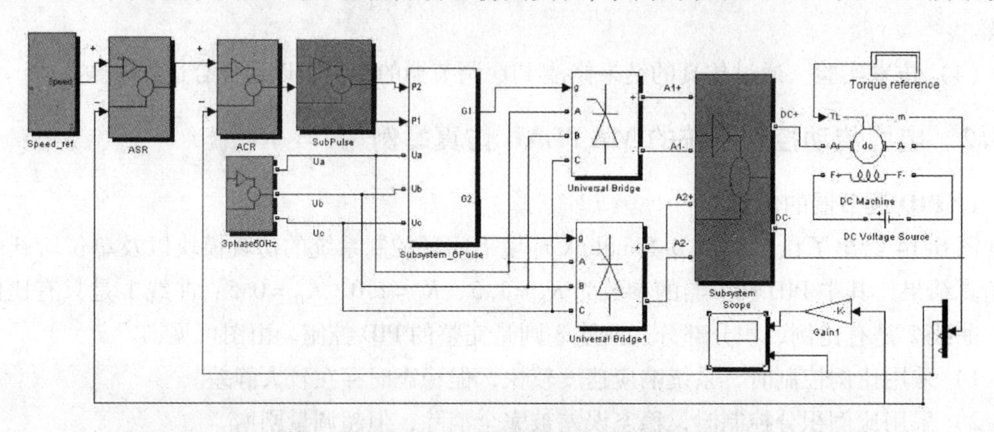

图 6-15　双闭环可逆直流调速仿真系统构成

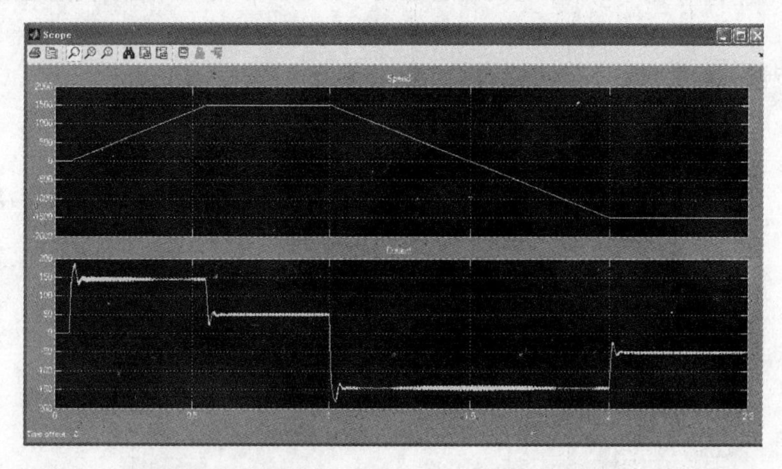

图 6-16　系统带恒转矩负载 81. 6N · m 时正反转 1500r/min 的仿真结果

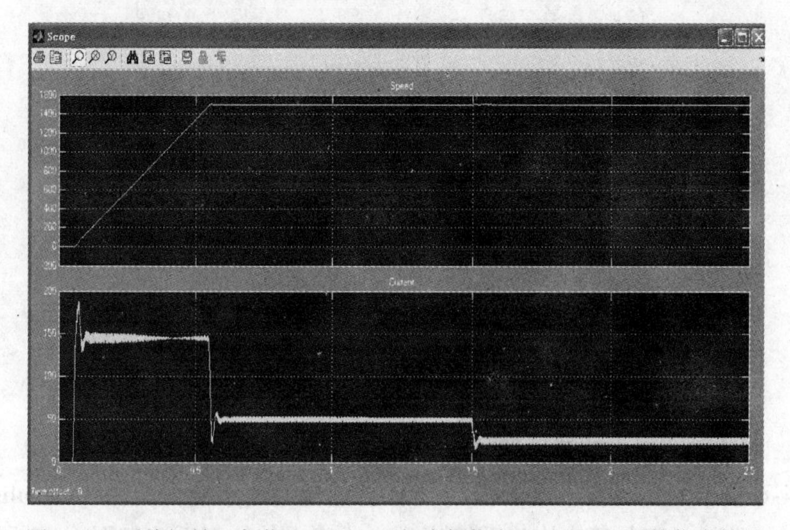

图 6-17　系统恒转矩负载 81. 6N · m 突减负载为 41. 6N · m 时的仿真结果

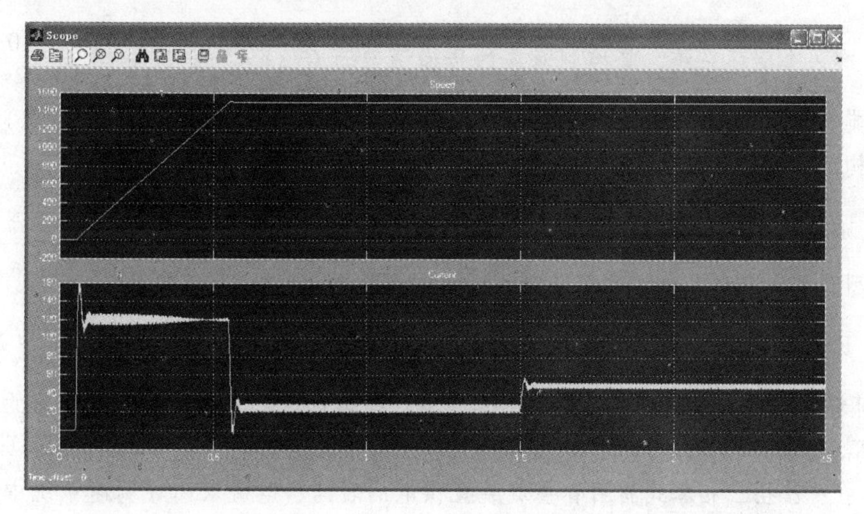

图6-18　系统突加负载由41.6N·m突变为81.6N·m时的仿真结果

与图4-37所示的直流调速仿真系统相比，用Power System工具箱构建的仿真系统更接近真实的物理系统，所获得的系统设计参数和仿真试验结果也更有实用价值。

本章小结

本章首先给出了电力传动控制系统的性能要求，位置控制系统和调速控制系统一样，都是反馈控制系统，即通过对输出量和给定量的比较，组成负反馈闭环控制，两者的控制原理是相同的。它们的主要区别在于，调速控制系统的给定量一经设定，即保持恒值，系统的主要作用是保持稳定和抵抗扰动；而位置控制系统的给定量是随机变化的，要求输出量准确跟随给定量的变化，系统在保证稳定的基础上，更突出响应的快速性。总之，稳态精度和动态稳定性是两种系统都必须具备的。但在动态性能中，调速控制系统多强调抗扰性，而位置控制系统则更强调快速跟随性能。

控制系统的设计关键在于PID调节器的结构和参数，调节器的比例部分有利于快速响应，积分部分可以消除稳态偏差，微分部分则能抑制超调量。调节器参数变化对系统性能的影响规律可以通过系统仿真的方法进行深入分析。通过系统仿真，可以模拟各种复杂系统的模型结构，分析系统的各种运行状态，大大缩短真实系统的设计时间和研制经费。因此，计算机仿真技术已成为电力传动控制系统不可或缺的重要研究手段。

思考题与习题

6-1　有一个系统，其控制对象的传递函数为 $G(s)=\dfrac{K_1}{\tau s+1}=\dfrac{10}{0.01s+1}$，要求设计一个无静差系统，在阶跃输入下系统超调量 $\sigma\%\leqslant5\%$（按线性系统考虑）。试对系统进行动态校正，决定调节器结构，并选择其参数。

6-2 有一个闭环系统，其控制对象的传递函数为 $G(s)=\dfrac{K_1}{s(Ts+1)}=\dfrac{10}{s(0.02s+1)}$，要求校正为典型Ⅱ型系统，在阶跃输入下系统超调量 $\sigma\% \leqslant 30\%$（按线性系统考虑）。试决定调节器结构，并选择其参数。

6-3 调节对象的传递函数为 $G(s)=\dfrac{18}{(0.25s+1)(0.005s+1)}$，要求用调节器分别将其校正为典型Ⅰ型和Ⅱ型系统，求调节器的结构与参数。

6-4 已知某控制对象的传递函数为 $G(s)=\dfrac{18}{(0.25s+1)(0.005s+1)}$，试在 MATLAB/Simulink 环境下搭建其 PID 控制系统的仿真模块，并通过仿真确定其 PID 调节器的合适参数 K_P、K_I、K_D。

6-5 在一个由三相零式晶闸管整流装置供电的转速、电流双闭环调速系统中，已知电动机的额定数据为：$P_N=60\text{kW}$，$U_N=220\text{V}$，$I_N=308\text{A}$，$n_N=1000\text{r/min}$，电动势系数 $K_e=0.196\text{V}\cdot\text{min/r}$，主回路总电阻 $R=0.18\Omega$，触发整流环节的放大倍数 $K_s=35$。电磁时间常数 $T_l=0.012\text{s}$，机电时间常数 $T_m=0.12\text{s}$，电流反馈滤波时间常数 $T_{0i}=0.0025\text{s}$，转速反馈滤波时间常数 $T_{0n}=0.015\text{s}$。额定转速时的给定电压 $(U_n^*)_N=10\text{V}$，调节器 ASR、ACR 饱和输出电压 $U_{im}^*=8\text{V}$，$U_{cm}=6.5\text{V}$。

系统的静、动态指标为：稳态无静差，调速范围 $D=10$，电流超调量 $\sigma_i\% \leqslant 5\%$，空载起动到额定转速时的转速超调量 $\sigma_n\% \leqslant 10\%$。试求：

(1) 确定电流反馈系数 K_i（假设起动电流限制在 339A 以内）和转速反馈系数 K_n。

(2) 试设计电流调节器 ACR，计算其参数 R_i、C_i、C_{0i}，画出其电路图，调节器输入回路电阻 $R_0=40\text{k}\Omega$。

(3) 设计转速调节器 ASR，计算其参数 R_n、C_n、$C_{0n}(R_0=40\text{k}\Omega)$。

(4) 计算电动机带 40% 额定负载起动到最低转速时的转速超调量 $\sigma_n\%$。

(5) 计算空载起动到额定转速的时间。

参 考 文 献

[1] Stephen D Umans. 电机学 [M]. 7 版. 刘新正，等译. 北京：电子工业出版社，2014.

[2] 陈伯时. 电力拖动自动控制系统 [M]. 3 版. 北京：机械工业出版社，2003.

[3] 李崇坚. 交流同步电机调速系统 [M]. 2 版. 北京：科学出版社，2013.

[4] Romon Pallas-Areny，John G-Webster. 传感器和信号调节 [M]. 2 版. 张伦，译. 北京：清华大学出版社，2003.

[5] Slawomir Tumanski. 磁性测量手册 [M]. 赵书涛，等译. 北京：机械工业出版社，2014.

[6] Dana F，Geiger. Phaselock Loops for DC Motor Speed Control [M]. John Wiley & Sons，1976.

[7] 李仁定. 电机的微机控制 [M]. 北京：机械工业出版社，1999.

[8] BoseB K. Power electronics and motor drives—Recent progress and perspective [J]. IEEE Trans. Ind. Electron，2009，56(2)：581-588.

[9] Mukund R Patel. 船舶电力系统 [M]. 汤天浩，等译. 北京：机械工业出版社，2014.

[10] K J Astrom，T Hagglund. The future of PID control [J]. Control Engineering Practice，2001，9 (11)：1163-1175.

[11] 李华德，李擎，白晶. 电力拖动自动控制系统 [M]. 北京：机械工业出版社，2009.

[12] 陈伯时，阮毅，梁庆龙. 异步电动机反馈线性化解耦控制的变频调速系统 [J]. 上海工业大学学报，1990(4).

[13] 王伟，李晓理. 多模型自适应控制 [M]. 北京：科学出版社，2001.

[14] 王丰尧. 滑模变结构控制 [M]. 北京：机械工业出版社，1995.

[15] 戴先中. 交流传动神经网络逆控制 [M]. 北京：机械工业出版社，2007.

[16] 朱希荣，伍小杰，周渊深. 基于内模控制的同步电动机变频调速系统研究 [J]. 电气传动，2007，37 (12)：40-48.

[17] Bose B K. Expert system，fuzzy logic，and neural network applications in power electronics and motor control [J]. Proceedings of IEEE，1994，82(8)：1302-1323.

[18] 胡寿松. 自动控制原理 [M]. 4 版. 北京：科学出版社，2001.

[19] 张晓华. 控制系统数字仿真与 CAD[M]. 3 版. 北京：机械工业出版社，2009.

[20] 洪乃刚. 电力电子和电力拖动控制系统的 MATLAB 仿真 [M]. 北京：机械工业出版社，2006.

[21] B K Bose，The past，present，and future of power electronics [J]. IEEE Industrial Electronics，2009，3：7-11.

[22] 王兆安，刘进军. 电力电子技术 [M]. 5 版. 北京：机械工业出版社，2009.

[23] 徐德鸿，马皓，汪槱生. 电力电子技术 [M]. 北京：科学出版社，2006.

[24] 林渭勋. 现代电力电子 [M]. 杭州：浙江大学出版社，2002.

[25] George J，Wakileh. 电力系统谐波 [M]. 徐政，译. 北京：机械工业出版社，2003.

[26] Akagi H，Active harmonic filters [J]. Proceedings of IEEE，2005，93(12)：2128-2141.

[27] Bin Wu. 大功率变频器及交流传动 [M]. 卫三民，等译. 北京：机械工业出版社，2008.

[28] Paul C Krause，OlegWasynczuk，Scott D Sudhoff. Analysis of Electric Machinery and Drive Systems [M].

2nd ed，John Wiley & Sons. 2001.

[29] 李永东，肖曦，高跃．大容量多电平变换器［M］．北京：科学出版社，2005.

[30] Jin-Sheng Lai. Power conditioning circuit topologies［J］. IEEE Industrial Electronics，2009，3：24-34.

[31] AndreasVolke，Michel Hornkamp. IGBT Modules-Technologies，Driver and Applications［M］. Infineon Technologies AG，Munich，2012.

[32] M D Singh，K B Khanchandani. Power Electronics［M］. 2 版．北京：清华大学出版社，2011.

[33] 满永奎，韩安荣．通用变频器及其应用［M］. 3 版．北京：机械工业出版社，2012.

[34] 方大千，等．变频器、软启动器及 PLC 实用技术手册［M］．北京：化学工业出版社，2013.

[35] 陈伯时．电力拖动自动控制系统［M］. 2 版．北京：机械工业出版社，2000.

[36] Seung Ki Sui. 电机传动系统控制［M］．张永昌，等译．北京：机械工业出版社，2013.

[37] 徐德鸿．电力电子系统建模及控制［M］．北京：机械工业出版社，2005.

[38] Jai Agrawal. Power Electronic Systems［M］. New jersey：Prentice Hall，2001.

[39] 陈伯时．自动控制系统［M］．北京：机械工业出版社，1981.

[40] 汤天浩．电力传动控制系统［M］．北京：机械工业出版社，2010.

[41] 汤天浩，夏新顺，沈寿金．微机控制高精度直流调速系统［J］．上海工业大学学报，1989，10(2)：139-146.

[42] Huy H L. A microprocessor controlled thyristor current source for electric motor drives. IEEE IECON proc. 1982.

[43] 汤天浩．电机及拖动基础［M］．北京：机械工业出版社，2007.

[44] Bose B K. Modern Power Electronics and AC Drives［M］. New jersey：Prentise Hall，Inc，2002.

[45] 国家发展改革委员会．电机系统节能技术［M］．北京：中国电力出版社，2013.

[46] Ziegler J G，Nichols N B. Optimum settings for automatic controllers［J］. IEEE Trans. on ASME，1942，65：759-768.

[47] Yun Li，Kiam Heong，Gregory C Y Chong. Patents，software，and hardware for PID control-an overview and analysis of the current art［J］. IEEE Control Systems，2006，26，(1)：42-54.

[48] 汤天浩，夏新顺，沈寿金．用数字频域法设计微机控制直流调速系统［J］．电气传动，1988(5)：25-29.

[49] Philips C L，et al. Digital control system analysis and design［M］. New jersey：Prentice—Hall，Inc，1984.